Wichtiger Hinweis

Seit 1992 gelten für Funkempfänger in Deutschland liberalere Bestimmungen. Praktisch gibt es jetzt keine Beschränkungen mehr dazu, welche Frequenzbereiche ein Funkempfänger/Scanner bieten darf, vorausgesetzt, das Gerät bietet mindestens einen Rundfunkbereich und entspricht zudem den neuen Technischen Vorschriften. Dies erkennt man am CE-Zeichen für Inverkehrbringung nach europäischen Normen, oder am BZT-Zeichen mit Bundesadler und Konformitätsinhabernummer (das ist die frühere FTZ/ZZF-Nummer), oder am BMPT-Zeichen mit Amtsblattverfügungsnummer für das Inverkehrbringen nach nationalen Normen und Vorschriften.

Die Freigabe der Funkempfänger aber ist nicht zu verwechseln mit der Erlaubnis, nun damit auch alles empfangen zu dürfen, was man rein technisch empfangen kann. Allgemein genehmigt ist nur der Empfang von Rundfunksendungen, Amateurfunk und Wetterfunk.

Der Empfang anderer Funkdienste ist ausschließlich den dazu besonders befugten Personen gestattet. Wer unbeabsichtigt solche Aussendungen empfängt, darf Informationen über Inhalt und Umstände der Sendungen nicht an Dritte weitergeben.

Wer gegen diese Bestimmungen des Telekommunikationsgesetzes (TKG) verstößt und vorsätzlich andere Funkdienste abhört, macht sich strafbar!

Nicht verboten ist aber die Darstellung der Funktechnik und der Betriebstechnik, so wie man sie in diesem Buch findet.

Inhalt

Dipl.-Ing. Wolf Siebel

UKW-Sprechfunk
Scanner
Handbuch

Alles über Geräte und Antennen, Scanner-Anwendung, Funkdienste, Frequenzen und Kanäle

VHF/UHF-Frequenzliste
27 MHz – 400 GHz

Siebel Verlag

Die Deutsche Bibliothek – CIP-Einheitsaufnahme

Siebel, Wolf:
UKW-Sprechfunk & Scanner-Handbuch : Alles über Geräte und
Antennen, Scanner-Anwendung, Funkdienste, Frequenzen und
Kanäle, VHF/UHF-Frequenzliste 27 MHz – 400 GHz / Wolf Siebel. –
6. neubearbeitete und erweiterte Aufl. – Meckenheim :
Siebel, 1997
    ISBN 3-89632-024-6

Titelfoto: ICOM (Europe) GmbH

ISBN 3-89632-024-6
6., völlig neubearbeitete Ausgabe 1998

Herstellung: betz-druck GmbH, Darmstadt-Arheilgen

Vorwort

Dieses Buch wendet sich an alle, die sich privat oder beruflich für den Sprechfunk oder für andere Funkanwendungen oberhalb von 27 MHz interessieren. Das Interesse genau daran hat in den letzten Jahren stark zugenommen, weil man seit 1992 die Empfänger für den gesamten UKW(VHF/UHF)-Frequenzbereich völlig legal kaufen und betreiben darf. Bis zu diesem Zeitpunkt war allein schon der Besitz und das Bereithalten eines solchen Empfängers, landläufig Scanner genannt, bei Strafe verboten.

Der Bereich der ultrakurzen Wellen (UKW) erstreckt sich nicht nur über den bekannten UKW-Rundfunkbereich, sondern umfaßt populär ausgedrückt den gesamten Frequenzbereich vom Ende der Kurzwelle bei etwa 27 bzw. 30 MHz bis hinein in den Gigahertz-Bereich, wo wir eigentlich schon von Mikrowellen sprechen.

Innerhalb dieses riesigen Frequenzspektrums arbeiten sehr viele und sehr unterschiedliche Anwender, vom bereits erwähnten Rundfunk und dem Fernsehen über den Mobilfunk in allen seinen Spielarten, bis hin zur Garagentorfernsteuerung oder bis hin zum Space Shuttle und zur Satellitenkommunikation.

Wer beruflich in irgendeiner Form mit dem Funk zu tun hat, interessiert sich in der Regel nur für einen bestimmten Funkdienst oder eine bestimmte Funkanwendung. So ist für den Feuerwehrmann eigentlich nur interessant, wie und wo die Alarmierung und Kommunikation im Feuerwehr- und Rettungsbereich in seiner Region organisiert ist.

Wer sich privat für die Funktechnik interessiert, der möchte einen Überblick über alle Funkdienste und Anwendungen bekommen, die sich hier abspielen. Dazu sind natürlich auch verständliche Erläuterungen wichtig, die die ganze Vielfalt der aktuellen Kommunikationstechnik erklären.

Sowohl der eine, wie auch der andere Typ von Leser werden in diesem Handbuch viele wichtige Informationen finden und das Handbuch als Nachschlagewerk schätzen lernen. Alle Interessenten am Funk- bzw. Sprechfunk-Thema eint der Umstand, daß sie für die „Erforschung" des Funkspektrums einen Scanner als Empfänger benutzen. Aus diesem Grund finden Sie im ersten Teil dieses Buches zunächst eine Einführung in die Scanner-Technik und eine Vorstellung aktueller Geräte, verbunden mit vielen praktischen Hinweisen.

Gegenüber den vorangegangenen Ausgaben des „UKW-Sprechfunk-Handbuches", das erstmalig 1984 erschienen ist und sich in den Jahren und mit den verschiedenen Ausgaben zu einem Standardwerk entwickelt hat, wurde diese neue Ausgabe nicht nur im Bereich der Funkdienste und Funkanwen-

Einer der Hauptanwender des BOS-Funks – die Polizei.
(Foto: Bosch Telecom GmbH)

dungen aktualisiert, sondern auch wesentlich erweitert. Neben dem neuen, bereits erwähnten ersten Teil über Scanner findet der Leser jetzt am Ende des Buches ein ebenfalls neues Scanner- und Mobilfunk-Lexikon, in dem viele Begriffe kurz und bündig erklärt werden. Damit setzt dieses Handbuch neue Maßstäbe.

Abschließend nochmals der Hinweis, daß sich jedermann zwar informieren darf über die Organisation aller möglichen Funkdienste und Funkbetreiber, daß aber das tatsächliche Abhören aller nicht an die Allgemeinheit gerichteten Funkübertragungen nach wie vor verboten ist und mit Geld- oder Gefängnisstrafe geahndet werden kann. Daran ändert auch nichts die Tatsache, daß man Funkempfänger für diese Funkdienste völlig legal zum Empfang bereithalten darf.

Für Hinweise zum Inhalt dieses Buches sind Autor und Verlag stets dankbar. Die Adresse finden Sie auf der letzten Seite!

Teil 1: Scanner, Geräte, Antennen, praktische Tips

Was ist ein Scanner?

Im Zeitalter der allgegenwärtigen Computerausrüstung ist ein Scanner zunächst einmal ein Gerät, mit dem man zum Beispiel Bilder in einen Computer einlesen kann. Das ist der Grund, warum Sie in einer Buchhandlung erst einmal zur Computerliteratur geführt werden, wenn Sie nach einem Buch über Scanner fragen.

Dabei gibt es den Begriff Scanner für besondere Funkempfänger eigentlich schon viele Jahre. Abgeleitet wurde die Bezeichnung aus dem Englischen von „to scan", was soviel bedeutet wie „abtasten" oder „absuchen". Tatsächlich unterscheidet sich ein Scanner von einem normalen Empfänger (Radio u.ä.) dadurch, daß er als Hauptfunktion ständig eine Vielzahl von einzelnen Funkkanälen oder einen bestimmten Frequenzbereich nach Funkaktivitäten absucht (scant).

Damit wird auch schon ein weiteres wichtiges Unterscheidungsmerkmal deutlich, nämlich die Art der Sendungen oder der Funkdienste, die man üblicherweise mit einem Scanner hört. Mit einem normalen Radio hört man Rundfunksender, die den ganzen Tag über ununterbrochen senden und von denen man natürlich die Frequenz kennt und auf Stationstasten gespeichert hat. Mit einem Weltempfänger hört man vorzugsweise auf Kurzwelle Rundfunksendungen aus aller Welt, von denen man die Sendezeiten und Frequenzen kennt.

Mit einem Scanner hingegen hört man in allererster Linie den Sprechfunkverkehr im Nahbereich ab, d.h. nichtöffentliche Gespräche oder Kontakte aller möglichen Anwender, von der Polizei oder dem Taxiunternehmen bis zum Flugverkehr. (Die Tatsache, daß dies Hunderttausende von Leuten tun, und daß man einen Scanner zu praktisch keinem anderen Zweck kauft, ändert nichts daran, daß genau dieses Abhören nach dem Telekommunikationsgesetz [TKG, § 86 und § 95] verboten ist.)

Für die drahtlose Kommunikation im Nahbereich wird ein anderer Frequenzbereich benutzt, wie zum Beispiel für die weltweite Rundfunkversorgung. Sprechfunk im Nahbereich wird abgewickelt im Ultrakurzwellenbereich (UKW), der bei 30 MHz (Megahertz) beginnt und weit in den Gigahertzbereich hineinreicht. Was so eigentlich nicht ganz stimmt, denn der Frequenzbereich wird noch genauer unterteilt, wie die nebenstehende Tabelle zeigt.

Frequenzbereiche für den Funkverkehr und ihre Benennung

3 bis 30 kHz	Myriameterwellen (Längstwellen) VLF = Very Low Frequency
30 bis 300 kHz	Kilometerwellen (Langwellen) LF = Low Frequency
300 bis 3000 kHz	Hektometerwellen (Mittelwelle und Grenzwelle) MF = Medium Frequency
3 bis 30 MHz	Dekameterwellen (Kurzwellen) HF = High Frequency
30 bis 300 MHz	Meterwellen (Ultrakurzwellen) VHF = Very High Frequency
300 bis 3000 MHz	Dezimeterwellen UHF = Ultra High Frequency
3 bis 30 GHz	Zentimeterwellen SHF = Super High Frequency
30 bis 300 GHz	Millimeterwellen EHF = Extremely High Frequency
300 bis 3000 GHz	Dezimillimeterwellen

Umrechnung von Wellenlänge in Frequenz:

$$\frac{300000}{\text{Wellenlänge (in m)}} = \text{Frequenz (in kHz)}$$

1 Kilohertz (kHz)	= 1000 Hertz (Hz)
1 Megahertz (MHz)	= 1000 Kilohertz (kHz)
1 Gigahertz (GHz)	= 1000 Megahertz (MHz)

Ein Scanner ist darauf ausgerichtet, Sprechfunkdienste im Bereich von etwa 30 MHz bis über 1 GHz zu empfangen. Der Trend geht aber dahin, daß man mit einem besseren Scanner tatsächlich das gesamte Frequenzspektrum von ein paar Hertz bis in den Gigahertzbereich hinein empfangen kann. Gleichzeitig kann ein wirklich guter Scanner nicht nur Sprechfunkdienste empfangen, sondern in vernünftiger Qualität auch Rundfunksender auf UKW und auf Mittel- und Kurzwelle.

Ein Scanner dient also dazu, „alles" zu empfangen, was irgendwie funkt. Dazu ist es interessant zu wissen, daß man mit einem Scanner zum Beispiel auch Funkrufdienste oder Wettersatelliten empfangen kann und deren Ausstrahlungen mit entsprechenden Zusatzgeräten oder PC-Software „lesbar" (verständlich/anschaubar) machen kann.

Welche Funkdienste wo zu finden sind und wie man es anstellt, diese zu empfangen, darauf gehen wir weiter hinten im Buch ein. Zuvor wollen wir uns noch etwas intensiver mit den Scannern selbst befassen und wichtige Begriffe klären, die bei Auswahl und Kauf eines Scanners eine Rolle spielen.

Wichtige Merkmale eines Scanners

Wenn Sie einen Scanner kaufen wollen oder bereits haben, werden Sie mit einigen Begriffen konfrontiert, die erklärungsbedürftig sind. Die wichtigsten Merkmale und Funktionen eines Scanners werden deshalb nachstehend leichtverständlich erklärt.

Frequenzbereich

Schon erwähnt wurde der Trend, daß Scanner möglichst das gesamte Frequenzspektrum, von den Längstwellen bis zu den „Mikrowellen" empfangen können sollten. Rein technisch ist das sehr problematisch, ähnlich wie ein Auto auch kaum gleichzeitig Rennwagen und Familienkombi sein kann. Ob es sinnvoll ist, mit einem Empfänger wirklich alle Frequenzbereiche empfangen zu wollen, ist sicherlich zu bezweifeln, obwohl in dieser Herausforderung natürlich auch ein Reiz liegt. (Davon abgesehen ist es auch kaum mit nur einer Antenne möglich, das gesamte Frequenzspektrum vernünftig zu empfangen.)

Traditionell bietet ein Scanner den Frequenzbereich von etwa 30 MHz (gern auch noch mit dem darunter bei 27 MHz liegenden CB-Funk-Bereich) bis hinauf zu etwas über 1.200 MHz (also 1,2 GHz) oder noch weiter.

Zu unterscheiden ist hier zwischen Scannern, die den angegebenen Frequenzbereich durchgehend, also ohne Aussparungen, empfangen können, und solchen Geräten, die nur einen oder eine Reihe von begrenzten Bereichen (Bändern) empfangen können. Bei der zweiten Variante muß es sich keines-

IC-R72-DC

IC-R7100-DC

Überall in der Welt zu Hause ...

Die Faszination des Weltempfangs trägt deutlich einen Namen. Mit den Kommunikationsempfängern von ICOM haben auch Sie die entferntesten Länder, ob über Kurzwelle oder Satellitenfunk, bei sich zu Hause. Mit dem IC-R72-DC und dem IC-R7100-DC bietet ICOM zwei professionelle Kommunikationsempfänger, die mit viel Bedienungskomfort und ausgezeichneten Features jeden SWL, BCL und DXer begeistern werden. Auch professionelle Anwender profitieren von ICOMs hervorragender Empfänger-Technologie. Diese kleinen und leistungsstarken Empfänger zeichnen sich durch hervorragende Empfindlichkeit, bei gleichzeitig gutem Großsignalverhalten, aus. Wer über

Kurzwelle hinaus alles andere empfangen möchte, ist mit dem IC-R7100-DC, der bereits über die CE-Kennzeichnung verfügt, bestens ausgestattet.

IC-R7100-DC-Features:
■ Frequenzbetrieb von 25 MHz – 2 GHz
■ All-Mode-Betrieb
■ 900 Speicherkanäle, 20 Eckfrequenzen
■ Integrierte Uhr und Timer-Funktionen
■ Multi-Suchlauffunktionen
■ CI-V-Schnittstelle für PC-Fernsteuerung

IC-R72-DC-Features:
■ Frequenzbereich von 30 kHz–30 MHz
■ AM/SSB (LSB/USB)/CW/FM

■ 99 Frequenzspeicher, 2 Eckfrequenzen
■ Vorverstärker und HF-Abschwächer
■ 7 Suchlaufprogramme, CI-V-Schnittstelle, u. v. m.

Technologie, auf die Sie zählen können!

Natürlich von
ICOM (Europe) GmbH
Himmelgeister Straße 100
40225 Düsseldorf · Germany

wegs um eine Sparversion handeln, denn es kommt ganz darauf an, zu welchem Zweck der Anwender den Scanner einsetzen will. So gibt es gute Scanner, die nur den Flugfunkbereich bieten und andere, die nur die wichtigen Sprechfunkbereiche (4-Meter-Band, 2-Meter-Band, 70-cm-Band) haben. Um allgemein zugelassen zu sein, muß ein Scanner aber über mindestens einen Rundfunkbereich verfügen (siehe weiter unten unter dem Stichwort „Zulassung").

Betriebsarten und Bandbreiten

Die in diesem Buch behandelten Funkdienste verwenden sehr unterschiedliche Betriebsarten (Modulationsarten): Vom Rundfunk auf LW/MW/KW kennt man die Amplitudenmodulation (AM). Oberhalb von 30 MHz wird AM beim Flugfunkdienst benutzt. Rundfunk auf UKW benutzt die Frequenzmodulation (FM), die bei Scannern mit FM-breit oder FM-W („wide") bezeichnet wird, wegen der großen Bandbreite, die man braucht, um qualitativ hochwertige Übertragungen zu ermöglichen. Im Gegensatz dazu wird für fast alle Sprechfunkübertragungen, wo es weniger auf die Tonqualität ankommt, die schmalbandige Frequenzmodulation FM-schmal / FM-N („narrow") benutzt. Professionelle Sprechfunkdienste arbeiten auf Kurzwelle in Einseitenbandtechnik / Single Side Band (SSB), wobei entweder im oberen Seitenband (USB – upper side band) oder im unteren Seitenband (LSB – lower side band) gearbeitet wird. Diese SSB-Technik wird oberhalb 30 MHz nur gelegentlich im Amateurfunk benutzt.

Die Bandbreite der Übertragungen ist von Betriebsart zu Betriebsart unterschiedlich. Bei AM sind es 5 kHz, bei SSB sogar nur etwa 2,4 kHz. Im üblichen Sprechfunk (FM-schmal) beträgt die Bandbreite etwa 12 bis 15 kHz und beim Rundfunk auf UKW werden 150 kHz Bandbreite (FM-breit) beansprucht. Viele Scanner schalten bei der Wahl der Betriebsart automatisch auch die vermutlich richtige Bandbreite (Filterbreite) dazu. Nur bei sehr hochwertigen Empfängern läßt sich die Bandbreite unabhängig variieren und so auch unterschiedlichen Empfangssituationen anpassen. Die Bandbreite sagt nämlich etwas darüber aus, wie Sender auf Nachbarkanälen voneinander getrennt werden. Eigentlich soll ein Empfänger nur den Wunschkanal bringen und Nachbarkanäle rigoros unterdrücken; je nach Qualität der Filter ist das aber nur mehr oder weniger gut zu erreichen. Durch Veränderung der Bandbreite kann man in bestimmten Situationen den Empfang verbessern, was aber möglicherweise zu Lasten der Verständlichkeit geht. Falls Sie übrigens Wettersatelliten mit Ihrem Scanner empfangen wollen, muß dieser die spezielle Bandbreite von 40 kHz „können".

Kanalraster

Für die Nutzung der verschiedenen Frequenzbereiche ist in der Regel, abhängig von der Betriebsart und damit von der erforderlichen Bandbreite, ein Kanalraster vorgegeben. In diesem Kanalraster befinden sich die Sendefrequenzen in einem bestimmten Abstand voneinander. In den Sprechfunkbändern für FM-schmal beträgt dieser Abstand 20 oder 25 kHz. Alle 20 oder 25 kHz könnte also ein Sender arbeiten, ohne daß es beim Empfang zu Störungen durch einen Nachbarkanal kommt, weil die Aussendungen nur eine Bandbreite von etwa 12 bis 15 kHz haben. Auf höheren Frequenzen wird mit einem Kanalraster von 12,5 kHz gearbeitet; hier ist dann die Bandbreite der Übertragungsverfahren geringer. Im Amateurfunkbereich ist nicht überall ein Kanalraster vorgegeben oder sinnvoll; in der Betriebsart SSB und noch mehr in CW (Morsetelegrafie) können die Abstände zwischen zwei Sendern sehr gering und variabel sein. Aus diesen Gründen muß man beim Scannerkauf je nach den eigenen Empfangswünschen darauf achten, welche Kanalraster einstellbar sind.

Empfindlichkeit

Je empfindlicher ein Empfänger ist, umso eher kann er auch schwächere Sender oder weitentfernte Sender noch empfangen. Die Empfindlichkeit wird in Mikrovolt (μV) angegeben. Gängige Werte für Scanner in der Betriebsart FM-schmal im VHF-Bereich liegen bei etwa 0,6 bis 1,0 μV. Doch ist eine hohe Empfindlichkeit nicht unbedingt ausschlaggebend, weil damit auch unerwünschte Nebeneffekte (Geisterstationen und Pfeifstellen) häufig zunehmen.

Suchlauf

Schon eingangs beschrieben wurde die namensgebende Eigenschaft eines Scanners, nämlich das sogenannte Scannen eines bestimmten Frequenzbereiches, um Sendeaktivitäten zu finden. Dies geschieht mit einem Suchlauf, wobei der Scanner immer wieder mit einer bestimmten Geschwindigkeit alle Kanäle innerhalb eines vorgegebenen Bereiches oder bestimmte markierte Kanäle (Vorzugs- oder Prioritätskanäle) „abhört". Der Scanner stoppt, wenn er ein Signal erkennt, das über dem Rauschen liegt. Die Schwelle zwischen Rauschen und vermutlichem Signal wird mit der Rauschsperre, auch Squelch genannt, eingestellt. Je nach Einstellung der Rauschsperre kann man den Scanner dazu bringen, nur bei wirklich starken (örtlichen) Signalen anzuhalten oder auch schwache Signale zu erkennen. Dabei kann es aber auch zu dem Effekt kommen, daß der Scanner auf einem Kanal anhält, auf dem ein Sender sozusagen in Betriebsbereitschaft ist (der unmodulierte, sogenannte „Träger" ist da). Gute Scanner haben deshalb einen sprachabhängigen Squelch (VCS – voice controlled squelch), der tatsächlichen Funkverkehr erkennt.

Der Suchlauf muß natürlich dem Kanalraster des betreffenden Bereiches angepaßt sein. In den Betriebsfunk- oder BOS-Bereichen muß der Scanner beispielsweise also alle 20 kHz abtasten, ob dort etwas zu hören ist, im Flugfunkbereich aber alle 25 kHz. Stimmen die Suchlaufschritte nicht mit dem jeweiligen Kanalraster überein, entgehen einem viele mögliche Sendeaktivitäten. Ist die Schrittweite zu klein, zum Beispiel 5 kHz bei einem Raster von 20 kHz, dann vergeht unnötig viel Zeit beim Scannen eines Bereiches und eventuell bekommt man deswegen manche kurze Sprechfunkverbindung gar nicht mit.

Damit sind wir bei der Suchlaufgeschwindigkeit, die ausschlaggebend für den Scanner-Erfolg ist. Die typischen Sprechfunkgespräche sind relativ kurz, ein paar Worte, ein paar Mal hin und her, und schon ist das Gespräch zu Ende. Überwacht man nicht nur einen Kanal, sondern ein paar Dutzend oder Hundert, dann muß ein Scanner schon sehr schnell immer wieder alle Kanäle abprüfen, um eine Sprechfunkverbindung überhaupt zu erwischen. Einfache Scanner schaffen gerade einmal 10 Kanäle pro Sekunde, während schnelle Scanner auf 50, 100 oder mehr Kanäle pro Sekunde kommen (Turbo-Scan).

Je nach Komfort des Gerätes lassen sich aus dem Suchlauf heraus weitere Funktionen steuern. So gibt es Scanner, die automatisch alle gefundenen, aktiven Frequenzen/Kanäle speichern. Läßt man einen solchen Scanner für ein paar Stunden über einen bestimmten Bereich laufen, bekommt man sehr schnell heraus, auf welchen Kanälen in der betreffenden Region nennenswerter Funkverkehr stattfindet. Noch bequemer wird es, wenn sich der Scanner mit einem Computer verbinden läßt, wo man dann mit entsprechender Software eine semiprofessionelle Funküberwachung realisieren kann.

Speicherplätze

Um einen sofortigen Zugriff auf bestimmte Funkkanäle bzw. Frequenzen zu haben, auf denen bekannte Funkdienste aktiv sind, benutzt man am besten Speicherplätze. Vorteil: Man spart sich daß umständliche Eintippen von Frequenzangaben, man kann gezielt den Suchlauf nur über die vorher festgelegten Kanäle laufen lassen und man kann sich die Kanäle nach Diensten sortieren, z.B. alle Amateurfunk-Relaisstellen in der Umgebung, alle Polizeikanäle des Kreises oder der Stadt, alle Rettungsdienste usw., je nach Organisationskomfort des Scanners. Gute Scanner bieten 100 bis 1000 Speicherplätze, die man in Speicherbänken zusammenfassen kann, damit man bei dieser großen Zahl von Speicherplätzen überhaupt noch durchblickt, was wo gespeichert ist. Und Spitzenscanner ermöglichen es, Speicherplätze selbst mit Namen zu benennen und diese auf dem Display anzuzeigen.

Stromversorgung, Größe und Gewicht

Handscanner werden mit Batterien oder Akkus betrieben, lassen sich aber auch über eine Stromversorgungsbuchse an ein separates Netzteil anschließen. Je nach Preis des Scanners gehört ein Netzteil zum Lieferumfang oder muß separat gekauft werden. Bei billigen Netzgeräten kann es zu unschönen Brummgeräuschen kommen, hier lohnt dann ein Aufrüsten. Der Stromverbrauch hängt natürlich von den aktivierten Spielereien und Display-Anzeigen ab. Nützlich ist deswegen ein Stromsparmodus für den reinen Bereitschaftsdienst, der alle Funktionen erst vollständig einschaltet, wenn tatsächlich ein Signal zu hören ist. Ansonsten ist es immer ratsam, mindestens einen Reservesatz frischer Akkus oder Batterien in der Tasche zu haben.

Bei Handscannern spielen Größe und Gewicht schon eine wichtige Rolle. Man hat den Scanner oft genug längere Zeit in der Hand und möchte dabei nicht ermüden oder verkrampfen. Je nachdem, wo man sich befindet, spielt auch die Unauffälligkeit eines Scanners eine Rolle – es muß ja nicht jeder gleich sehen, daß man den Funkverkehr mithört ... Mittlerweile gibt es Scanner, die fast in der Hand verschwinden, so klein sind sie. Praktisch ist es in der Situation auch, wenn man den Scanner in der Jackentasche stecken hat und einen Ohrhörer benutzt.

Bei Stationsscannern spielen diese Aspekte keine Rolle. Im Mobilbetrieb, zum Beispiel im Auto, muß man nur auf die Möglichkeit zum Anschluß ans Bordnetz achten. Und natürlich ist ein kleiner, übersichtlich zu bedienender, spezieller Mobilscanner für das Auto besser als ein komplizierter Stationsscanner.

Antennenanschluß

Handscanner sind mit einer aufsteckbaren Antenne ausgerüstet, die man gegebenenfalls durch eine andere Antenne ersetzen kann. Als Verbindung werden sogenannte BNC-Kupplungen verwendet. So ist es durchaus sinnvoll, einen Handscanner unterwegs mit der aufgesteckten Stabantenne (bzw. Gummiwendelantenne) zu betreiben, zu Hause aber diese Antenne abzunehmen und eine Außenantenne (z.B. eine sog. Discone-Antenne) über ein Verbindungskabel an den Scanner anzuschließen.

Stationsscanner haben einen oder mehrere Antennenanschlüsse und werden zum Teil mit einer einfachen Teleskopantenne geliefert. Hier ist es unbedingt erforderlich, eine Außenantenne zu installieren, um befriedigende Empfangsergebnisse zu erzielen.

Lautsprecher/Kopfhörer/Recorder-Anschluß

Im praktischen Betrieb ist es oft angenehm, einen Ohrhörer an den Scanner anschließen zu können oder ggf. einen Kopfhörer. Ein Recorder-Anschluß dient nicht nur dazu, Gehörtes auf Tonband aufzunehmen, sondern auch, um daran Zusatzgeräte anzuschließen, zum Beispiel für das Auswerten und Mitlesen digitaler Datenübertragungen.

Computer-Schnittstelle

Mittlerweile gibt es eine Reihe von Software-Programmen zur komfortablen Steuerung von Scannern und zur semiprofessionellen Funküberwachung. Das geht natürlich nur mit solchen Scannern, die über eine PC-Schnittstelle verfügen und Datenaustausch mit einem Computer anbieten können.

Zubehör und Bedienungsanleitung

Manche Anbieter halten einen Gürtelclip zum Befestigen des Scanners am Hosengürtel schon für die Krönung der Ausstattung und lassen sich ein notwendiges Netzteil oder Akkuladegerät schon extra bezahlen. Manche Scanner sind dagegen sehr schön mit allem nützlichen Zubehör ausgestattet, bis hin zu mehreren Antennen für unterschiedliche Frequenzbereiche. Beim Preisvergleich sollte man deshalb auch auf den Lieferumfang achten.

Eine Bedienungsanleitung in deutscher Sprache ist gesetzlich vorgeschrieben. Da die Bedienung eines Scanners häufig sehr kompliziert ist, braucht man eine verständliche und detaillierte Bedienungsanleitung. Hier hat sich zwar in den letzten Jahres einiges gebessert, vor dem Kauf eines Scanners sollte man aber ein paar gründliche Blicke in die Bedienungsanleitung werfen, um zu sehen, ob man damit und demzufolge auch mit dem Gerät zurechtkommt.

Zulassung und rechtliche Fragen

Seit 1992 dürfen Scanner völlig legal gekauft und betrieben werden, wenn Sie mindestens auch einen Rundfunkbereich bieten und zudem den technischen Vorschriften entsprechen, was durch ein CE-, BZT- oder BMPT-Zeichen am Gerät nachgewiesen wird. Wie schon mehrfach erwähnt, dürfen Sie aber noch lange nicht alles das abhören, was Ihnen der Scanner rein technisch ermöglicht, so paradox dies auch klingt und in der Praxis ist.

Preis und Kauf

Scanner werden häufig von Küchentisch-„Firmen" und obskuren Händlern billig bzw. unter dem normalen Fachhandelspreis angeboten. Am besten ist es noch immer, sich verschiedene Geräte bei einem vertrauenerweckenden Händler anzuschauen, zeigen und erklären zu lassen und auszuprobieren. Wenn Ihnen ein Händler diese Beratung und weitergehenden Service (z.B. Hilfe bei der Installation einer Außenantenne) bietet, dann sollten Sie dafür auch ein paar Mark mehr zu bezahlen bereit sein als beim einem Billig-Hansel, der nur die schnelle Mark machen will und Sie dann allein läßt.

Eine Liste von Bezugsquellen finden Sie am Ende dieses Buches.

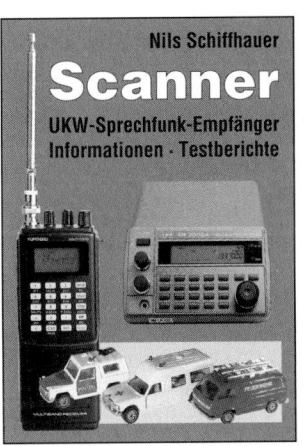

Vorgestellt:
empfehlenswerte Handscanner

Wer sich erstmals einen Scanner kaufen will, ist sicherlich mit einem Handscanner gut beraten, weil man einen solchen eben leicht überall hin mitnehmen kann. Da es sich ja bei unserem Thema in der Regel um Nahbereichsfunk handelt, tun sich schon ganz neue (Funk-)Welten auf, wenn man sich zum Beispiel von einem Dorf in der Provinz aufmacht in eine Großstadt oder wenn man sich nur auf die nächste Anhöhe begiebt.

Die entscheidende Frage ist dann aber schon, was Sie überhaupt hören wollen. Viele machen es sich leicht und antworten auf diese Frage mit „Alles!". Doch leider kostet Alles viel Geld, denn ein Scanner, der wirklich Alles empfangen können soll, und das auch noch gut, kostet einfach viel Geld. Außerdem ist ein Gerät, daß Vieles oder Alles kann, oft auch komplizierter zu bedienen als ein Gerät, das nur beschränkte Möglichkeiten erlaubt.

Um sich darüber klar zu werden, was man denn tatsächlich empfangen möchte, und nicht nur einmal, dazu dient auch dieses Buch. Sie können sich mit diesem Buch über die gesamte Vielfalt der Anwender und Funkdienste informieren und dann überlegen, was Sie wirklich interessiert.

Erfahrungsgemäß hat sich herausgestellt, daß viele Scanner-Käufer eigentlich „nur" die BOS-Dienste (Polizei, Feuerwehr, Rettungsdienst) empfangen können wollen (eine etwas umständliche Formulierung, weil man ja die Technik zum Empfang bereithalten darf, das tatsächliche und gar vorsätzliche Abhören aber verboten ist).

Noch weiter einschränken kann man die Empfangswünsche zum Beispiel bei einem Feuerwehrmann, der einfach nur mitbekommen möchte, was auf „seinen" Dienstkanälen los ist. In solchen Fällen reicht es völlig, wenn man einen Scanner hat, der das 4-, 2- und 0,7-m-Band und nur die Betriebsart FM-schmal bietet. Hobbypiloten und Freunde der Luftfahrt möchten häufig nur den Flugfunkbereich von 117 bis 136 MHz abhören. Also würde ein Scanner reichen, der diesen Frequenzbereich und die Betriebsart AM bietet.

Weiterhin ist es lohnend, sich zu fragen, ob man wirklich mit dem Scanner auch den Gigahertzbereich empfangen können muß, und wie viele Speicherplätze man tatsächlich braucht – sind es ein paar Hundert oder reichen nicht doch 20, 50 oder Hundert?

Man muß also nicht unbedingt einen Superscanner für 1.000 DM kaufen, wenn man bei einfachen Bedürfnissen auch gut mit einem einfachen Einsteigergerät für 200 DM auskommt oder für vielfältige Empfangsmöglichkeiten prima mit einem Gerät für etwa 400 bis 600 DM zurecht kommt.

Wir stellen Ihnen auf den nächsten Seiten einen Querschnitt des gesamten Scanner-Angebots vor, vom besagten preiswerten Einsteigermodell bis zum neuesten Superscanner. Alle Geräte sind in ihrer Klasse empfehlenswert. Weitere Informationen (Prospekte) können Sie bei den angegebenen Importeuren/Herstellern anfordern. Die Adressen finden Sie im Bezugsquellenverzeichnis am Ende des Buches.

Von solchen Funk-„Ohren" träumen viele Scanner-Besitzer. Aber auch mit normalen Scannern und Antennen läßt sich eine fast unglaublich große Vielfalt von Funkdiensten im Bereich von 27 MHz bis über 2 GHz empfangen! (Foto: ANT Nachrichtentechnik GmbH)

Albrecht AE 50 H

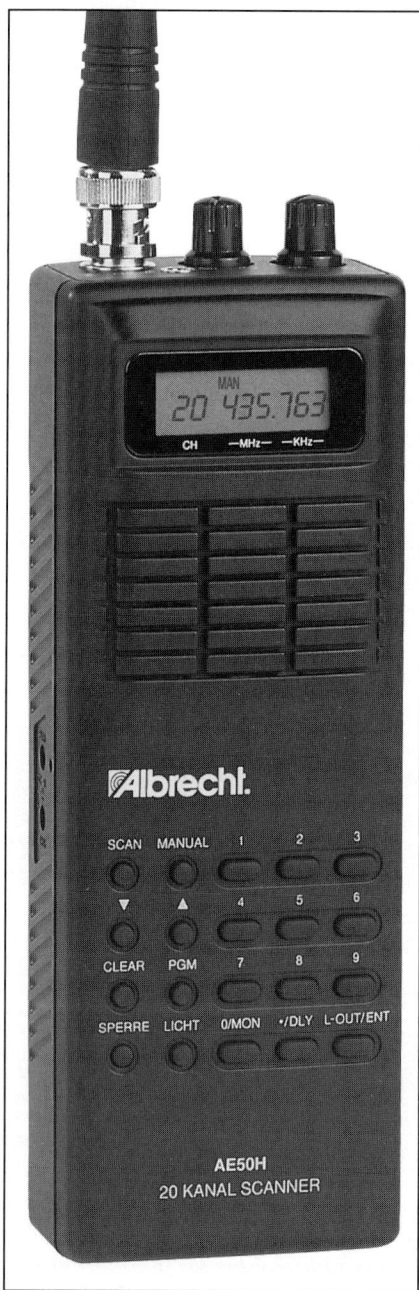

Frequenzbereiche:	66 – 88 MHz
	137 – 174 MHz
	380 – 512 MHz
Betriebsarten:	FM-schmal
Abstimmschritte:	5, 12,5 kHz
Speicherplätze:	20
Suchlaufgeschwindigkeit:	16 Kanäle/Sek.
Empfindlichkeit (FM-schmal):	0,7 µV
Bandbreite:	o.A.
Stromversorgung:	6 x Mignon / 9 V extern
Größe:	60 x 170 x 40 mm
Besonderheiten:	Köpfhöreranschluß, externe Stromversorgungen, Ladeschaltung für Akkubetrieb.
Lieferumfang:	Bedienungsanleitung, Gummiwendelantenne, Gürtelclip.
Preis:	ca. 220,– DM
Importeur/Vertrieb:	Albrecht

Empfehlung: sehr preiswert, geeignet für alle Einsteiger, die nur BOS und Betriebsfunk hören und nur wenige Kanäle speichern wollen.

Albrecht AE 95 H

Frequenzbereiche:	66 – 88 MHz
	108 – 137 MHz
	137 – 174 MHz
	406 – 512 MHz
	806 – 960 MHz

Betriebsarten: FM-schmal, AM

Abstimmschritte: 5, 12,5, 25 kHz

Speicherplätze: 100

Suchlauf-
geschwindigkeit:
Turbo-Scan mit
maximal
100 Kanälen/Sek.

Empfindlichkeit
(FM-schmal): 0,5 µV

Bandbreite: o.A.

Stromversorgung: 6 x Mignon /
9 V extern

Größe: 64 x 165 x 39 mm

Besonderheiten: Großes Display,
Köpfhöreranschluß,
externe Strom-
versorgungen.

Lieferumfang: Bedienungsanleitung, Gummi-
wendelantenne,
Gürtelclip.

Preis: ca. 390,– DM

Importeur/Vertrieb: Albrecht

Empfehlung: Schneller Scanner
mit sehr gutem Preis-/Leistungs-
verhältnis in der Mittelklasse.
Gut geeignet für den Empfang aller
wichtigen Sprechfunkdienste.

Albrecht AE 300/400 H

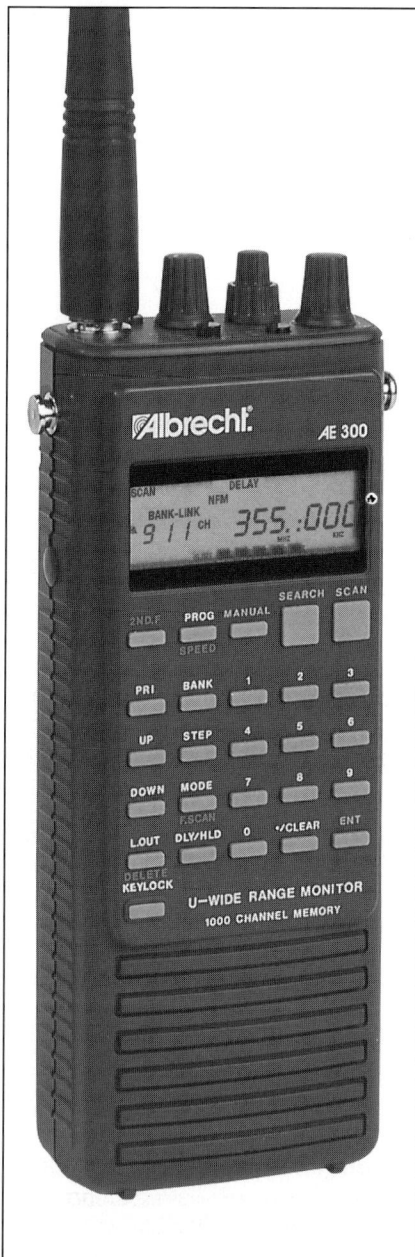

Frequenzbereiche: 100 kHz
                      – 2060 MHz

Betriebsarten: FM-schmal,
                      FM-breit, AM,
                      SSB, CW (BFO)

Abstimmschritte: programmierbar
                      zwischen
                      1 und 999 kHz

Speicherplätze: 1.000 plus ein
                      Prioritätskanal

Suchlauf-
geschwindigkeit: 20 Kanäle/Sek.

Empfindlichkeit
(FM-schmal):   0,4 µV

Bandbreite: o.A.

Stromversorgung: 4 x Mignon /
                      12 V extern

Größe: 78 x 184 x 41 mm

Besonderheiten: eingebauter
Sprachinverter (AE 400), viele
Betriebsarten, beleuchtbares
Display, Köpfhöreranschluß,
externe Stromversorgungen.

Lieferumfang: Bedienungsanleitung,
Akkusatz, Netzgerät, Kfz.-Adapter,
Ohrhörer, Gummiwendelantenne,
Gürtelclip.

Preis: ca. 780,– / 890,– DM

Importeur/Vertrieb: Albrecht

Empfehlung: Gut ausgestatteter
Scanner der Oberklasse.
Für den Empfang sämtlicher
Funkdienste gut geeignet.

Altai/COMMTEL COM213

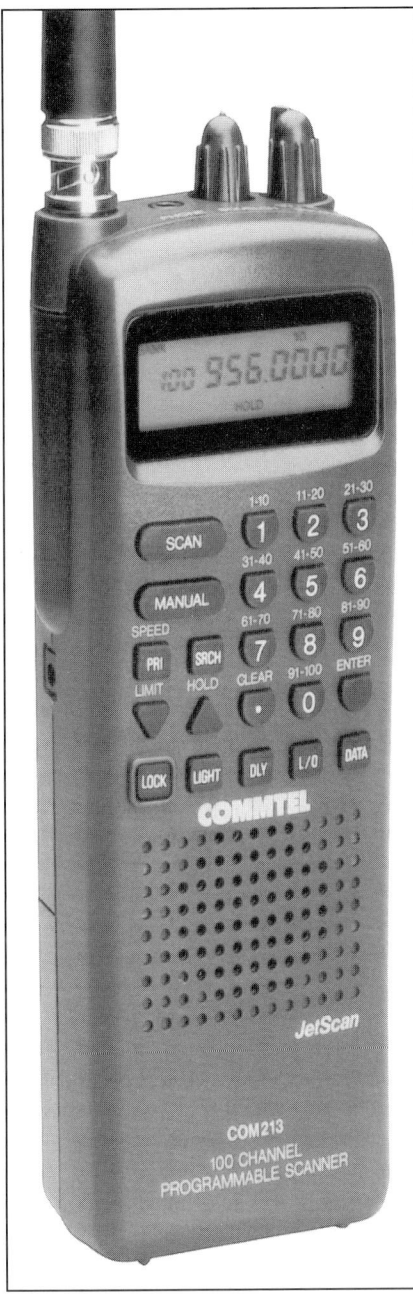

Frequenzbereiche	66 – 88 MHz
	108 – 137 MHz
	137 – 144 MHz
	144 – 148 MHz
	148 – 174 MHz
	406 – 512 MHz
	806 – 956 MHz

Betriebsarten: FM-schmal, AM

Abstimmschritte: 5, 12,5 kHz

Speicherplätze: 100 inklusive 10 Vorzugskanäle

Suchlauf-geschwindigkeit: Jet-Scan mit 100 Kanälen/Sek.

Empfindlichkeit (FM-schmal): 0,5 µV

Bandbreite: o. A.

Stromversorgung: 4 x Mignon / 12 V extern

Größe: 64 x 165 x 42 mm

Besonderheiten: Köpfhöreranschluß, externe Strom-versorgungen.

Lieferumfang: Bedienungsanleitung, Akkusatz, Netzgerät, Ohrhörer, Gummiwendelantenne, Gürtelclip.

Preis: ca. 450,– DM

Importeur/Vertrieb: Altai

Empfehlung: Einfachere Bedienung als sonst bei Scannern üblich, da Modulationsart und Abstimmraster fest mit dem jeweiligen Frequenz-bereich verbunden sind. Sehr schneller Suchlauf. Gut geeignet für BOS, Betriebsfunk, Flugfunk.

AOR AR-8000

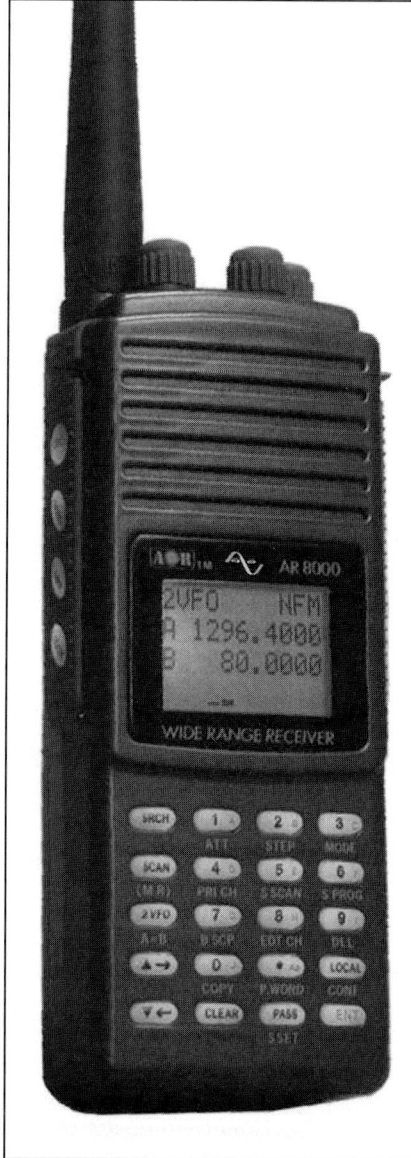

Frequenzbereiche: 100 kHz – 1950 MHz

Betriebsarten: FM-schmal, FM-breit, AM, USB, LSB

Abstimmschritte: variabel zwischen 0,05 und 500 Hz

Speicherplätze: 1.000 + ein Prioritätskanal

Suchlaufgeschwindigkeit: 30 Kanäle pro Sekunde

Empfindlichkeit (FM-schmal): 0,25 µV

Bandbreite: schaltbar und optional noch zu verbessern

Stromversorgung: 4 x Mignon / 12 V extern

Größe: 65 x 160 x 43 mm

Besonderheiten: Display und Tastenfeld beleuchtbar, Multifunktionsdisplay, Ferritantenne für MW, SSB-Filter; gegen Aufpreis: PC-Steuerung, Sprachinverter, Tonbandanschluß, u.v.a.m.

Lieferumfang: Bedienungshandbuch, Akkus, Netzteil, Kfz-Adapter, Schutztasche, Gürtelclip, Gummiwendelantenne.

Preis: ca. 835,– / 1.800,– DM je nach Ausstattung

Importeur/Vertrieb: bogerfunk

Empfehlung: Luxuriöser, sehr leistungsfähiger Scanner zum Empfang aller Funkdienste. Mit vielen Optionen, je nach Wunsch des Anwenders. Professionelles Scannen mit PC und Software ScanControl möglich.

ICOM IC-R10

Frequenzbereiche:	500 kHz – 1300 MHz
Betriebsarten:	FM-schmal FM-breit, AM, LSB, USB, CW
Abstimmschritte:	100, 500 Hz, 1, 5, 6,25, 8, 9, 10, 12,5, 15, 20, 25, 30, 50, 100 kHz
Speicherplätze:	1.000
Suchlaufgeschwindigkeit:	16,7 Kanäle/Sek.
Empfindlichkeit (FM-schmal):	0,4 µV
Bandbreite:	15 kHz (FM-schmal, AM), 150 kHz (FM-breit), 4 kHz (SSB)
Stromversorgung:	4 x Mignon / 4,8 – 16 V extern
Größe:	59 x 130 x 32 mm

Besonderheiten: Multifunktionsdisplay, alle Speicherkanäle lassen sich mit alphanumerischen Namen belegen, Spektrum-Display zum Anschauen der Kanalbelegung, SIG NAVI-Funktion für schnelles Finden im Suchlauf, PC-Schnittstelle, Kopfhöreranschluß, externe Stromversorgungen, S-Meter, Timer.

Lieferumfang: Bedienungsanleitung, Akkusatz, Netzgerät, Gummiwendelantenne, Gürtelclip.

Preis: ca. 850,– DM

Importeur/Vertrieb: ICOM

Empfehlung: Bedienungskomfort und Technik-Features auf Höchstniveau, und dabei für einen Scanner der Oberklasse noch relativ preiswert.

Realistic PRO-28

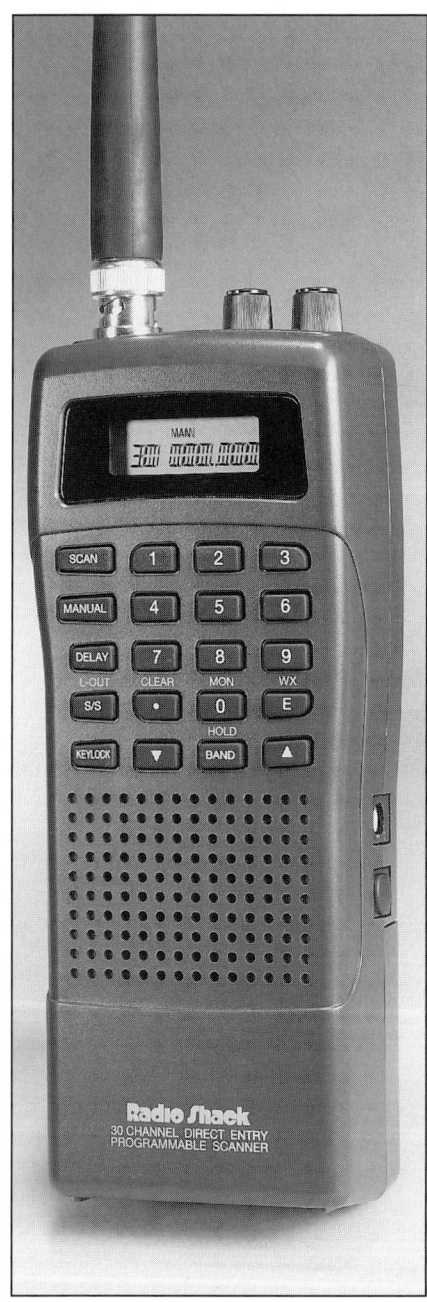

Frequenzbereiche:	66 – 88 MHz
	137 – 174 MHz
	406 – 512 MHz
Betriebsarten:	FM-schmal
Abstimmschritte:	5, 12,5 kHz
Speicherplätze:	30
Suchlauf-geschwindigkeit:	15 Kanäle/Sek.
Empfindlichkeit (FM-schmal):	0,5 µV
Bandbreite:	20 kHz
Stromversorgung:	4 x Mignon / 12 V extern
Größe:	69 x 162 x 39 mm
Besonderheiten:	Köpfhöreran-schluß, externe Stromversorgung.
Lieferumfang:	Bedienungsanlei-tung, Gummi-wendelantenne, Gürtelclip.
Preis:	ca. 259,– DM
Importeur/Vertrieb:	SIKA

Empfehlung: sehr preiswert, geeignet für alle Einsteiger, die nur BOS und Betriebs-funk hören und nur wenige Kanäle speichern wollen.

Realistic Radio Shack PRO-60

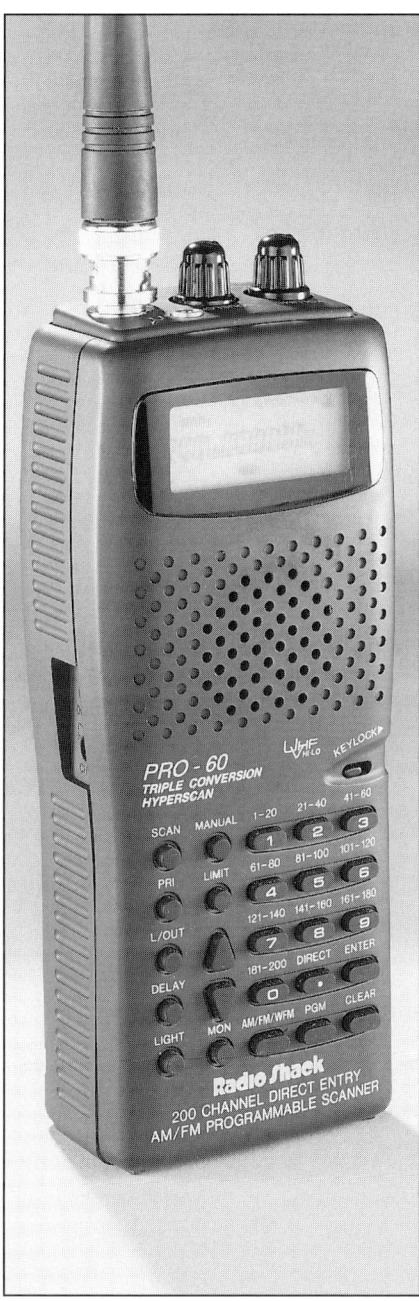

Frequenzbereiche:	30 – 87,5 MHz
	87,5 – 108 MHz
	108 – 137 MHz
	137 – 225 MHz
	225 – 512 MHz
	760 – 824 MHz
	849 – 869 MHz
	894 – 1000 MHz

Betriebsarten: FM-schmal, FM-breit, AM

Abstimmschritte: 5, 12,5, 25, 50 kHz

Speicherplätze: 200 + 1 Vorzugskanal

Suchlauf-
geschwindigkeit: 25 Kanäle/Sek.

Empfindlichkeit
(FM-schmal): 1,0 µV

Bandbreite: 20 kHz

Stromversorgung: 6 x Mignon / 9 V extern

Größe: 62 x 160 x 54 mm

Besonderheiten: beleuchtbares Display, Köpfhöreranschluß, externe Stromversorgungen.

Lieferumfang: Bedienungsanleitung, Akkus, Gürtelclip, Gummiwendel-antenne.

Preis: ca. 590,– DM

Importeur/Vertrieb: SIKA

Empfehlung: Solider, guter Mittel-klasse-Scanner für den Empfang aller wichtigen Funkdienste.

Realistic Radio Shack PRO-70

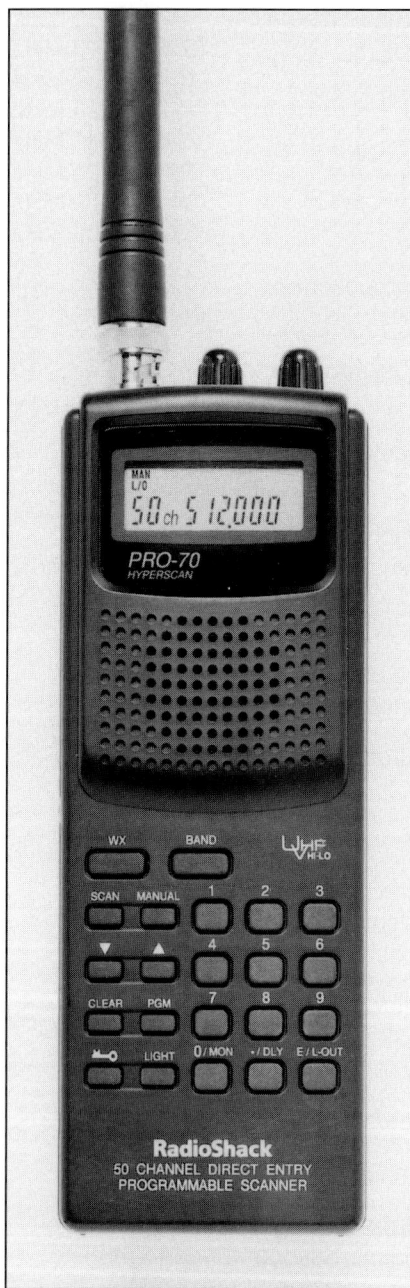

Frequenzbereiche: 66 – 88 MHz
137 – 174 MHz
406 – 512 MHz

Betriebsarten: FM-schmal

Abstimmschritte: 5, 12,5 kHz

Speicherplätze: 50 plus
1 Monitorkanal

Suchlauf-
geschwindigkeit: 25 Kanäle/Sek.

Empfindlichkeit
(FM-schmal): 1,0 µV

Bandbreite: 20 kHz

Stromversorgung: 6 x Mignon /
9 V extern

Größe: 62 x 171 x 40 mm

Besonderheiten: beleuchtbares
Display, Köpfhörer-
anschluß, externe
Stromversorgun-
gen.

Lieferumfang: Bedienungsanleitung, Akkus,
Gürtelclip, Gummi-
wendelantenne.

Preis: ca. 270,– DM

Importeur/Vertrieb: SIKA

Empfehlung: Preiswerter
Scanner für den
Empfang von BOS
und Betriebsfunk.

stabo XR 2000

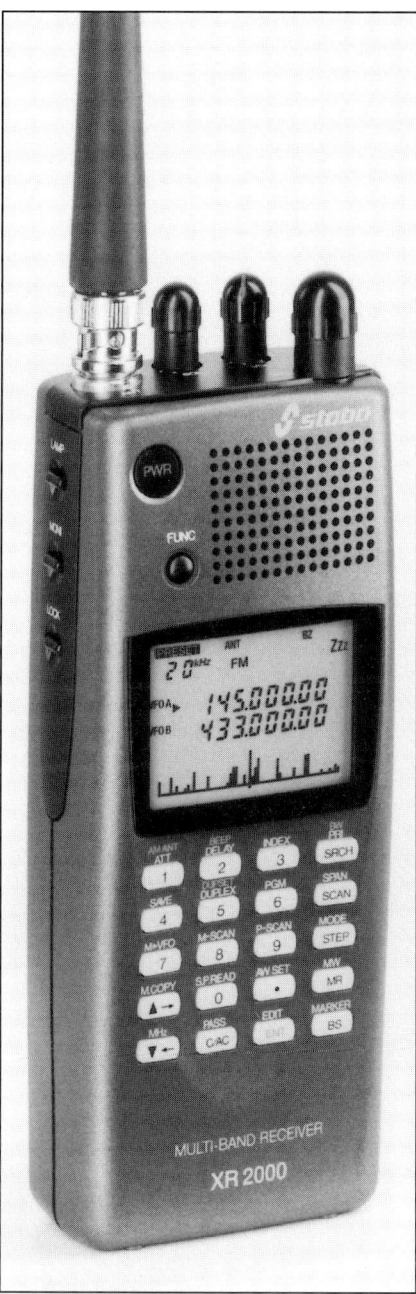

Frequenzbereiche:	100 kHz – 2039 MHz
Betriebsarten:	FM-schmal FM-breit, AM, LSB, USB, CW
Abstimmschritte:	50, 100, 200, 500 Hz, 1, 5, 6,25, 8, 9, 10, 12,5, 15, 20, 25, 30, 50, 100, 125 kHz
Speicherplätze:	1.000 plus 10 Prioritätskanäle und 500 Ausblendspeicher.
Suchlaufgeschwindigkeit:	30 Kanäle/Sek.
Empfindlichkeit (FM-schmal):	0,5 µV
Bandbreite:	o. A.
Stromversorgung:	5 x Mignon / 12 V extern
Größe:	66 x 155 x 40 mm

Besonderheiten: Multifunktions-Display, Spektrum-Analysator, Köpfhöreranschluß, externe Stromversorgungen.

Lieferumfang: Bedienungsanleitung, Akkusatz, Netzgerät, Gummiwendelantenne, Gürtelclip.

Preis: ca. 1.350,– DM

Importeur/Vertrieb: stabo

Empfehlung: Der neue Super-Handscanner, der Maßstäbe setzt. Vielfältige Funktionen und traumhafter Bedienungskomfort.

Standard AX-400 baugleich mit
DIAMOND WS-1000E

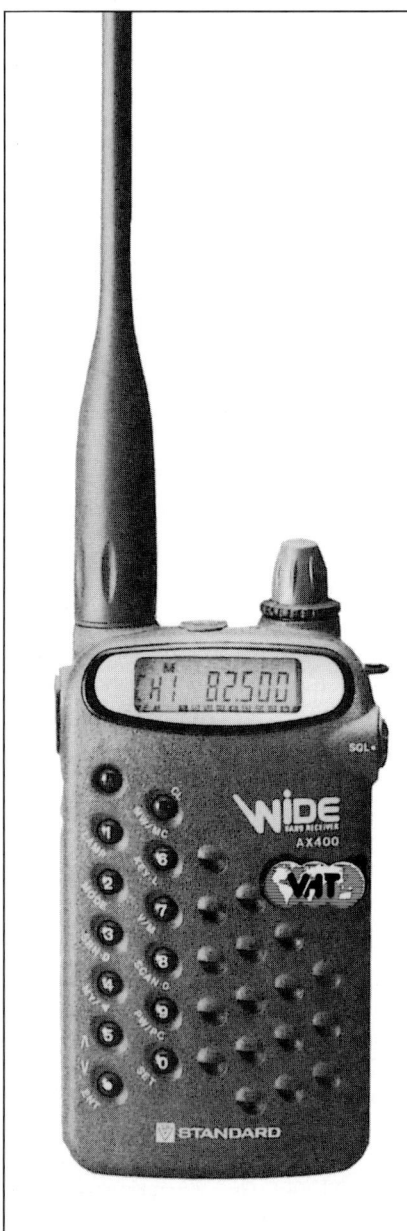

Frequenzbereiche:	500 kHz – 1.300 MHz
Betriebsarten:	FM-schmal FM-breit, AM
Abstimmschritte:	1, 5, 6,25, 9, 10, 12,5, 15, 20, 25, 30, 50, 100 kHz
Speicherplätze:	400, davon 80 Vorzugsspeicher u. 1 Prioritätskanal
Suchlaufgeschwindigkeit:	25 Kanäle/Sek.
Empfindlichkeit (FM-schmal):	0,5 µV
Bandbreite:	15 kHz
Stromversorgung:	2 x Mignon/ 12 V extern
Größe:	90 x 58 x 24 mm
Besonderheiten:	Köpfhöreranschluß, EEPROM-Speicher.
Lieferumfang:	Bedienungsanleitung, Gummiwendelantenne, Trageschlaufe.
Preis:	ca. 650,– DM
Importeur/Vertrieb:	VHT-Impex und WiMo
Empfehlung:	Mini-Scanner mit großer Leistung, der sich unterwegs unauffällig betreiben läßt.

Uniden Bearcat UBC 60 XLT

Frequenzbereiche:	66 – 88 MHz
	137 – 174 MHz
	406 – 512 MHz
Betriebsarten:	FM-schmal
Abstimmschritte:	5, 12,5 kHz
Speicherplätze:	10
Suchlaufgeschwindigkeit:	10 Kanäle/Sek.
Empfindlichkeit (FM-schmal):	0,7 μV
Bandbreite:	o.A.
Stromversorgung:	5 x Mignon / 12 V extern
Größe:	65 x 175 x 35 mm
Besonderheiten:	Köpfhöreranschluß, externe Stromversorgungen.
Lieferumfang:	Bedienungsanleitung, Netzgerät, Gummiwendelantenne, Gürtelclip.
Preis:	ca. 178,– DM
Importeur/Vertrieb:	Maas

Empfehlung: sehr preiswert, geeignet für alle Einsteiger, die nur BOS und Betriebsfunk hören und nur wenige Kanäle speichern wollen.

Uniden Bearcat UBC 3000 XLT

Frequenzbereiche:	25 – 550 MHz 760 – 1300 MHz
Betriebsarten:	FM-schmal, FM-breit, AM
Abstimmschritte:	5, 12,5, 50 kHz
Speicherplätze:	400
Suchlaufgeschwindigkeit:	100 Kanäle/Sek. und Turboscan
Empfindlichkeit (FM-schmal):	o.A.
Bandbreite:	o.A.
Stromversorgung:	Spezialakku / 12 V extern
Größe:	69 x 187 x 39 mm

Besonderheiten: schneller Turboscan und Tracktuning für automat. Feinabstimmung, automatische Speicherung, beleuchtbares Multifunktionsdisplay, Köpfhöreranschluß, externe Stromversorgungen, Sparschaltung, Unterdrückungsfunktion.

Lieferumfang: Bedienungsanleitung, Akkupack, Netzgerät, Gummiwendelantenne, Ohrhörer, Ledertasche, Gürtelclip.

Preis:	ca. 670,– DM

Importeur/Vertrieb: Maas

Empfehlung:
leistungsfähiger Scanner für fast alle Funkdienste und Ansprüche.

Yupiteru MVT-7000

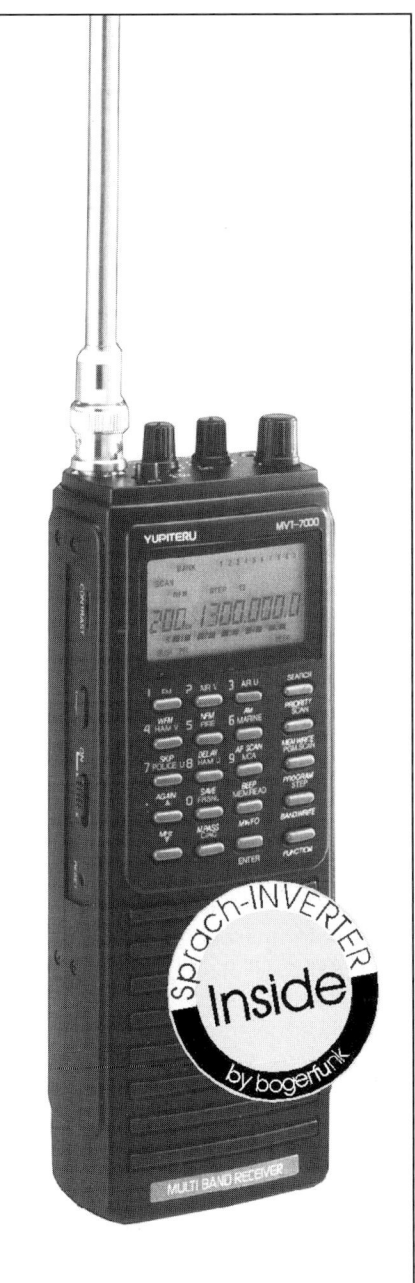

Frequenzbereiche:	8 – 1300 MHz
Betriebsarten:	FM-schmal, FM-breit, AM
Abstimmschritte:	5, 10, 12,5, 25, 50, 100 kHz
Speicherplätze:	200 + ein Prioritätskanal
Suchlaufgeschwindigkeit:	20 Kanäle pro Sekunde
Empfindlichkeit (FM-schmal):	0,7 µV
Bandbreite:	o. A.
Stromversorgung:	4 x Mignon / 12 V extern
Größe:	65 x 160 x 40 mm
Besonderheiten:	Display beleuchtbar, Multifunktionsdisplay, Kopfhöreranschluß; gegen Aufpreis: Sprachinverter.
Lieferumfang:	Bedienungshandbuch, Akkus, Netzteil, Kfz-Adapter, Schutztasche, Gürtelclip, Gummiwendelantenne.
Preis:	ca. 500,– bis 680,– DM je nach Ausstattung
Importeur/Vertrieb:	bogerfunk
Empfehlung:	leistungsfähiger Scanner

Yupiteru MVT-7200 D

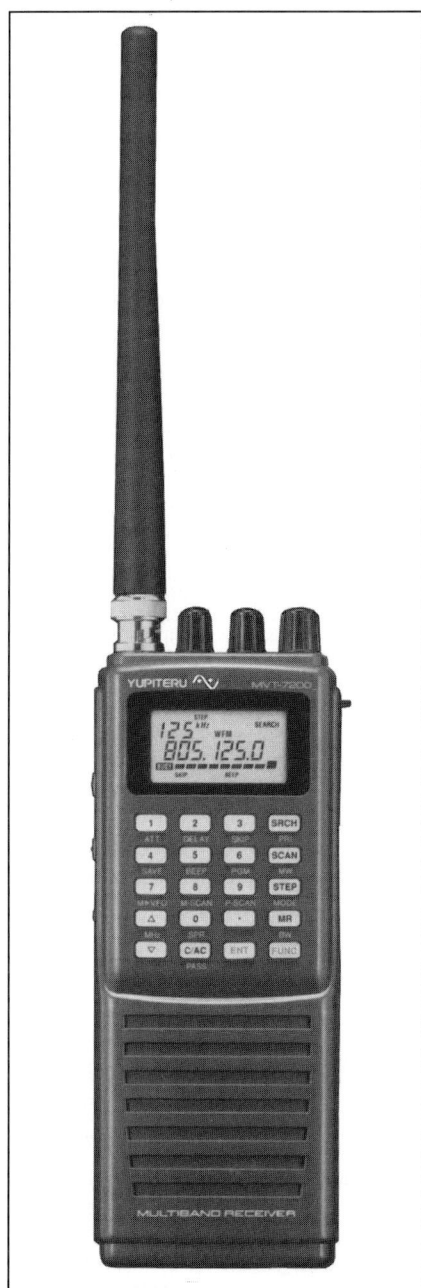

Frequenzbereiche: 530 kHz – 1650 MHz

Betriebsarten:	FM-schmal, FM-breit, AM, USB, LSB
Abstimmschritte:	0,05, 0,1, 1, 5, 6,25, 9, 10, 12,5, 25, 50, 100 kHz
Speicherplätze:	1000 + ein Prioritätskanal und 500 Ausblendspeicher
Suchlaufgeschwindigkeit:	30 Kanäle pro Sekunde
Empfindlichkeit (FM-schmal):	0,5 µV
Bandbreite:	o. A.
Stromversorgung:	4 x Mignon / 12 V extern
Größe:	65 x 160 x 35 mm

Besonderheiten: Display und Tastenfeld beleuchtbar, Kopfhöreranschluß, externe Stromversorgung gegen Aufpreis: Sprachinverter, Tonbandanschluß, weitere Antennen

Lieferumfang: Bedienungshandbuch, Akkus, Netzteil, Kfz-Adapter, Schutztasche, Gürtelclip, Ohrhörer, Gummiwendelantenne.

Preis: ca. 845,– bis 1.000,– DM je nach Ausstattung

Importeur/Vertrieb: bogerfunk

Empfehlung: Luxuriöser, leistungsfähiger Scanner für den Empfang aller Funkdienste. Mit Optionen je nach Anwenderwunsch.

Vorgestellt:
empfehlenswerte Stationsscanner

Scanner-Empfänger für den stationären Betrieb zu Hause gibt es vom einfachen Überwachungsempfänger für die wichtigsten BOS/Betriebsfunkkanäle bis hin zu den wirklichen Alleskönnern, die dann auch gleich einige Tausend DM kosten.

Man sollte sich im Klaren sein, ob man mit dem Stationsgerät eigentlich nur den VHF/UHF-Bereich empfangen will oder ob man auch, und zwar mit wirklich guten Empfangsleistungen, gleichzeitig den Lang-, Mittel- und Kurzwellenbereich abdecken möchte.

Die in den nachfolgenden Vorstellungen angegebenen Daten beziehen sich immer auf den VHF/UHF-Empfang, weil dieser für die Leser dieses Buches von Interesse ist. Ergänzend finden Sie ggf. einen Hinweis auf den LW-MW-KW-Empfang.

Ausführliche Testberichte über die Empfangseigenschaften dieser Geräte speziell unter dem Gesichtspunkt des weltweiten Funk- und Rundfunkempfangs auf Kurzwelle finden Sie in unserem „Weltempfänger-Testbuch" (siehe Leserservice am Ende dieses Buches).

Stationsscanner: Albrecht AE 60T

Frequenzbereiche: 66 – 88 MHz
108 – 137 MHz
137 – 174 MHz
216 – 512 MHz
806 – 956 MHz

Betriebsarten: FM-schmal
FM-breit, AM

Abstimmschritte: 5, 12,5, 25 kHz

Speicherplätze: 200

Suchlauf-
geschwindigkeit: 100 Kanäle/Sek.

Empfindlichkeit
(FM-schmal): 0,6 μV

Bandbreite: o.A.

Stromversorgung: Steckernetzteil
220 V

Größe: 265 x 80 x 190 mm

Antennenanschlüsse: vorhanden

Computer-Schnittstelle: keine

Besonderheiten: Abstimmknopf zur manuellen Frequenzwahl, Automatik-Suchlauf, Recorderanschluß zur automatischen Aufnahme.

Lieferumfang: Bedienungsanleitung, Teleskopantenne und Steckernetzteil.

Preis: ca. 520,– DM

Importeur/Vertrieb: Albrecht

Empfehlung: Als Stationsscanner ein Einsteigermodell für VHF/UHF, leichte und übersichtliche Bedienung. Gutes Preis-/Leistungsverhältnis.

Mobilscanner: Albrecht AE 66 M

Frequenzbereiche:	66 – 88 MHz
	108 – 137 MHz
	137 – 174 MHz
	216 – 512 MHz
	806 – 956 MHz
Betriebsarten:	FM-schmal FM-breit, AM
Abstimmschritte:	5, 12,5, 25 kHz
Speicherplätze:	50
Suchlaufgeschwindigkeit:	100 Kanäle/Sek.
Empfindlichkeit (FM-schmal):	0,6 µV
Bandbreite:	o.A.
Stromversorgung:	12 V extern oder 220 V extern
Größe:	132 x 42 x 176 mm

Antennenanschlüsse: BNC-Buchse

Computer-Schnittstelle: keine

Besonderheiten: Gut ablesbares, beleuchtbares Display, alle wichtigen Frequenzbereiche sind bereits vorprogrammiert.

Lieferumfang: Bedienungsanleitung, Teleskopantenne, Steckernetzteil, Zigarettenanzünderkabel, 12-V-Versorgungskabel, Mobilhalterung für Kfz-Montage.

Preis: ca. 430,– DM

Importeur/Vertrieb: Albrecht

Empfehlung: Der ideale Scanner für den Einbau ins Auto. Klein, aber sehr übersichtliche, einfache Bedienung, gute Ausstattung.

Stationsscanner: AOR AR-3000A

Frequenz-
bereiche:
100 kHz –
2.036 MHz

Betriebsarten:
FM-schmal
FM-breit,
AM, USB, LSB

Abstimm-
schritte:
beliebig zwi-
schen 50 Hz
und 10 MHz

Speicherplätze:	400
Suchlauf-geschwindigkeit:	55 Kanäle/Sek.
Empfindlichkeit (FM-schmal):	0,35 µV
Bandbreite:	FM-schmal: 12/25 kHz, FM-breit: 180/800 kHz, AM: 12/25 kHz, SSB: 2,4/4,5 kHz
Stromversorgung:	13,8 V extern
Größe:	138 x 80 x 200 mm
Antennen-anschlüsse:	ein BNC-Anschluß
Computer-Schnittstelle:	RS-232C-Schnittstelle.

Fast alle Funktionen und Einstellungen lassen sich fernsteuern bzw. abfragen.

Besonderheiten: Der AR-3000A ist Mittelpunkt eines Empfangssystems, das sich ganz nach den Wünschen des Anwenders ausbauen läßt.

Lieferumfang: Bedienungsanleitung, Stecker-Netzteil, Kfz-Kabel, schwenkbare Teleskopantenne.

Preis: ca. 2.000,– DM

Importeur/Vertrieb: bogerfunk

Empfehlung:
Seit Jahren bewährter Super-Scanner mit schnellem Suchlauf und vielen sehr interessanten Optionen und Zusatzausrüstungen (z.B. Wetterfunk, Satellitenempfang etc.) und umfangreichem Software-Angebot (SCANCONTROL). Schwächen nur beim LW-MW-KW-Empfang.

Stationsscanner: AOR AR-5000

Frequenzbereiche: 10 kHz – 2.600 MHz

Betriebsarten: FM-schmal FM-breit, AM, USB, LSB, CW

Abstimmschritte: ab 1 Hz aufwärts

Speicherplätze: 1.000

Suchlauf-geschwindigkeit: 50 Kanäle/Sek. mit Cyber-Scan

Empfindlichkeit (FM-schmal): 0,2 µV

Bandbreite: 3, 6, 15, 40, 110, 220 kHz und nach-rüstbare Optionen

Stromversorgung: 12 V extern

Größe: 215 x 90 x 260 mm

Antennen-anschlüsse: einer für LW-MW-KW, einer für VHF/UHF

Computer-Schnittstelle: RS-232C-Schnittstelle. Fast alle Funktionen und Einstellungen lassen sich fernsteuern bzw. abfragen.

Besonderheiten: integrierter Sprach-inverter, DTMF-Auswerter, CTCSS-Auswerter als Option, automatische Aufnahme und Tonbandsteuerung, Panorama-Sichtgerät als Option anschließbar.

Lieferumfang: Bedienungsanleitung, Netzteil.

Preis: ca. 3.400,– DM

Importeur/Vertrieb: bogerfunk

Empfehlung: Spitzen-Stationsemp-fänger für den Bereich oberhalb 30 MHz, relativ gut für KW. Bietet auf-wendige und komplexe Monitormög-lichkeiten auch für professionelle Anwender.

Stationsscanner: ICOM IC-R8500

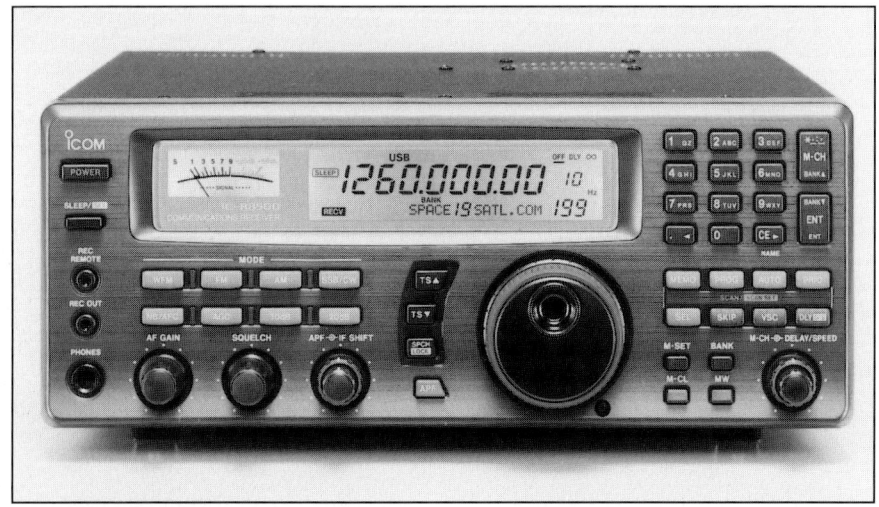

Frequenzbereiche: 100 kHz – 2.000 MHz

Betriebsarten: FM-schmal FM-breit, AM, USB, LSB, CW

Abstimmschritte: ab 10 Hz aufwärts

Speicherplätze: 1.000

Suchlauf-geschwindigkeit: 40 Kanäle/Sek.

Empfindlichkeit (FM-schmal): 0,5 µV

Bandbreite: FM-breit: 150 kHz, FM-schmal: 5,5 kHz, AM: 12/5,5/ 2,2 kHz, CW: 500 Hz

Stromversorgung: 13,8 V extern

Größe: 287 x 112 x 309 mm

Antennenanschlüsse: 3 Antennen-anschlüsse für unterschiedliche Frequenzbereiche.

Computer-Schnittstelle: RS-232C-Schnittstelle und ICOM IC-V. Fast alle Funktionen und Einstellungen lassen sich fernsteuern bzw. abfragen.

Besonderheiten: Option für Fernseh- und UKW-Stereo-Modul, Zeitschaltuhr, automatische Aufnahmesteuerung.

Lieferumfang: Bedienungsanleitung

Preis: ca. 4.000,– DM

Importeur/Vertrieb: ICOM

Empfehlung: Hervorragender Stationsempfänger mit besten Empfangseigenschaften in allen Wellenbereichen und Betriebsarten.

Stationsscanner:
Realistic / Radio Shack PRO-2042

Frequenzbereiche:	25 – 520 MHz 760 – 1.300 MHz
Betriebsarten:	FM-schmal FM-breit, AM
Abstimmschritte:	5, 12,5, 25, 50 kHz
Speicherplätze:	1.000 plus 100 Monitorspeicher
Suchlauf- geschwindigkeit:	50 Kanäle/Sek.
Empfindlichkeit (FM-schmal):	0,5 µV
Bandbreite:	20 kHz
Stromversorgung:	13,8 V od. 220 V
Größe:	232 x 90 x 210 mm

Antennenanschlüsse: BNC-Buchse

Computer-Schnittstelle: keine

Besonderheiten: Sprachgesteuerte Rauschsperre, automatische Speicherung während des Suchlaufs, automatisches Sortieren von Speicherplätzen, Kopfhörer, Lautsprecher u. Recorderanschluß.

Lieferumfang: Bedienungsanleitung, Teleskopantenne.

Preis: ca. 920,– DM

Importeur/Vertrieb: SIKA

Empfehlung: Preiswerter Stationsscanner für VHF/UHF, viele Speichermöglichkeiten und bequeme Bedienung.

Stationsscanner:
Uniden Bearcat UBC 9000 XLT

Frequenzbereiche:	25 – 550 MHz	Computer-Schnittstelle: keine
	760 – 1.300 MHz	Besonderheiten: Sprachgesteuerte
Betriebsarten:	FM-schmal, FM-breit, AM	Rauschsperre, automatische Speicherung während des Suchlaufs,
Abstimmschritte:	5, 12,5, 25, 50 kHz	automatisches Sortieren von Speicherplätzen, CTCSS-Option,
Speicherplätze:	500	alphanumerische Benennung von
Suchlaufgeschwindigkeit:	Turbo-Scan mit 100 Kanälen/Sek.	Speicherfrequenzen, Tonband- und Kopfhöreranschluß
Empfindlichkeit (FM-schmal):	o.A.	Lieferumfang: Bedienungsanleitung, Netzteil, Teleskopantenne
Bandbreite:	o.A.	Preis: ca. 699,– DM
Stromversorgung:	220 oder 12 V extern	Importeur/Vertrieb: Maas
Größe:	267 x 190 x 85 mm	**Empfehlung:** Preiswerter
Antennenanschlüsse:	eine BNC-Buchse	Stationsscanner für VHF/UHF, viele Speichermöglichkeiten und bequeme Bedienung.

Antennen für Scanner

Die VHF/UHF-Funkwellen breiten sich „quasi-optisch" aus, also ähnlich geradlinig wie Lichtstrahlen. Sie werden kaum oder nur in bestimmten Ausnahmesituationen von bestimmten Luftschichten oder von der Ionosphäre reflektiert (im Gegensatz also zum Beispiel zu Kurzwellen, die im Zickzack zwischen Erde und Ionosphäre rund um die Welt laufen können). Die Ausstrahlungen aller hier in diesem Buch behandelten Funkdienste sind also im Prinzip nur auf Sichtweite oder etwas darüber hinaus zu empfangen. Das erklärt, warum man in einem engen Tal kaum einen Fernsehsender empfangen kann, wenn die Versorgung nicht durch einen Umsetzer gesichert ist (oder man eine Satellitenschüssel mit freier Sicht auf den Satelliten hat). Mitten in einem gutversorgten Ballungsgebiet kann es trotzdem passieren, daß man mit dem Handy keinen Anschluß bekommt, weil man sich gerade im Funkschatten einen Gebäudes befindet und auch nicht das Glück hat, daß sich durch Reflexionen an anderen Gebäudne dennoch eine Funkversorgung ergibt.

Zwischen Sender und Empfänger bzw. zwischen Sende- und Empfangsantenne muß also eine theoretische Sichtverbindung bestehen.

Guten Empfang im gesamten UKW-Bereich hat man deswegen mitten in einer Stadt auf einem hohen Gebäude, oder auf einem Berg oder einer Anhöhe mit flacher Landschaft rundherum. Das erklärt auch, warum man den Funkverkehr von Flugzeugen auch noch in einigen hundert Kilometern Entfernung hören kann, obwohl die Leistung der Sendeanlagen an Bord recht bescheiden ist. Die Flugzeuge fliegen so hoch, daß einfach im Prinzip eine sehr weite Sicht besteht.

Für die Planung von Funknetzen ist es deshalb wichtig, gute (hohe) Standorte für die Antennen zu finden. Aus diesem Grund befinden sich zum Beispiel die Amateur-Relaisfunkstellen allesamt auf Bergen, Erhebungen oder ähnlichen hohen Standorten.

Für den Erfolg eines Scannereinsatzes ist die Antennenfrage daher entscheidend. Ein Handscanner bietet in der Grundausstattung nur die aufgesteckte Stabwendelantenne. Wer im Keller sitzt, wird damit kaum etwas empfangen. Auf dem Balkon eines Hochhauses sieht das aber gleich anders aus. Es empfiehlt sich daher, für den Empfang zu Hause eine externe Antenne auf dem Dach (oder direkt darunter auf dem Dachboden) zu benutzen. Preiswerte Scanner-Antennen werden sowohl als Zusatz zu Handscannern wie auch als Antenne überhaupt für Stationsscanner angeboten.

Natürlich kann man sich auch ins Auto setzen und zu einem erhöhten oder interessanten Standort fahren, zum Beispiel in Flughafennähe. Wer das öfters macht, kann den Scanner auch gleich in das Auto einbauen und eine spezielle Autoantenne benutzen.

Ein Problem bei dem großen Frequenzbereich, den ein Scanner empfangen kann, ist die sehr unterschiedliche Wellenlänge. Denken Sie nur an die Sprechfunkbereiche 4 m, 2 m und 70 cm; diese Meterangaben nennen Ihnen die ungefähre Wellenlänge. Um wirklich gute Ergebnisse zu erzielen, müßte die Länge der Antenne auf die Wellenlänge des Funkdienstes abgestimmt sein, den Sie empfangen möchten. Da man aber in der Regel ganz unterschiedliche Funkdienste auf sehr weit auseinanderliegenden Frequenzen hören will, kann eine Allband- oder Mehrbereichsantenne immer nur ein Kompromiß sein gegenüber einer speziellen Antenne, zum Beispiel nur für ein bestimmtes Band.

Ein weiteres Problem stellt die Dämpfung dar. Die Funkwellen werden nicht nur unterwegs gedämpft und mit zunehmender Entfernung schwächer, sondern die elektrische Energie wird auch auf dem Weg von der Antenne zum Empfänger schwächer, und zwar abhängig davon, wie gut die Antenne angepaßt ist und wie hoch die Dämpfungsverluste pro Meter Länge des Antennenkabels sind. Es lohnt sich also, gut angepaßte und ggf. auf spezielle Wellenbereiche abgestimmte Antennen zu verwenden, und es lohnt sich auch, gute Koaxialkabel einzusetzen, die eben eine geringere Dämpfung pro Meter haben als schlechtere (und preiswertere) Qualitäten. Natürlich kann man diese Verluste eventuell mit einem zusätzlichen Verstärker wieder aufheben und einen besonders empfindlichen Scanner einsetzen, aber dabei können sich auch gleich wieder neue Probleme ergeben.

In diesem Zusammenhang kommt auch gleich die Frage auf, ob man eine rein passive Antenne benutzen soll, oder eine „aktive" Antenne mit eingebautem oder zusätzlichem Verstärker. Hier ist eine gute, möglichst hoch und frei installierte Passivantenne sicherlich einer teureren Aktivantenne vorzuziehen, die sich vielleicht noch zu sehr im Störnebel des Hauses befindet, Störstrahlungen von elektrischen Geräten empfängt und aus dem Gemisch aller möglichen Einflüsse dann selbst Störungsprodukte produziert.

Überlegungen vor dem Antennenkauf

Bevor Sie sich eine zusätzliche Antenne kaufen für Ihren Handscanner, oder überhaupt eine Antenne für Ihren Stationsscanner, müssen Sie überlegen, ob Sie eventuell überwiegend nur bestimmte Funkdienste in bestimmten Bereichen hören wollen oder ob Sie eine möglichst universelle Antennenlösung brauchen. Bei einer festinstallierten Antenne kommt dann noch die Frage hinzu, wo Sie diese Antenne installieren wollen und können, und woher Sie möglicherweise das Antennenkabel legen und wie lang dieses dann wird.

Antennenstandort, Blitzschutz und Erdung

Wenn Sie eine Außenantenne am Fenster oder Balkon installieren, oder unter dem Dach oder an ähnlichen Stellen, werden Sie in der Regel auf einen Blitzschutz verzichten können. Ganz wichtig ist aber der Blitzschutz, wenn Sie die Antenne auf dem Dach, auf einem Mast oder sonstwie erhoben von der übrigen Bebauung installieren. Dann muß die Antenne durch einen Blitzableiter mit der Erde verbunden werden, um im Zweifelsfall Schaden abzuwenden. Etwas anderes ist die hochfrequenzmäßige Erdung Ihres Scanners und Ihrer Gerätschaften. Hier treten sehr unterschiedliche Effekte auf: manchmal ist eine Erdung beim Empfang von Vorteil, manchmal auch nicht. Experimentieren lohnt sich.

Der „Gewinn"

In Prospekten wirbt man gern mit schönen Angaben zum Antennen„gewinn", der in dB (Dezibel) angegeben wird. Lassen Sie sich aber von diesem rein theoretischen Faktor nicht blenden, denn in der Praxis spielen so viele Einflüsse eine Rolle, daß eigentlich nur ein praktischer Test mit Ihrem Scanner in Ihrer Wohnlage unter Berücksichtigung Ihrer Empfangsinteressen ein Ergebnis der „besten" Antenne bringen kann. Ein Fachhändler, der es Ihnen ermöglicht, vielleicht einmal die eine oder andere Antenne tatsächlich auszuprobieren, ist dann für Sie ein Glücksfall.

Dabei kann man dann auch des öfteren feststellen, daß der eigene Eindruck über die Leistungsfähigkeit einer Antenne genau umgekehrt zur Höhe des Antennengewinns steht. So bringen häufig die beliebten Discone-Antennen bessere Ergebnisse, als die Gewinnangaben vermuten lassen.

Eine für alle Wellenbereiche?

Es ist schon schwierig genug, eine Allround-Antenne für alle VHF/UHF-Bereiche auszuwählen. Falls Sie mit Ihrem Scanner auch noch die Mittelwelle/Kurzwelle hören können und wollen (bei Scannern geht ja der Trend dahin, wirklich alle Wellenbereiche zu bieten), dann sollten Sie für MW/KW eine separate Antenne vorsehen, sonst sind die Empfangsleistungen einfach zu schlecht.

Aufsteckantennen für Handscanner

Die mitgelieferten Antennen zu Handscannern sind nur ein Kompromiß für den breitbandigen Empfang in einem großen Frequenzbereich und lassen sich im Einzelfall schon durch bessere ersetzen. Natürlich kann man für jeden Frequenzbereich (für jedes Sprechfunkband) eine speziell auf dieses Band abgestimmte Antenne in der Tasche haben und kurz aufstecken – das ist die beste Möglichkeit. Liegen die Interessen zum Beispiel nur im 4-m-Bereich, dann schafft man sich am besten eine Aufsteckantenne an, die genau auf diesen Bereich abgestimmt ist und dann auch gute Ergebnisse bringt. Daneben gibt es auch solche Antennen, die für zwei oder drei Bereiche besonders optimiert sind.

Da Scanner überwiegend für den Empfang des 4-, 2- und 0,7-m-Sprechfunk-bandes eingesetzt werden, kann man sich speziell dafür Antennen anschaffen, die einfach statt der vorhandenen Antenne auf die Antennenkupplung aufgesteckt werden. Solche Antennen kosten zwischen 50,– und 90,– DM. Empfehlenswert ist zum Beispiel die „Maxiscan" von Albrecht, die „Presley 201" und die Modelle KN-2/4/6, die von Hansa Funktechnik angeboten werden, die RH951S von WiMo und die „Saphir 2601" von Maas.

Stationäre Antennen

Die bequemste Form einer stationären Antenne für zu Hause ist eine Antenne, die man sich auf den Arbeitstisch oder auf die Fensterbank stellt. Vorteil: Sie müssen sich nicht mit der mühsamen Installation einer Außenantenne herumschlagen und Sie müssen keine Kabel verlegen. Nachteil: Der Standort ist nicht optimal – siehe oben. Empfehlung: die „Desktop(Tisch)-Discone" von WiMo, 25–2000 MHz (Preis: ca. 160,– DM).

Die üblichen Stationsantennen gibt es in großer Auswahl und im Prinzip in drei Ausführungen, nämlich als Stabantenne, als Discone-Antenne oder in Discone-ähnlicher Spezialkonstruktion. Eine Auswahl bewährter Antennen für den VHF/UHF-Bereich hilft Ihnen weiter:

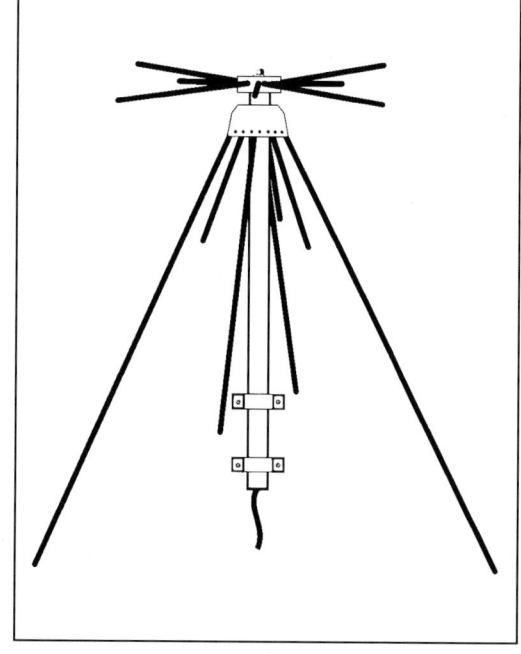

Die Discone-Antenne AOR DA-3000/S von bogerfunk.

Hersteller	Bezeichnung	Typ	Preis
Albrecht	Allband	Stab, 1,1 m	ca. 80,– DM
Albrecht	Multistick DX	Stab, 1,0 m	ca. 60,– DM
AOR (bogerfunk)	DA-3000	Discone, 0,9 m	ca. 150,– DM
HFT	Presley 204	Spezialkonstr., 0,7 m	ca. 150,– DM
Maas	Scanmaster	Stab, 1,2 m	ca. 130,– DM
PAN	Super-Discone	Discone, 1,3 m	ca. 140,– DM
SIKA	SKY-SCAN BAS 1300	Spezialkonstr. mit Standfuß, 1 m	ca. 150,– DM
SIKA	SKY SCAN DIS 1300 V	Discone, 2 m	ca. 130,– DM
Sirtel	Discone	Discone, 1,3 m	ca. 130,– DM

Aktivantennen

Aktivantennen sind Antennenkonstruktionen, die gleich an der Antenne eine Verstärkerelektronik untergebracht haben. Meist ist die relativ kurze, eigentliche Antenne in einer Art Rohr aus Kunststoff unauffällig untergebracht. Über die Antennenzuleitung wird die Verstärkerelektronik, die sich mit in dem Antennenrohr befindet, mit Strom versorgt. Dadurch wird das relativ schwache Antennensignal nicht erst durch ein längeres Antennenkabel noch weiter abgeschwächt, sondern gleich auf einen hohen Pegel gebracht und dann zum Scanner geschickt. Diese hohen Signalpegel vertragen aber nur leistungsfähige Scanner/Empfänger, billigere Geräte brechen unter dem starken Antennensignal zusammen und produzieren Störungen und Geistersignale.

Bewährt haben sich die Aktivantennen von Dressler, hier speziell die ara 2000, sowie die HT 702 von Hamtronic, die WA-7000 von AOR (bogerfunk) und die P-210 von HFT. Die Preise liegen zwischen 300,– und 400,– DM.

Richtantenne

Wer seine Lauscher ganz gezielt ausrichten will, wird mit einer Richtantenne liebäugeln. Dazu ist es natürlich erforderlich, daß man einen Antennenmast hat und daran einen Rotor zur ferngesteuerten Drehung der Antenne in alle Richtungen.

Sogenannte logarithmisch-periodische (LP) Antennen mit ihrem komplizierten Namen und ihrem ungewöhnlichen Aussehen (wie eine große Fischgräte) vereinen Breitbandigkeit (also Einsatz für einen breiten Frequenzbereich) mit einer guten Richtwirkung. Viel größer und nur schwer zu installieren sind dagegen sogenannte Yagi-Antennen – aber damit kann man dann tatsächlich die Flöhe husten hören.

LP-Antennen für den Amateurfunkbereich, die man aber auch für Scanner-Anwendungen einsetzen kann, gibt es zum Beispiel von bogerfunk und von stabo/Ricofunk.

Parabolantenne

Die sogenannten Satellitenschüsseln kommen ab etwa 1 GHz zum Einsatz, und auch hier nur, wenn man tatsächlich Satelliten empfangen möchte. Eine Parabolantenne wird exakt auf den Satelliten ausgerichtet und bündelt dann optimal die geringe Energie, die vom Satelliten auf der Erde ankommt.

Zum Schluß dieses Kapitels noch zwei kurze Erläuterungen zu Fragen, die immer wieder auftauchen:

Antennenverstärker – sinnvoll?

Eigentlich klingt es sehr sinnvoll, kurzerhand einen Verstärker einzusetzen, der schwache oder kaum hörbare Signale heraufsetzt. Und bequem ist es auch, weil man sich nicht über Antennen den Kopf zerbrechen muß. Aber Vorsicht: es gibt nur wenige Firmen, die wirklich gute und brauchbare Verstärker für den VHF/UHF-

Die Aktivantenne ara 1500 (2000) von Dressler.

Bereich herstellen (z.B. SSB-Elektronik). Und selbst ein guter Verstärker taugt eigentlich nur für bestimmte Anwendungsfälle (schmale Frequenzbereiche) und für hochwertige Scanner/Funkempfänger. Im Normalfall ist vom Kauf eines Verstärkers also abzuraten. Viel besser und nützlicher läßt sich das Geld in Antennen investieren!

Horizontal und vertikal polarisiert !?

Die elektromagnetischen Wellen bestehen aus elektrischen und magnetischen Feldlinien, die im Winkel von 90 Grad zueinander stehen. Unter Polarisation versteht man die Lage der elektrischen Feldlinien zur Erdoberfläche. Je nach Antenne werden vertikal oder horizontal polarisierte Funkwellen ausgestrahlt. Zum optimalen Empfang muß die Empfangsantenne ebenso polarisiert sein. Aus diesem Grund kann man zum Beispiel unterschiedlich polarisierte Sender, die aus der gleichen Richtung und auf der gleichen (oder benachbarten) Frequenz kommen, durch eine entsprechende Antenne trennen.

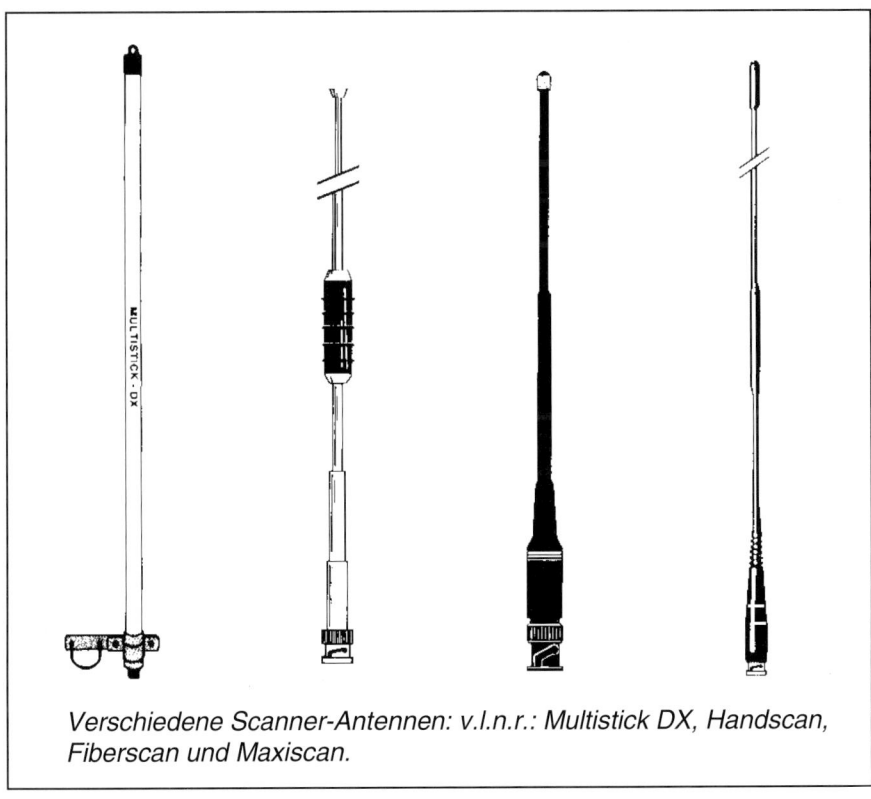

Verschiedene Scanner-Antennen: v.l.n.r.: Multistick DX, Handscan, Fiberscan und Maxiscan.

Software für Scanner und Computersteuerung

Eine ganze Reihe von hochwertigen Scannern haben eine Schnittstelle für den PC-Anschluß. Damit kann man sowohl einen Scanner fernsteuern oder automatisch laufen lassen, wie auch interaktiv eine Funküberwachung und Auswertung durchführen. Dem Komfort sind dabei keine Grenzen gesetzt.

Eine schöne Möglichkeit besteht zum Beispiel darin, den Scanner computergesteuert über einen längeren Zeitraum über einen bestimmten Frequenz- oder Kanalbereich laufen zu lassen und dann graphisch auszuwerten, auf welchen Frequenzen oder Kanälen wie oft Funkverkehr zu hören ist. So kann man sich einen guten Überblick über die tatsächlichen Aktivitäten der verschiedenen Funkdienste machen und erkennt leicht besonders häufig benutzte Frequenzen. Andererseits kann man auf diese Art der langfristigen, automatischen Beobachtung auch erkennen, welche Kanäle selten, aber dann eventuell von sehr interessanten Anwendern benutzt werden.

Selbstverständlich kann man sich relativ leicht mit Computerhilfe eine eigene Datenbank für den Sprechfunk aufbauen. Die Anbieter von Scannersoftware bieten aber auch eigene Datenbanken zum Kauf an, in denen dann schon eine Vielzahl von Frequenzen/Kanälen und Diensten gespeichert sind und durch Mausklick selektiert und aufgerufen werden können. Der Scanner wird dann vom Computer aus gesteuert.

Empfehlenswerte Softwareprodukte gibt es von bogerfunk (ScanControl, Search Light) und von Telcom (FIS). Da diese Produkte ständig verändert und verbessert werden, sollten Interessenten gegebenenfalls bei den genannten Firmen aktuelle Informationen direkt anfordern.

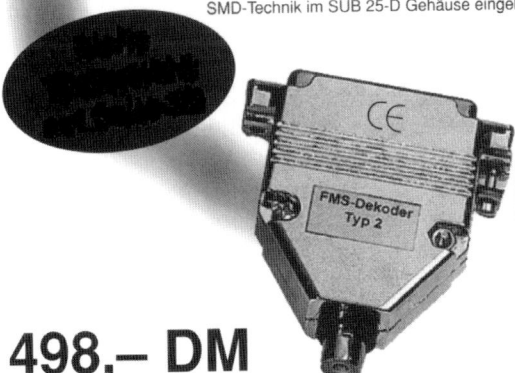

Invertierungsdecoder knacken den Abhörschutz

Als es noch das alte Autotelefon-B-Netz gab, war eigentlich allgemein bekannt, daß Gespräche über dieses Funktelefonnetz problemlos abgehört werden konnten, auch wenn es damals (wie heute) verboten war. Es spricht natürlich nicht für die Qualität eines Telefondienstes, wenn ungebetenes Mitlauschen leicht möglich ist. Aus diesem Grund wurde bei Einführung des damals neuen Mobiltelefon-C-Netzes eine sogenannte Invertierung des Sprachinhalts vorgesehen, die dafür sorgte, daß man mit einem Scanner erst einmal nur Geräusche, aber keine verständliche Sprache hören konnte. Findige Elektronik-Entwickler gaben sich dann schon bald daran, diese relativ einfache und berechenbare Sprachverschleierung mit einem entsprechenden Zusatzgerät rückgängig zu machen. Das Problem bestand aber nicht nur darin, eine einfache Spiegelung des Sprachinhalts aufzuheben. Die Übertragung beim C-Netz ist noch etwas komplizierter, weil neben der Sprache auch noch Daten übertragen werden, wobei jeweils durch Komprimierung der Sprache Lücken geschaffen werden, in denen die Datensignale kommen.

Die Elektronik-Tüftler hat das natürlich noch mehr gereizt und mittlerweile gibt es sozusagen als Ergebnis dieser Bemühungen eine Handvoll Decoder, die sich als Zusatzgerät an den Scanner anschließen lassen und es ermöglichen, C-Netz-Telefonate mitzuhören. Natürlich weisen die Hersteller darauf hin, daß man genau dies bitte nicht tun möge, weil es verboten ist ... Weiterhin gibt es sogar Scanner, die gleich einen solchen Invertierungsdecoder eingebaut haben, sozusagen „ab Werk".

Genauso, wie alle möglichen Betriebsfunkdienste leicht abhörbar sind, genauso ist auch der Polizeifunk abhörbar, weil die gleiche „einfache" Sprechfunktechnik genutzt wird. Nun wünschen wir uns alle, daß die Polizei und die anderen Sicherheitsdienste effektiv arbeiten und uns größtmöglichen Schutz vor kriminellen Taten bieten. Dem wirkt natürlich entgegen, daß jeder Verbrecher leicht den Polizeifunk mithören und möglichen Gegenmaßnahmen dadurch ausweichen kann.

Es wurde und wird also höchste Zeit, daß im BOS-Bereich zumindest die Polizeidienste mit abhörsicherer Funksprechtechnik ausgerüstet werden.

Unverständlicherweise glaubten einige Bundesländer bzw. Polizeibehörden, diese geforderte Abhörsicherheit mit einem Invertierungsverfahren erreichen zu können, so wie es beim Mobiltelefon-C-Netz praktiziert wird. Dabei war zu diesem Zeitpunkt schon bekannt, daß die Abhörsicherheit in diesem Fall nicht mehr gegeben ist. Hier wurde dennoch viel Geld in eine Technik investiert, die schon überholt war. Daher ist es heute so, daß man die zum Teil verschleierten Polizeifunkgespräche ebenfalls mit den handelsüblichen Decoder verständlich machen kann.

Die Telekom hat die Abhörsicherheit des auf das C-Netz folgende Mobiltelefon-D-Netz sozusagen nebenbei erreicht, weil man mit dem D-Netz ein digitales Übertragungsverfahren geschaffen hat, daß von sich aus schon ein Abhören weitestgehend unmöglich macht.

Die Sicherheitsdienste beneiden die D-Netz-Benutzer um diese Abhörsicherheit, wobei bekannt ist, daß mehr und mehr Kriminelle bei Ihren Taten Handys benutzen, die auch von der Polizei kaum mitgehört werden können.

Um endlich auch die Polizeidienste mit neuzeitlicher und abhörsicherer Funktechnik auszustatten, wird seit Jahren an einem europaweiten, neuen Standard namens TETRAPOL gearbeitet. Bis sich diese Technik durchgesetzt hat, kann man die Polizeidienste, sofern sie überhaupt eine Verschleierung benutzen, wie auch das C-Netz-Mobiltelefon mit den vorhandenen Invertierungsdekodern abhören.

Bezugsquellen: VD707 (HamTronic), C1-Digital (VHT-Impex), CDC2 (Haro-Electronic), INVERS 2000/4000 (Sika), Scanner mit eingebautem Invertierungsdecoder (bogerfunk).

Tips für den erfolgreichen Scanner-Einsatz

Vorab haben wir Ihnen schon Empfehlungen gegeben, welche Scanner sich für welchen Zweck eignen. Auch konnten Sie schon lesen, mit welchen Antennen man den Empfang verbessern kann. Angenommen, Sie haben sich ganz neu einen Scanner gekauft, ist der erste Frust gleich vorprogrammiert: Einschalten und ein bißchen über die Wellenbereiche drehen und hier und dort einmal hineinhören wie beim Radio, das funktioniert mit einem Scanner nicht, jedenfalls nicht auf Anhieb! Genauso wenig wird es Ihnen auf Anhieb gelingen, den Scanner überhaupt richtig bedienen zu können – vor lauter kleinen Knöpfchen und Vielfachfunktionen derselben.

Regel Nr. 1: Erst einmal in aller Ruhe die Bedienungsanleitung studieren und auch später immer wieder nachschauen, bis man die Routine für die Grundfunktionen drin hat. Ein Scanner ist nämlich noch schwerer zu bedienen als ein Videorecorder, und das will schon etwas heißen ...

Regel Nr. 2: Wenn Sie erste Empfangsversuche unternehmen, dann dort, wo Sie die meisten Chancen haben. Das Problem beim Sprechfunkempfang besteht ja darin, daß die eigentlichen Funkkontakte immer nur sehr kurz sind und die meiste Zeit nur Rauschen auf dem Kanal zu hören ist. Es kann also gut sein, daß Sie Ihren Scanner scannen und scannen lassen und nichts passiert. Hier lohnt sich übrigens auch ein Blick auf die Einstellung der Rauschsperre, die darf nicht zu hoch sein.

Und wo haben Sie die meisten Chancen, etwas zu empfangen? Sicherlich im Amateurfunkbereich, wenn Sie auf die Ausgabefrequenz der nächstgelegenen Relaisstation gehen oder überhaupt den Amateurfunkbereich einmal durchscannen (siehe das Amateurfunk-Kapitel weiter hinten im Buch).

Ebenfalls gute Chancen haben Sie auf den Hauptarbeitskanälen der örtlichen BOS-Dienste, also Polizei, Feuerwehr und Rettungsdienst. Eine Übersicht finden Sie im BOS-Kapitel in diesem Buch (und noch viel ausführlicher im BOS-Funk-Handbuch, Band II). Diese Tips sind natürlich nur theoretischer Natur, denn Ihnen ist ja bekannt, daß Sie diese BOS-Dienste nicht empfangen dürfen, auch wenn Ihr völlig legal gekaufter und betriebener Scanner das im Handumdrehen kann.

Weitere häufige Funkkontakte in einem überschaubaren Frequenzbereich bieten sich an, wenn Sie zum Beispiel in der Nähe eines Flughafens wohnen oder an der Küste bzw. in der Nähe von Schiffahrtsstraßen und Häfen (siehe Kapitel über Seefunk, Binnenfunk und Flugfunk in diesem Buch).

Regel Nr. 3: Erst einmal schauen, wo überhaupt interessante Funksprech-dienste zu finden sind, also auf welchen Frequenzen bzw. Kanälen. Dies ist das Hauptanliegen dieses Buches. So finden Sie im Anschluß erst einmal eine grobe Orientierungshilfe über den gesamten Frequenzbereich. Anschließend werden die unterschiedlichen Anwender und Dienste vorgestellt. Auf diese Weise können Sie schnell herausfinden, wo sich eine Sendersuche eventuell lohnen könnte.

Regel Nr. 4: Nur mit der richtigen Einstellung des Scanners kommen Sie auf einen grünen Zweig. Mit richtiger Einstellung ist hier die Wahl der Betriebsart (AM, FM-schmal, etc.) gemeint, die Wahl des richtigen Frequenzrasters mit der entsprechend richtigen Startfrequenz und natürlich eine mittlere Einstel-lung der Rauschsperre (Squelch). Welche Einstellung die richtige ist, entneh-men Sie bitte den Hinweisen (Scanner-Info-Kasten) in den einzelnen Kapiteln.

Regel Nr. 5: Geduld, Geduld – Sie haben sich ein schwieriges Hobby ausgesucht, für das man Ausdauer, ein gewisses Know-how und eine sich aufbauende Erfahrung braucht.

Wir wünschen Ihnen viel Erfolg!

So funken Polizei, Feuerwehr und Rettungsdienste

Die Arbeit der Behörden und Organisationen mit Sicherheitsaufgaben, kurz BOS-Dienste genannt, ist ohne moderne Kommunikationstechnik undenkbar. Das einzige umfassende Nachschlagewerk und Lehrbuch zum Thema BOS-Funk wird vom Siebel Verlag herausgegeben und besteht aus zwei Bänden.

Der **Band 1** informiert gründlich und verständlich über alle Grundlagen des BOS-Funks. Die verschiedenen Anwender, darunter Polizei, Bundesgrenzschutz, Zoll, Feuerwehr, Katastrophenschutz, Technisches Hilfswerk, Rettungshubschrauber und Rettungsdienste, ihre Funkausrüstung und ihre Funkbetriebstechnik werden detailliert vorgestellt. Der technische Aufbau und die Funktion der Funknetze werden ausführlich erläutert.

Band 1: Grundlagen, Geräte, Betriebstechnik, Funkverkehr

Der **Band 2** beinhaltet den gesamten Tabellenteil. Sie finden darin die detaillierten Kanallisten aller BOS-Funkdienste im 4-m- und 2-m-Sprechfunkband. Diese Listen sind geordnet nach Diensten (Feuerwehr, Rettungsdienst, Katastrophenschutz, Polizei, Zoll, ...) und nach Bundesländern. Selbstverständlich mit sehr detaillierten Angaben und den vollständigen Rufnamen! Praktisch und nützlich ist der Kartenteil: Auf 23 überlappenden Karten wird die gesamte Bundesrepublik mit Verwaltungsgrenzen dargestellt. In den Karten eingedruckt sind neben dem Bundesautobahnnetz die Einsatzkanäle der Rettungsleitstellen für jedes Gebiet.

Dieses zweibändige BOS-Handbuch ist eine ausgezeichnete, praxisnahe Ausbildungs- und Arbeitsunterlage für alle, die beruflich bei den Behörden und Organisationen mit Sicherheitsaufgaben zu tun haben, oder sich privat für diesen Teil des UKW-Funks interessieren.

BOS-Funk

Funkhandbuch für Polizei, Feuerwehr und Rettungsdienst

Band 1: Grundlagen, Geräte, Betriebstechnik, Funkverkehr

272 Seiten, viele Fotografien u. Abb. Überarbeitete und erweiterte 3. Ausgabe 1995. Preis: DM 29,80

Band 2: Funkrufnamen, Kanäle, Karten

Brandaktuelle, völlig neubearbeitete und erweiterte 5. Ausgabe 1998! 320 Seiten, Preis: DM 32,80

(Bestellung: siehe Leserservice am Ende dieses Buches!)

Teil 2: Funkdienste und Anwendungsmöglichkeiten

Beim Durchblättern des nachfolgenden Hauptteils dieses Buches wird der eine oder andere Leser sicherlich überrascht sein über die Vielfalt der Funkdienste und Funkanwendungen, die heute existieren und entweder öffentlich oder nur bestimmten Bedarfsträgern (wie es so schön im Amtsdeutsch heißt) angeboten werden. Dabei ist der Telekommunikations- und Mobilfunk-Boom gerade erst so richtig in Schwung gekommen, und schon in naher Zukunft werden noch mehr Funkanwendungen auf den Markt kommen.

Ob die Scanner-Technik hier mithalten kann, ist ungewiß, aber nicht unwahrscheinlich. Zwar werden die althergebrachten Sprechfunkdienste, deren Abhörsicherheit nicht gegeben ist, abnehmen, und dafür mehr und mehr digitale Mobilfunksysteme in Betrieb gehen. Andererseits ergeben sich neue Möglichkeiten bei den Datenübertragungen, wenn man sich vorhandener Computertechnik und geeigneter Softwareprodukte bedient, die schon existieren oder sicherlich kommen werden.

Um Ihnen die Orientierung zu erleichtern, finden Sie auf den nächsten Seiten erst einmal eine Schnellübersicht mit groben Angaben zu Frequenzen und Funkdiensten, sowie Frequenzpläne für die wichtigen Sprechfunkbänder. Anschließend werden die einzelnen Funkdienste vorgestellt. Die Reihenfolge ist willkürlich; falls Sie einen bestimmten Funkdienst oder eine bestimmte Anwendung suchen, schauen Sie bitte einfach in das Inhaltsverzeichnis am Anfang des Buches.

Funkverwaltung in Deutschland

Für generelle Fragen im Zusammenhang mit der Errichtung und dem Betrieb von Funkstellen jeglicher Art wendet man sich am besten an das

Bundesamt für Post und Telekommunikation (BAPT)
Postfach 80 01, 55003 Main, Telefon (0 61 31) 18-0

Dort sind auch die „Vorschriften für das Erteilen von Genehmigungen zum Errichten und Betreiben von Funkanlagen nicht öffentlicher Funkanwendungen" (VornöFa) zu bestellen, ebenso wie Informationsunterlagen über andere Funkdienste (zum Beispiel auch über den Amateurfunk).

Das BAPT ist zuständig für die Koordination und Verwaltung des gesamten Funkwesens und wacht über die diesbezüglichen Hoheitsrechte der Bundesrepublik Deutschland. Das BAPT erteilt Zulassungen und Genehmigungen und kümmert sich auch um die Aufklärung von Funkstörungen und um die Überwachung des gesamten Funkspektrums.

Schnellübersicht 26,5 MHz – 2 GHz

Die nachfolgende Tabelle gibt Ihnen als erste Orientierungshilfe einen groben, aber schnellen Überblick über den VHF/UHF-Bereich. Sämtliche Funkdienste werden in den anschließenden Kapiteln ausführlicher behandelt.

Frequenzbereich	Funkdienst
26,565 – 27,405 MHz	CB-Funk
28,0 – 29,7 MHz	Amateurfunk
32 – 40 MHz	Mobilfunk 8-m-Band – Betriebsfunk – BOS-Funk
46,6 – 47,0 / 49,6 – 50,0 MHz	Schnurlose Telefone
47 – 68 MHz	Fernsehbereich F I
50 – 54 MHz	Amateurfunk 6-m-Band
68 – 87,5 MHz	Mobilfunk 4-m-Band – Betriebsfunk – BOS-Funk – Eurosignal
87,5 – 108 MHz	UKW-Hör-Rundfunk F II
108 – 118 MHz	Flugnavigationsfunk
118 – 137 MHz	Flugfunk (zivil)
136 / 137 MHz	Satellitenfunk
137 – 144 MHz	Flugfunk (militärisch)
144 – 146 MHz	Amateurfunk 2-m-Band
146 – 174 MHz	Mobilfunk 2-m-Band – Betriebsfunk – BOS-Funk – Funkrufdienste – Seefunk – Binnenschiffahrtsfunk – FreeNet

Frequenzbereich	Funkdienst
149 / 150 MHz	Satellitenfunk
174 – 230 MHz	Fernsehbereich F III
230 – 400 MHz	Flugfunk
410 – 430 MHz	Mobilfunk – Bündelfunk – Datenfunk
430 – 440 MHz	Amateurfunk 70-cm-Band Funkanlagen geringer Leistung (LPD)
440 – 470 MHz	Mobilfunk 70-cm-Band – Betriebsfunk – BOS-Funk – Zugfunk – Mobiltelefon C-Netz – Funkrufdienste
470 – 790 MHz	Fernsehbereich F IV/V
885 – 887 MHz	Schnurlose Telefone
890 – 960 MHz	Mobiltelefon D-Netz
914 – 915 MHz	Schnurlose Telefone
930 – 932 MHz	Schnurlose Telefone
959 – 960 MHz	Schnurlose Telefone
1240 – 1300 MHz	Amateurfunk 23-cm-Band
1530 – 1545 MHz	INMARSAT Satellitenfunk
1670 – 1675 MHz	Flugtelefonnetz TFTS
1690 – 1700 MHz	Meteosat-Satelliten
1710 – 1880 MHz	Mobiltelefon E-Netz
1800 – 1805 MHz	Flugtelefonnetz TFTS
1900 MHz	Schnurlose Telefone (DECT)

Sprechfunk im 8-m-Band, 4-m-Band, 2-m-Band und 70-cm-Band

Für die beweglichen Funkdienste (ausgenommen der bewegliche Flugfunkdienst) wurden vier Frequenzbereiche (Bänder) festgelegt:

8-Meter-Band:	34,00 – 40,00 MHz
4-Meter-Band:	68,00 – 87,50 MHz
2-Meter-Band:	146,00 – 174,00 MHz
70-Zentimeter-Band:	440,00 – 470,00 MHz

Die Bänder sind benannt nach den ungefähren Wellenlängen. Innerhalb dieser Bänder sind bestimmte Bereiche bzw. Kanäle für die einzelnen Bedarfsträger reserviert. Die nachfolgenden Tabellen geben über diese Einteilung Auskunft und zeigen Ihnen, welche Funkdienste in welchen Bereichen arbeiten.

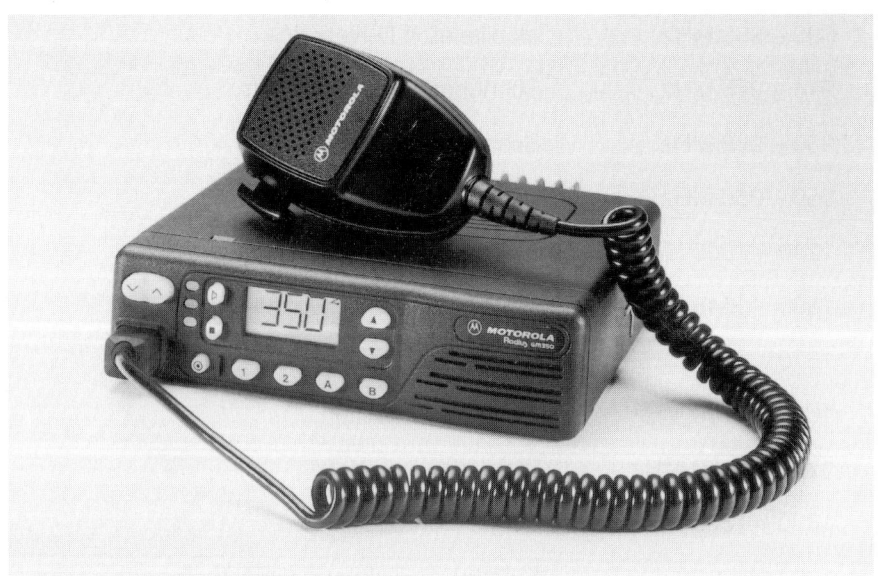

Motorola Betriebsfunkgerät GM 350. (Foto: Motorola GmbH)

8-m-Sprechfunk-Band

Frequenzbereich	Zuteilung für:
27,520 – 27,570 MHz	Führungsfunkanlagen
32,5 – 38,5 MHz	Drahtlose Mikrofonanlagen
34,36 – 34,74 MHz	Behörden und Organisationen mit Sicherheitsaufgaben (BOS)
34,75 – 34,95 MHz	Verkehrs- und Straßendienste
34,96 – 35,80 MHz	Behörden und Organisationen mit Sicherheitsaufgaben (BOS)
35,9 – 36,0 MHz	Führungsfunkanlagen
36,6 – 38,0 MHz	Durchsagefunkanlagen Drahtlose Mikrofonanlagen
37,82 – 37,87 MHz	Führungsfunkanlagen
38,46 – 39,84 MHz	Behörden und Organisationen mit Sicherheitsaufgaben (BOS)

Hinweis: Die 73 Kanäle des BOS-Funks (801 – 873) werden nur wenig genutzt. Die Genehmigungen dazu laufen aus; zukünftig wird dieser Bereich nicht mehr vom BOS-Funk genutzt.

4-m-Sprechfunk-Band

Frequenzplan für den Funkbereich von 68,00 bis 87,50 MHz (4-Meter-Band) mit einem Kanalabstand von 20 kHz und einem Gegensprechabstand von 9,8 MHz.

Frequenzbereich	Zuteilung für:
68,00 – 68,04 MHz	Industrie- u. Nahverkehrsbetriebe
68,04 – 68,08 MHz	Vorführungen und Versuche
68,08 – 68,62 MHz	Energieversorgungsunternehmen
68,62 – 69,56 MHz	Eisenbahnen
69,56 – 69,92 MHz	Industrie- u. Nahverkehrsbetriebe
69,92 – 69,94 MHz	zur besonderen Verwendung
69,94 – 69,96 MHz	Forstwirtschaft
69,96 – 69,98 MHz	Umweltschutzbehörden
69,98 – 70,00 MHz	Vorführungen und Versuche
70,00 – 74,20 MHz	nicht zivile Dienste
70,04 – 70,90 MHz	* Eisenbahnen
71,00 – 71,70 MHz	* Industrie- u. Nahverkehrsbetriebe
72,34 – 72,76 MHz	* Energieversorgungsunternehmen
74,20 – 74,80 MHz	Behörden und Organisationen mit Sicherheitsaufgaben (BOS)
74,80 – 75,20 MHz	Flugnavigationsfunkdienst
75,20 – 77,50 MHz	Behörden und Organisationen mit Sicherheitsaufgaben (BOS)
77,50 – 77,62 MHz	Rundfunkanstalten
77,62 – 77,80 MHz	zur besonderen Verwendung
77,80 – 77,84 MHz	Vorführungen und Versuche

77,84 – 77,88 MHz	Vorführungen und Versuche
77,88 – 78,42 MHz	Energieversorgungsunternehmen
78,42 – 78,72 MHz	Eisenbahnen
78,72 – 80,00 MHz	nicht zivile Dienste
80,02 – 81,00 MHz	* Eisenbahnen
81,00 – 81,70 MHz	* Industrie- u. Nahverkehrsbetriebe
82,34 – 82,76 MHz	* Energieversorgungsunternehmen
84,00 – 87,275 MHz	Behörden und Organisationen mit Sicherheitsaufgaben (BOS)
87,275 – 87,50 MHz	Eurosignal

* Nur verfügbar in Ballungsgebieten.

2-m-Sprechfunk-Band

Frequenzplan für den Funkbereich von 146,00 bis 174,00 MHz (2-Meter-Band) mit einem Kanalabstand von 20 kHz und einem Gegensprechabstand von 4,6 MHz.

Frequenzbereich	Zuteilung für:
146,00 – 146,36 MHz	Gemeinschaftsfrequenzen
146,36 – 146,92 MHz	Eisenbahnen
146,92 – 147,28 MHz	Energieversorgungsunternehmen
147,28 – 147,84 MHz	Gemeinschaftsfrequenzen
147,84 – 148,02 MHz	Mietwagen
148,02 – 148,20 MHz	Taxen
148,20 – 148,32 MHz	Industrie- und Nahverkehrsunternehmen
148,32 – 148,34 MHz	Gemeinschaftsfrequenz
148,34 – 148,40 MHz	Industrie- u. Nahverkehrsunternehmen
148,40 – 149,14 MHz	
149,02 – 149,06 MHz	FreeNet Kurzstreckenfunk
149,14 – 149,32 MHz	Industrie- und Nahverkehrsunternehmen
149,32 – 149,50 MHz	Nahverkehrsbetriebe
149,50 – 149,88 MHz	Energieversorgung
149,88 – 149,90 MHz	zur besonderen Verwendung
149,90 – 150,05 MHz	Navigationsfunk über Satelliten
150,05 – 150,24 MHz	Versuche und Vorführungen
150,24 – 150,80 MHz	Taxen

150,80 – 150,98 MHz	Nahverkehrsbetriebe (Daten)
150,98 – 151,16 MHz	Klein-Sprechfunkanlagen, Sonstige, Führungsfunkanlagen
151,16 – 151,36 MHz	Flughäfen
151,36 – 151,54 MHz	Verkehrs- und Straßendienste
151,54 – 151,72 MHz	Heilberufe
151,72 – 151,90 MHz	zur besonderen Verwendung
151,90 – 152,10 MHz	Verkehrs- und Straßendienste
152,10 – 152,28 MHz	zur besonderen Verwendung
152,28 – 152,46 MHz	Heilberufe
152,46 – 152,64 MHz	Verkehrs- und Straßendienste
152,64 – 153,00 MHz	Industrie- und Nahverkehrsbetriebe, Bergbahnen
153,74 – 153,92 MHz	Industrie- u. Nahverkehrsbetriebe
153,92 – 154,10 MHz	Nahverkehrsbetriebe (Daten)
154,10 – 154,48 MHz	Energieversorgung
154,48 – 154,84 MHz	Energieversorgung
154,84 – 155,40 MHz	Mietwagen
155,40 – 155,58 MHz	Nahverkehrsbetriebe (Daten)
155,58 – 155,76 MHz	zur besonderen Verwendung
155,76 – 155,96 MHz	Sonstige Bedarfsträger (Justizbehörden, Werttransporte, DLRG)
155,96 – 156,00 MHz	zur besonderen Verwendung
156,00 – 157,44 MHz	Seefunkdienst/Schiffahrt
157,44 – 157,60 MHz	zur besonderen Verwendung
157,60 – 158,34 MHz	
158,34 – 159,08 MHz	Gemeinschaftsfrequenzen
159,08 – 159,44 MHz	Energieversorgung
159,44 – 159,82 MHz	Schiffahrt (Häfen/Binnengewässer)

159,82 – 160,00 MHz	Flughäfen
160,00 – 160,20 MHz	Rundfunkanstalten
160,20 – 160,36 MHz	Versuche und Vorführungen
160,36 – 160,48 MHz	Landwirtschaft
160,48 – 160,56 MHz	Personenrufanlagen
160,56 – 160,60 MHz	zur besonderen Verwendung
160,60 – 162,04 MHz	Schiffahrt
162,04 – 162,20 MHz	zur besonderen Verwendung
162,20 – 162,94 MHz	
162,94 – 163,30 MHz	zur besonderen Verwendung
163,30 – 163,48 MHz	Gemeinschaftsfrequenzen
163,48 – 163,68 MHz	Taxen
163,68 – 164,04 MHz	Energieversorgung
164,04 – 164,42 MHz	Schiffahrt (Häfen/Binnengewässer)
164,42 – 164,60 MHz	Flughäfen
164,60 – 164,80 MHz	Rundfunkanstalten
164,80 – 165,20 MHz	zur besonderen Verwendung, Führungsfunkanlagen
165,20 – 165,70 MHz	Behörden und Organisationen mit Sicherheitsaufgaben (BOS)
165,70 – 166,06 MHz	zur besonderen Verwendung
166,06 – 166,24 MHz	übrige private Betriebsfunkdienste (sonstige Funkdienste)
166,24 – 166,42 MHz	zur besonderen Verwendung
166,42 – 166,84 MHz	Eisenbahn
166,84 – 166,86 MHz	zur besonderen Verwendung
166,86 – 166,90 MHz	Eisenbahn
166,90 – 166,92 MHz	zur besonderen Verwendung
166,92 – 166,94 MHz	Eisenbahn

166,94 – 166,96 MHz	zur besonderen Verwendung
166,96 – 166,98 MHz	Eisenbahn
166,98 – 167,10 MHz	zur besonderen Verwendung
167,10 – 167,18 MHz	Eisenbahn
167,18 – 167,54 MHz	zur besonderen Verwendung
167,54 – 169,39 MHz	Behörden und Organisationen mit Sicherheitsaufgaben (BOS)
169,40 – 169,80 MHz	Klein-Sprechfunkanlagen Funkrufsystem ERMES Personenrufanlagen, Führungsfunkanlagen
169,80 – 170,30 MHz	Behörden und Organisationen mit Sicherheitsaufgaben (BOS)
170,30 – 170,66 MHz	zur besonderen Verwendung, Führungsfunkanlagen
170,66 – 170,84 MHz	übrige private Betriebsfunkdienste (Sonstige Funkdienste)
170,84 – 171,02 MHz	zur besonderen Verwendung
171,02 – 171,44 MHz	Eisenbahn
171,44 – 171,46 MHz	zur besonderen Verwendung
171,46 – 171,50 MHz	Eisenbahn
171,50 – 171,52 MHz	zur besonderen Verwendung
171,52 – 171,54 MHz	Eisenbahn
171,54 – 171,56 MHz	zur besonderen Verwendung
171,56 – 171,58 MHz	Eisenbahn
171,58 – 171,70 MHz	zur besonderen Verwendung
171,70 – 171,78 MHz	Eisenbahn
171,78 – 172,14 MHz	zur besonderen Verwendung
172,14 – 174,00 MHz	Behörden und Organisationen mit Sicherheitsaufgaben (BOS)

70-cm-Sprechfunk-Band

Frequenzplan für den Funkbereich von 440 bis 470 MHz (70-Zentimeter-Band) mit einem Kanalabstand von 20/12,5/10 kHz und einem Gegensprechabstand von 10 MHz.

Frequenzbereich	Zuteilung für:
443,00 – 443,15 MHz	Personenrufanlagen
443,60 – 445,00 MHz	Behörden und Organisationen mit Sicherheitsaufgaben (BOS)
448,4 – 448,5 MHz	Funkrufdienste
448,60 – 450,00 MHz	Behörden und Organisationen mit Sicherheitsaufgaben (BOS)
450,00 – 455,80 MHz	Mobiltelefon (C-Netz)
455,80 – 456,48 MHz	sonstige Funkdienste / Flughäfen / Kleinfunkgeräte / Fernwirken / u.ä.
456,48 – 456,66 MHz	Grundstücks-Sprechanlagen
456,66 – 456,84 MHz	Gemeinschaftsfrequenzen
456,84 – 457,00 MHz	Mietwagen
457,00 – 457,22 MHz	Gemeinschaftsfrequenzen, Mietwagen
457,22 – 457,62 MHz	Taxen
457,62 – 458,32 MHz	Eisenbahn/Zugfunk
458,32 – 458,70 MHz	Industrie- u. Nahverkehrsbetriebe
458,70 – 459,06 MHz	Gemeinschaftsfrequenzen
459,06 – 459,24 MHz	Soziale Dienste
459,24 – 459,36 MHz	zur besonderen Verwendung
459,36 – 460,00 MHz	Gemeinschaftsfrequenzen
460,00 – 465,80 MHz	Mobiltelefon (C-Netz)

Frequenz	Verwendung
465,80 – 466,48 MHz	Funkrufdienste, sonstige Funkdienste / Flughäfen / Kleinfunkgeräte / Fernwirken / u.ä.
466,48 – 466,66 MHz	Grundstücks-Sprechanlagen
466,66 – 467,22 MHz	Gemeinschaftsfrequenzen
467,22 – 467,40 MHz	Taxen
467,40 – 468,32 MHz	Eisenbahn/Zugfunk
468,32 – 469,18 MHz	Personenruf-Funkanlagen
469,18 – 469,24 MHz	zur besonderen Verwendung
469,24 – 469,44 MHz	Verkehrs- und Straßendienste
469,44 – 469,52 MHz	zur besonderen Verwendung
469,52 – 469,60 MHz	Versuche und Vorführungen
469,60 – 469,62 MHz	Auto-Notrufsysteme
469,62 – 469,98 MHz	Gemeinschaftsfrequenzen
469,98 – 470,00 MHz	Haus-Notrufsysteme

Der robuste Klassiker unter den BOS-Hand-sprechfunkgeräten ist das FuG 10.
(Fotos: Bosch)

Funkdienste der Behörden und Organisationen mit Sicherheitsaufgaben (BOS)

Im Bereich des „nichtöffentlichen beweglichen Landfunkdienstes" der Behörden und Organisationen mit Sicherheitsaufgaben (abgekürzt: BOS) gilt die 1984 erlassene und 1992 überarbeitete „Meterwellenfunkrichtlinie BOS" des Bundesministeriums für Post und Telekommunikation (BMPT).

Durch diese Richtlinie sollen den Behörden und Organisationen ausreichende Funkverbindungen im Rahmen ihrer Aufgabenstellung gesichert und gegenseitige Störungen verhindert werden. Die Richtlinie regelt ferner Anmeldung, Antrag auf Genehmigung, Errichtung, Betrieb und Zusammenarbeit von Sprechfunkanlagen des nichtöffentlichen beweglichen Landfunkdienstes.

Die Teilnehmer am BOS-Funk dürfen die Funkanlagen nur für Aufgaben benutzen, die Ihnen durch Gesetz oder durch öffentlich-rechtliche Vereinbarung übertragen wurden.

Behörden und Organisationen mit Sicherheitsaufgaben sind:

1. Polizei der Länder:
   – Landespolizei mit Schutzpolizei, Autobahnpolizei und Kriminalpolizei (LP)
   – Bereitschaftspolizei (BePo)
   – Bayerische Grenzpolizei (GP)
   – Polizeiverwaltungsamt (PolVA)
   – Landesämter für Verfassungsschutz (LfV)
   – Landeskriminalämter (LKA)

2. Polizei des Bundes und Bundesanstalt Technisches Hilfswerk (Rufname: HEROS)
   – Bundesgrenzschutz (BGS)
   – Bundeskriminalamt (BKA)
   – Bundesamt für Verfassungsschutz (BfV)
   – Wasser- und Schiffahrtspolizei (WSP)

3. In der Erweiterung des Katastrophenschutzes mitwirkende Katastrophenschutzbehörden und private Organisationen für die vom Bundesministerium des Inneren bereitgestellten Funkanlagen:
   – Gemeinden und Gemeindeverbände
   – private Organisationen des Katastrophenschutzes
   – Betreiber von Rettungshubschraubern: Deutsche Rettungsflugwacht (DRF), Allgemeiner Deutscher Automobil-Club (ADAC) und private Luftrettungsunternehmen

4. Bundeszollverwaltung (BZV)

5. Feuerwehren:
   - Kommunale Feuerwehren
   - Berufsfeuerwehren (BF)
   - staatlich anerkannte Werksfeuerwehren (WF)
   - Freiwillige Feuerwehren (FF)
   - sonstige öffentliche Feuerwehren, wenn sie auftragsgemäß auch außerhalb ihrer Liegenschaften eingesetzt werden können

6. Mitwirkende am Katastrophenschutz:
   - Katastrophenschutzbehörden der Länder und öffentliche Einrichtungen des Katastrophenschutzes (Rufname: KATER)
   - nach Landesrecht im Katstrophenschutz mitwirkende Organisationen (Rufname: RETTUNG)

7. Behördliche Träger der Notfallrettung nach landesrechtlichen Bestimmungen und Leistungserbringer, die die Aufgabe „Notfallrettung" im öffentlichen Auftrag durchführen:
   - Deutsches Rotes Kreuz – DRK (Rufname: ROTKREUZ)
   - Bayerisches Rotes Kreuz – BRK (Rufname: ROTKREUZ BAYERN)
   - Bergwacht des DRK (Rufname: BERGWACHT)
   - Wasserwacht des DRK (Rufname: NEPTUN)
   - Deutsche Lebensrettungs-Gesellschaft – DLRG (Rufname: PELIKAN)
   - Deutsche Gesellschaft zur Rettung Schiffbrüchiger DGzRS (Rufname: TRITON)
   - Johanniter Unfall-Hilfe – JUH (Rufname: AKKON)
   - Malteser Hilfsdienst – MHD (Rufname: JOHANNES)
   - Arbeiter Samariter Bund – ASB (Rufname: SAMA)

8. mit Sicherheits- und Vollzugsaufgaben gesetzlich beauftragte Behörden und Dienststellen, für die der Bundesminister des Inneren im Einvernehmen mit den Innenministerien der Bundesländer die Notwendigkeit anerkannt hat, mit der Polizei über BOS-Funk zusammenzuarbeiten.

Zugeteilte Funkbereiche und Kanäle

Die BOS-Funkdienste arbeiten im Direktverkehr zwischen Leitstellen und Fahrzeugen und zwischen Fahrzeugen und tragbaren Funkgeräten untereinander überwiegend im 4-Meter-Band sowie auf lokaler Ebene, etwa an einer Einsatzstelle, im 2-Meter-Band. Das bisher den BOS-Diensten zugewiesene 8-Meter-Band wird nicht mehr verwendet. Die Frequenzbereiche für den Direktverkehr sind:

4-Meter-Band

Unterband	Kanal 347 bis 510	74,215 MHz bis 77,475 MHz
Oberband	Kanal 347 bis 509	84,015 MHz bis 87,255 MHz

2-Meter-Band

Unterband	Kanal (2)01 bis (2)92	167,560 MHz bis 169,380 MHz
Oberband	Kanal (2)01 bis (2)92	172,160 MHz bis 173,980 MHz

Für Funkverbindungen von Leitstellen zu Funkrelais und zwischen Relaisfunkstellen sind Frequenzbereiche im 2-Meter-Band und im 70-Zentimeter-Band für sogenannte „Funkbrücken" für die BOS-Dienste reserviert:

2-Meter-Band

Unterband	Kanal 101 bis 125	165,210 MHz bis 165,690 MHz
Oberband	Kanal 101 bis 125	169,810 MHz bis 170,290 MHz

70-Zentimeter-Band

Unterband	Kanal 690 bis 799	443,6000 MHz bis 444,9625 MHz
Oberband	Kanal 690 bis 799	448,6000 MHz bis 449,9625 MHz

Der Kanalabstand beträgt in den 2- und 4-Meter-Bereichen 20 kHz und im 70-cm-Band 12,5 kHz. Grundsätzlich arbeiten alle Sprechfunkstellen der BOS-Dienste in der Modulationsart FM-schmal.

Eine komplette Übersicht über die BOS-Bereiche, Kanäle und dazugehörige Frequenzen finden Sie im Anschluß an diese Erläuterungen.

Oberband / Unterband

Zur Durchführung der Betriebsart Gegensprechen (Duplex) werden für die Sprechfunkverbindungen zwei verschiedene Frequenzen eingesetzt, eine zum Senden und die andere zum Empfangen.

Die Bereiche sind daher in ein Unterband und ein Oberband aufgeteilt. Jedes Kanalpaar besteht aus einer Unterband- und einer Oberband-Frequenz. Der Gegensprechabstand beträgt im 8-Meter-Band 4,1 MHz, im 4-Meter-Band 9,8 MHz, im 2-Meter-Band 4,6 MHz und im 70-cm-Band 5,0 MHz.

Zur Unterscheidung, ob nun der betreffende Kanal senderseitig im Oberband (als ortsfeste Leitstelle oder Relaisstelle) oder im Unterband (als untergeordnete ortsfeste oder mobile Station) betrieben werden soll, wird der Kanalzahl ein Kennbuchstabe hinzugefügt, nämlich

    U   für Unterband oder
    O   für Oberband.

Die beiden, nur durch O und U unterscheidbaren und miteinander korrespondierenden Kanäle bilden ein Kanalpaar.

Beispiel: Wird bei einem BOS-Funkdienst auf Kanal 470 gearbeitet, dann sendet die ortsfeste Leitfunkstelle mit der Einstellung 470 O (= 86,475 MHz), während alle untergeordneten Funkstellen (Geräte) automatisch auf 470 U (= 76,675 MHz) arbeiten. Die Kanalbezeichnungen und Einstellungen gelten immer für den Sender, während der Empfänger automatisch im korrespondierenden Kanal empfängt.

Wechselsprechen / Gegensprechen

Im Sprechfunkverkehr gibt es mehrere Verkehrsarten. Beim Wechselsprechen kann immer nur einer sprechen, während der andere Gesprächspartner hört; das Gespräch erfolgt also abwechselnd.

Aufwendiger, aber für den BOS-Funk notwendig, ist das Gegensprechen (Duplex). Dabei ist gleichzeitiges Sprechen in beide Richtungen möglich. Beide Gesprächspartner können also gleichzeitig senden und empfangen. Dazu sind allerdings zwei verschiedene Funkfrequenzen erforderlich. Deswegen bestehen die BOS-Funkkanäle auch aus Kanalpaaren.

Nur in der Betriebsart Gegensprechen ist der bei vielen Sicherheitsdiensten erforderliche Relaisbetrieb möglich. Auch für die Überleitung vom Funkweg auf den Drahtweg (Telefon) und umgekehrt ist Gegensprechbetrieb erforderlich.

Eine Variante des Gegensprechens ist das bedingte Gegensprechen (Semi-Duplex). Es handelt sich dabei prinzipiell um ein Gegensprechen auf zwei Kanälen, doch ist beim Semi-Duplex immer nur ein Kanal (Funkweg) in Betrieb. Ob eine Verbindung als bedingtes Gegensprechen abläuft, hängt von den technischen Möglichkeiten der eingesetzten Geräte bzw. des Funknetzes ab.

Kennzeichnung am Funkgerät: W = Wechselsprechen
                                                G = Gegensprechen

Relaisbetrieb

Die Reichweite der Sprechfunkgeräte ist begrenzt und kann durch die geografische Situation des Einsatzgebietes zusätzlich beeinträchtigt werden. Viele BOS-Funkdienste setzen daher ortsfeste Relaisfunkstellen an verschiedenen Standorten ein. So verläuft dann eine Funksprechverbindung zum Beispiel von einem Einsatzfahrzeug über das nächstgelegene Relais und eventuell weitere Relais zur Leitfunkstelle – und umgekehrt genauso.

Kennzeichnung am Funkgerät: RS = Relaisbetrieb

SCANNER-INFO:

Frequenzbereich:	4 / 2 / 0,7-m-Band, siehe Tabellen
Kanalraster:	20 kHz (0,7-m-Band: 12,5 kHz)
Modulationsart:	FM-schmal
Abhörsicherheit:	nicht gegeben

BOS-Sprechfunkgeräte

Zur Vereinheitlichung der eingesetzten Funkgeräte bei allen Sicherheitsdiensten wurden Technische Richtlinien (TR) erlassen, die sehr genau regeln, wie BOS-Sprechfunkgeräte aufgebaut sein müssen. Frequenzbereich, Kanalzahl, Betriebsarten, elektrische Daten für Sender und Empfänger, Antennenart, Stromversorgung und mechanischer Aufbau sind detailliert vorgeschrieben. Wenn mehrere Hersteller das gleiche Gerät bauen, müssen sogar die Größe und Anordnung der Bedienungselemente und ihre Beschriftung übereinstimmen. Sprechfunkgeräte, die nach diesen Richtlinien gebaut werden, erhalten eine Funk-Geräte-Nummer (FuG-Nummer), z.B. FuG 9. Weiterentwicklungen werden durch einen anhängenden Buchstaben gekennzeichnet, z.B. FuG 9a.

Funkmeldesystem FMS

Um den Funkverkehr in den verschiedenen BOS-Anwendungsbereichen zu entlasten und um Standardmeldungen („Fahrzeug bereit", „am Einsatzort eingetroffen" und ähnliche) einfacher und sicherer zu übermitteln, wurde das sogenannte Funk-Melde-System geschaffen, kurz FMS. Bei diesem System werden kleine, sogenannte Datenpakete zwischen den einzelnen Funkstellen übermittelt. So wird zum Beispiel automatisch ein Datentelegramm ausgestrahlt, sobald die Sprechtaste eines Funkgerätes im Fahrzeug betätigt wird. Fahrer von Einsatzfahrzeugen können zudem über eine numerische Tastatur kurze Statusmeldungen sehr einfach an die Leitstelle absetzen. Umgekehrt können solche Meldungen auch von den Leitstellen ausgestrahlt werden. Es handelt sich aber hier nicht um besondere Geheimnisse, sondern um reine Routine-Informationen, die überwiegend der Fahrzeugkontrolle und Einsatzplanung dienen. Im praktischen Funkverkehr hört man diese FMS-Meldungen nur als kurze Knackgeräusche. Mittlerweile machen sich viele Scannerbesitzer ein Hobby daraus, die FMS-Meldungen am PC-Bildschirm mitzuverfolgen. Eine geeignete Software dazu namens WIN-FMS bietet die Firma TELCOM/ Krefeld an.

Kein Schutz vor unbefugtem Abhören

Im Zeitalter der boomenden Telekommunikation und des Handys für jedermann wirkt die von den Behörden und Organisationen mit Sicherheitsaufgaben angewandte Funktechnik reichlich antiquiert. Besonders für die Polizei ist es immer wieder ärgerlich und frustrierend, daß viele Ganoven und Kriminelle technisch besser ausgerüstet sind, als die uns beschützenden Ordnungshüter. Erst recht ärgerlich ist man bei den Behörden natürlich über den Umstand, daß jedermann jetzt auch völlig legal einen Scanner besitzen darf, mit dem sich der BOS-Funk und damit auch der Polizeifunk problemlos abhören läßt.

Die BOS-Funktechnik ist eine im Grunde nicht mehr zeitgemäße Sprechfunktechnik, die nicht nur von den Komfortmerkmalen völlig ins Hintertreffen geraten ist, sondern außerdem auch keinen wirklichen Schutz vor Abhören bieten kann. Technische Versuche zur Sprachverschleierung gab es einige, doch das Ergebnis war nur die sogenannte Invertierung der Sprachsignale. Dieses einfache Verfahren war schnell „geknackt" und heute werden einige Scanner gleich mit einem eingebauten Invertierungsdecoder angeboten.

Im Einzelfall und für besondere Einsatzgruppen lassen sich BOS-Funkgeräte mit Verschlüsselungszusätzen ausrüsten, wobei die Sprachsignale digitalisiert werden und dann verschlüsselt über die hergebrachte Funktechnik ausgestrahlt werden können. Hierbei ist auch eine verschlüsselte Datenübertragung möglich. Diese Verschlüsselungstechnik nennt sich DISCO (Digital Secure Communication) und wird den BOS-Diensten von Bosch Telecom angeboten.

TETRAPOL – Die Zukunft des BOS-Funks?

Nur ein digitales Mobilfunknetz, ähnlich dem heutigen D1/D2-Netz, könnte die Abhörproblematik weitestgehend beseitigen (nach heutigem Stand der Technik) und die technischen Möglichkeiten schaffen, die von den BOS-Diensten gewünscht werden. Natürlich wird seit Jahren an einem internationalen Standard gearbeitet, um die Sicherheitsdienste in ganz Europa und darüber hinaus mit einer fortschrittlichen Kommunikationstechnik ausrüsten zu können. Aussichtsreichster Kandidat ist das TETRAPOL-System, von dem bereits Netze zum Beispiel in Frankreich oder auch auf dem Frankfurter Flughafen laufen. Eine bundesweite Umrüstung der BOS-Dienste würde aber einige Milliarden DM kosten – bei leeren Kassen ein aussichtsloses Unterfangen. So wird es noch Jahre, wenn nicht gar über ein Jahrzehnt dauern, bis ein flächendeckendes digitales Mobilfunk- und Kommunikationssystem für die BOS-Dienste in Deutschland zur Verfügung steht.

Das Vielkanal-Handsprechfunkgerät Teleport 10 (FuG 10/13b) im Einsatz bei der Polizei. (Foto: AEG Mobile Communication)

Kanal- und Frequenztabelle für die Behörden und Organisationen mit Sicherheitsaufgaben (BOS) im 4-Meter-Sprechfunkband

Kanal-Nr.	Unterbandfrequenz (MHz)	Oberbandfrequenz (MHz)
347	74,215	84,015
348	74,235	84,035
349	74,255	84,055
350	74,275	84,075
351	74,295	84,095
352	74,315	84,115
353	74,335	84,135
354	74,355	84,155
355	74,375	84,175
356	74,395	84,195
357	74,415	84,215
358	74,435	84,235
359	74,455	84,255
360	74,475	84,275
361	74,495	84,295
362	74,515	84,315
363	74,535	84,335
364	74,555	84,355
365	74,575	84,375
366	74,595	84,395
367	74,615	84,415
368	74,635	84,435
369	74,655	84,455
370	74,675	84,475
371	74,695	84,495
372	74,715	84,515
373	74,735	84,535
374	74,755	84,555
375	74,775	84,575
376		84,595
377		84,615
378		84,635
379		84,655

380		84,675
381		84,695
382		84,715
383		84,735
384		84,755
385		84,775
386		84,795
387		84,815
388		84,835
389		84,855
390		84,875
391		84,895
392		84,915
393		84,935
394		84,955
395		84,975
396		84,995
397	75,215	85,015
398	75,235	85,035
399	75,255	85,055
400	75,275	85,075
401	75,295	85,095
402	75,315	85,115
403	75,335	85,135
404	75,355	85,155
405	75,375	85,175
406	75,395	85,195
407	75,415	85,215
408	75,435	85,235
409	75,455	85,255
410	75,475	85,275
411	75,495	85,295
412	75,515	85,315
413	75,535	85,335
414	75,555	85,355
415	75,575	85,375
416	75,595	85,395
417	75,615	85,415
418	75,635	85,435
419	75,655	85,455
420	75,675	85,475
421	75,695	85,495

422	75,715	85,515
423	75,735	85,535
424	75,755	85,555
425	75,775	85,575
426	75,795	85,595
427	75,815	85,615
428	75,835	85,635
429	75,855	85,655
430	75,875	85,675
431	75,895	85,695
432	75,915	85,715
433	75,935	85,735
434	75,955	85,755
435	75,975	85,775
436	75,995	85,795
437	76,015	85,815
438	76,035	85,835
439	76,055	85,855
440	76,075	85,875
441	76,095	85,895
442	76,105	85,915
443	76,135	85,935
444	76,155	85,955
445	76,175	85,975
446	76,195	85,995
447	76,215	86,015
448	76,235	86,035
449	76,255	86,055
450	76,275	86,075
451	76,295	86,095
452	76,315	86,115
453	76,335	86,135
454	76,355	86,155
455	76,375	86,175
456	76,395	86,195
457	76,415	86,215
458	76,435	86,235
459	76,455	86,255
460	76,475	86,275
461	76,495	86,295
462	76,515	86,315
463	76,535	86,335

464	76,555	86,355
465	76,575	86,375
466	76,595	86,395
467	76,615	86,415
468	76,635	86,435
469	76,655	86,455
470	76,675	86,475
471	76,695	86,495
472	76,715	86,515
473	76,735	86,535
474	76,755	86,555
475	76,775	86,575
476	76,795	86,595
477	76,815	86,615
478	76,835	86,635
479	76,855	86,655
480	76,875	86,675
481	76,895	86,695
482	76,915	86,715
483	76,935	86,735
484	76,955	86,755
485	76,975	86,775
486	76,995	86,795
487	77,015	86,815
488	77,035	86,835
489	77,055	86,855
490	77,075	86,875
491	77,095	86,895
492	77,115	86,915
493	77,135	86,935
494	77,155	86,955
495	77,175	86,975
496	77,195	86,995
497	77,215	87,015
498	77,235	87,035
499	77,255	87,055
500	77,275	87,075
501	77,295	87,095
502	77,315	87,115
503	77,335	87,135
504	77,355	87,155
505	77,375	87,175

506	77,395	87,195
507	77,415	87,215
508	77,435	87,235
509	77,455	87,255

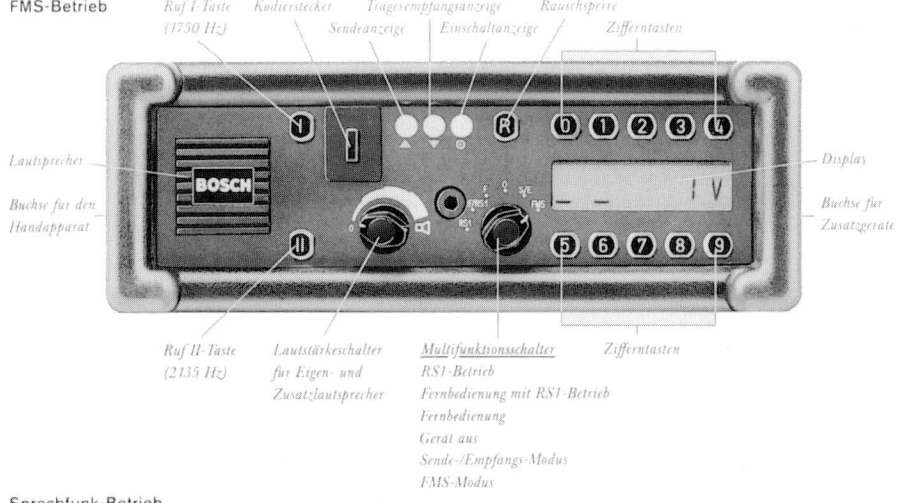

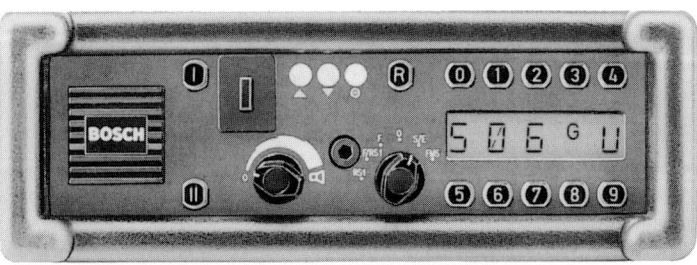

*Das Bediengerät MBG 228 bringt FMS und Sprechfunk unter einen Hut.
(Foto: Bosch Telecom GmbH)*

Kanal- und Frequenztabelle für die Behörden und Organisationen mit Sicherheitsaufgaben (BOS) im 2-Meter-Sprechfunkband

Kanal-Nr.	Unterbandfrequenz (MHz)	Oberbandfrequenz (MHz)
101	165,210	169,810
102	165,230	169,830
103	165,250	169,850
104	165,270	169,870
105	165,290	169,890
106	165,310	169,910
107	165,330	169,930
108	165,350	169,950
109	165,370	169,970
110	165,390	169,990
111	165,410	170,010
112	165,430	170,030
113	165,450	170,050
114	165,470	170,070
115	165,490	170,090
116	165,510	170,110
117	165,530	170,130
118	165,550	170,150
119	165,570	170,170
120	165,590	170,190
121	165,610	170,210
122	165,630	170,230
123	165,650	170,250
124	165,670	170,270
125	165,690	170,290

Hinweis: Die Kanäle im 2-Meter-Sprechfunkband haben eigentlich die **Kanalnummern von 201 bis 292**. Im praktischen Funkbetrieb wird aber die führende Ziffer 2 meistens weggelassen, so daß man von den **2-m-Kanälen 01 bis 92** spricht.

201	167,560	172,160
202	167,580	172,180
203	167,600	172,200
204	167,620	172,220

205	167,640	172,240
206	167,660	172,260
207	167,680	172,280
208	167,700	172,300
209	167,720	172,320
210	167,740	172,340
211	167,760	172,360
212	167,780	172,380
213	167,800	172,400
214	167,820	172,420
215	167,840	172,440
216	167,860	172,460
217	167,880	172,480
218	167,900	172,500
219	167,920	172,520
220	167,940	172,540
221	167,960	172,560
222	167,980	172,580
223	168,000	172,600
224	168,020	172,620
225	168,040	172,640
226	168,060	172,660
227	168,080	172,680
228	168,100	172,700
229	168,120	172,720
230	168,140	172,740
231	168,160	172,760
232	168,180	172,780
233	168,200	172,800
234	168,220	172,820
235	168,240	172,840
236	168,260	172,860
237	168,280	172,880
238	168,300	172,900
239	168,320	172,920
240	168,340	172,940
241	168,360	172,960
242	168,380	172,980
243	168,400	173,000
244	168,420	173,020
245	168,440	173,040
246	168,460	173,060
247	168,480	173,080
248	168,500	173,100

249	168,520	173,120
250	168,540	173,140
251	168,560	173,160
252	168,580	173,180
253	168,600	173,200
254	168,620	173,220
255	168,640	173,240
256	168,660	173,260
257	168,680	173,280
258	168,700	173,300
259	168,720	173,320
260	168,740	173,340
261	168,760	173,360
262	168,780	173,380
263	168,800	173,400
264	168,820	173,420
265	168,840	173,440
266	168,860	173,460
267	168,880	173,480
268	168,900	173,500
269	168,920	173,520
270	168,940	173,540
271	168,960	173,560
272	168,980	173,580
273	169,000	173,600
274	169,020	173,620
275	169,040	173,640
276	169,060	173,660
277	169,080	173,680
278	169,100	173,700
279	169,120	173,720
280	169,140	173,740
281	169,160	173,760
282	169,180	173,780
283	169,200	173,800
284	169,220	173,820
285	169,240	173,840
286	169,260	173,860
287	169,280	173,880
288	169,300	173,900
289	169,320	173,920
290	169,340	173,940
291	169,360	173,960
292	169,380	173,980

Kanal- und Frequenztabelle für die Behörden und Organisationen mit Sicherheitsaufgaben (BOS) im 70-cm-Sprechfunkband

Kanal-Nr.	Unterbandfrequenz (MHz)	Oberbandfrequenz (MHz)
690	443,6000	448,6000
691	443,6125	448,6125
692	443,6250	448,6250
693	443,6375	448,6375
694	443,6500	448,6500
695	443,6625	448,6625
696	443,6750	448,6750
697	443,6875	448,6875
698	443,7000	448,7000
699	443,7125	448,7125
700	443,7250	448,7250
701	443,7375	448,7375
702	443,7500	448,7500
703	443,7625	448,7625
704	443,7750	448,7750
705	443,7875	448,7875
706	443,8000	448,8000
707	443,8125	448,8125
708	443,8250	448,8250
709	443,8375	448,8375
710	443,8500	448,8500
711	443,8625	448,8625
712	443,8750	448,8750
713	443,8875	448,8875
714	443,9000	448,9000
715	443,9125	448,9125
716	443,9250	448,9250
717	443,9375	448,9375
718	443,9500	448,9500
719	443,9625	448,9625
720	443,9750	448,9750
721	443,9875	448,9875

722	444,0000	449,0000
723	444,0125	449,0125
724	444,0250	449,0250
725	444,0375	449,0375
726	444,0500	449,0500
727	444,0625	449,0625
728	444,0750	449,0750
729	444,0875	449,0875
730	444,1000	449,1000
731	444,1125	449,1125
732	444,1250	449,1250
733	444,1375	449,1375
734	444,1500	449,1500
735	444,1625	449,1625
736	444,1750	449,1750
737	444,1875	449,1875
738	444,2000	449,2000
739	444,2125	449,2125
740	444,2250	449,2250
741	444,2375	449,2375
742	444,2500	449,2500
743	444,2625	449,2625
744	444,2750	449,2750
745	444,2875	449,2875
746	444,3000	449,3000
747	444,3125	449,3125
748	444,3250	449,3250
749	444,3375	449,3375
750	444,3500	449,3500
751	444,3625	449,3625
752	444,3750	449,3750
753	444,3875	449,3875
754	444,4000	449,4000
755	444,4125	449,4125
756	444,4250	449,4250
757	444,4375	449,4375
758	444,4500	449,4500
759	444,4625	449,4625
760	444,4750	449,4750
761	444,4875	449,4875
762	444,5000	449,5000
763	444,5125	449,5125

764	444,5250	449,5250
765	444,5375	449,5375
766	444,5500	449,5500
767	444,5625	449,5625
768	444,5750	449,5750
769	444,5875	449,5875
770	444,6000	449,6000
771	444,6125	449,6125
772	444,6250	449,6250
773	444,6375	449,6375
774	444,6500	449,6500
775	444,6625	449,6625
776	444,6750	449,6750
777	444,6875	449,6875
778	444,7000	449,7000
779	444,7125	449,7125
780	444,7250	449,7250
781	444,7375	449,7375
782	444,7500	449,7500
783	444,7625	449,7625
784	444,7750	449,7750
785	444,7875	449,7875
786	444,8000	449,8000
787	444,8125	449,8125
788	444,8250	449,8250
789	444,8375	449,8375
790	444,8500	449,8500
791	444,8625	449,8625
792	444,8750	449,8750
793	444,8875	449,8875
794	444,9000	449,9000
795	444,9125	449,9125
796	444,9250	449,9250
797	444,9375	449,9375
798	444,9500	449,9500
799	444,9625	449,9625

Liste der wichtigsten Kanäle von Polizei, Feuerwehr, Rettungsdienst und Katastrophenschutz in Deutschland

Die nachfolgende Liste gibt einen ersten Überblick über die wichtigsten und gebräuchlichsten Funkkanäle der BOS-Dienste (Behörden und Organisationen mit Sicherheitsaufgaben) in Deutschland. Eine vollständige und sehr detaillierte Sammlung finden Sie in **unserem BOS-Funk-Handbuch, Band II**, das jährlich aktualisiert und neu aufgelegt wird, einen Umfang von über 300 Seiten (!) hat und auch Karten bietet (siehe Leserservice am Ende dieses Buches).

Hier also eine kurze Übersicht über die wichtigsten Kanäle. Die Liste ist nach den Funkverkehrskreisen der Landkreise und kreisfreien Städte sortiert. In der 2. Spalte finden Sie die Angabe des Bundeslandes, in der 3. und 4. Spalte den Rufnamen der Polizei und deren Hauptarbeitskanal. In der 5. Spalte finden Sie unter FW den Hauptarbeitskanal der Feuerwehr, in der 6. Spalte unter RD den Hauptarbeitskanal des Rettungsdienstes und in der 7. Spalte unter KS den Hauptarbeitskanal des Katastrophenschutzes.

Funkverkehrskreis	Land	Polizei		FW	RD	KS
Aachen (Kreis)	NW	ROBERT	423	468	468	501
Aachen (Stadt)	NW	ROBERT	423	470	470	498
Ahrweiler (Bad Neuenahr-Ahrweiler)	RP	NETTE 30	426	495	411	505
Aichach-Friedberg (Aichach)	BY	LECH 19	452	484	409	499
Alb-Donau-Kreis (Ulm)	BW	UHLAND 4	424	496	475	487
Altenburger Land (Altenburg)	TH	GEPARD	474	357	487	491
Altenkirchen im Westerwald (Altenkirchen)	RP	WIED 20	415	490	409	505
Altmarkkreis Salzwedel (Klötze)	SA	TANGER 25	454	468	408	495
Altötting (Altötting)	BY	TRAUN 11	426	470	405	490
Alzey-Worms (Alzey)	RP	HAGEN 20	436	501	411	359
Amberg (Stadt)	BY	VILS 11	435	465	501	455
Amberg-Sulzbach (Amberg)	BY	VILS	426	465	501	505
Amberg-Sulzbach (Amberg)	BY	VILS	429			
Ammerland (Westerstede)	NS	AMMER	455	465	409	501
Anhalt-Zerbst (Zerbst)	SA	DELTA 25	443	463	488	497
Annaberg (Annaberg-Buchholz)	SN	CAROLA 1/25	438	492	413	465
Ansbach (Ansbach)	BY	ONOLDIA	448	483	407	488
Aschaffenburg (Kreis)	BY	KURFÜRST	434	495	355	490
Aschaffenburg (Stadt)	BY	KURFÜRST 11	421			
Aschersleben-Staßfurter Landkreis (Aschersleben)	SA	SPIEGEL 50	460	408	410	499

Funkverkehrskreis	Land	Polizei		FW	RD	KS
Aue-Schwarzenberg (Aue)	SN	CAROLA 1	438	502	364	488
Augsburg (Augsburg)	BY	LECH	423	470	409	499
Augsburg (Stadt)	BY	LECH	423	463	409	506
Aurich (Aurich)	NS	AUSTER	430	468	352	497
Bad Doberan (Bad Doberan)	MV	ROBBE 20	426	405	405	495
Bad Dürkheim an der Weinstraße (Bad Dürkheim)	RP	WEINBIET 20	373	474	409	497
Bad Kissingen (Bad Kissingen)	BY	KUGEL 17	416	505	413	492
Bad Kreuznach (Bad Kreuznach)	RP	ROCHUS 10	438	490	410	456
Bad Tölz-Wolfratshausen (Bad Tölz)	BY	LOISACH	425	470	457	497
Baden-Baden (Baden-Baden)	BW	BERTA 3	437	464	455	359
Bamberg (Kreis)	BY	STEPHAN	442	508	352	494
Bamberg (Stadt)	BY	STEPHAN	422		409	
Barnim (Eberswalde)	BR	EBBE	363	372	492	
Barnim (Eberswalde)	BR	EBBE	493			
Bautzen (Bautzen)	SN	DROSSEL 1/20	437	467	408	491
Bayreuth (Bayreuth)	BY	ISOLDE	417	467	404	490
Berchtesgadener Land (Bad Reichenhall)	BY	TRAUN 12	438	468	406	501
Bergstraße (Heppenheim Bergstraße)	HE	SIEGFRIED	443	492	492	500
Berlin	BL			410	462	507
Berlin	BL			412	468	
Berlin	BL			470		
Berlin (Auskunft und Fahndung)	BL	BEROLINA	477			
Berlin (City)	BL	BEROLINA	461			
Berlin (Nord 1)	BL	BEROLINA	429			
Berlin (Nord 2)	BL	BEROLINA	434			
Berlin (Nordost 1)	BL	BEROLINA	428			
Berlin (Nordost 2)	BL	BEROLINA	441			
Berlin (Süd 1)	BL	BEROLINA	433			
Berlin (Süd 2)	BL	BEROLINA	448			
Berlin (Südost 1)	BL	BEROLINA	430			
Berlin (Südost 2)	BL	BEROLINA	451			
Berlin (Südwest 1)	BL	BEROLINA	453			
Berlin (Südwest 2)	BL	BEROLINA	460			
Berlin (Verkehr)	BL	BEROLINA	435			
Berlin (West 1)	BL	BEROLINA	432			
Berlin (West 2)	BL	BEROLINA	447			
Bernburg (Bernburg)	SA	DELTA 15	348	465	468	486
Bernkastel-Wittlich (Wittlich)	RP	EIFEL 10	455	463	404	506
Biberach an der Riß (Biberach an der Riß)	BW	UHLAND 7	453	483	475	489
Bielefeld (Bielefeld)	NW	OSNING	437	467	467	494
Birkenfeld an der Nahe (Idar-Oberstein)	RP	RUWER 70	448	496	411	492

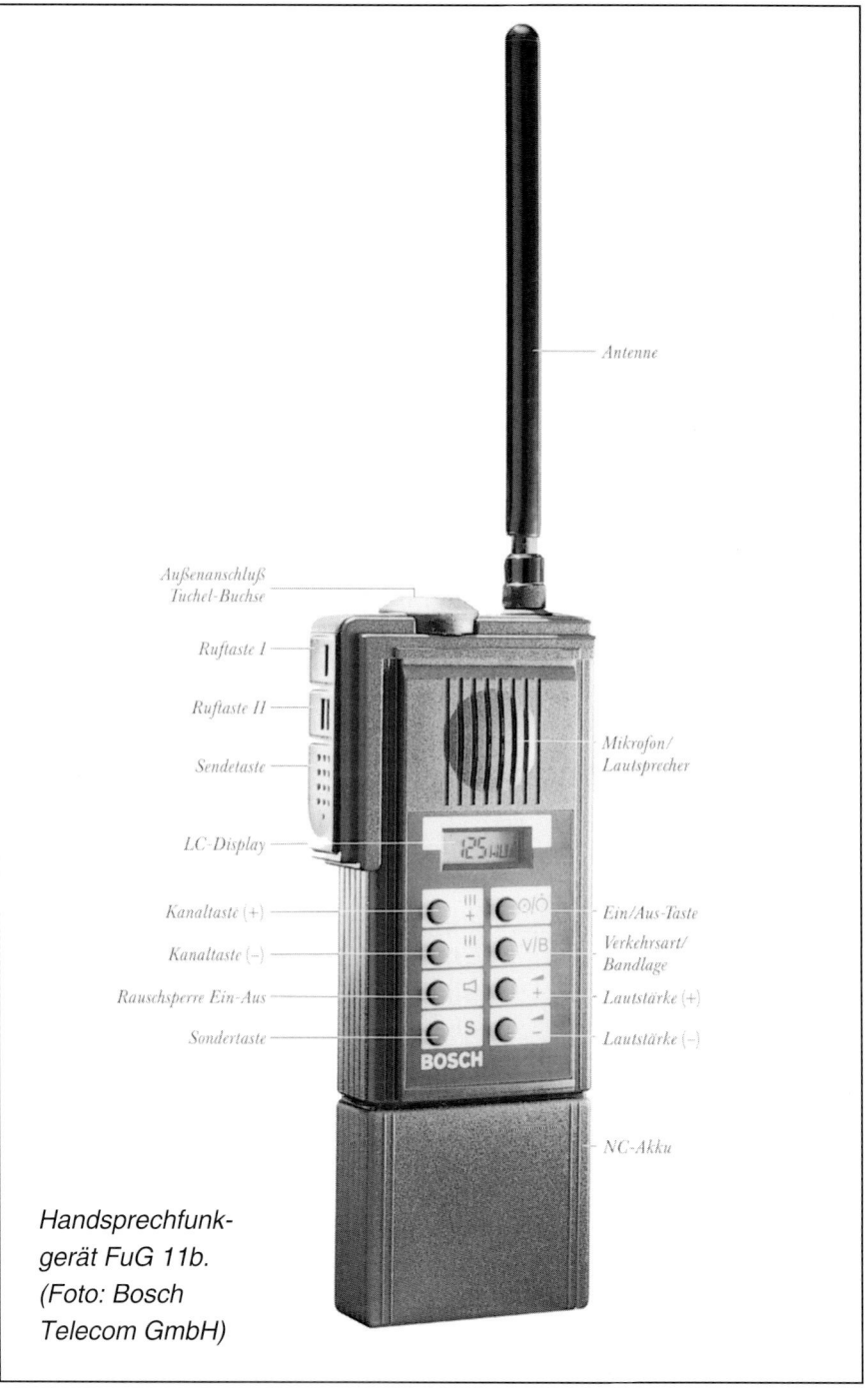

Antenne

Außenanschluß
Tuchel-Buchse

Ruftaste I

Ruftaste II

Sendetaste

Mikrofon/
Lautsprecher

LC-Display

Kanaltaste (+)

Ein/Aus-Taste

Kanaltaste (−)

Verkehrsart/
Bandlage

Rauschsperre Ein-Aus

Lautstärke (+)

Sondertaste

Lautstärke (−)

NC-Akku

BOSCH

*Handsprechfunk-
gerät FuG 11b.
(Foto: Bosch
Telecom GmbH)*

Funkverkehrskreis	Land	Polizei	FW	RD	KS
Bitburg-Prüm (Bitburg)	RP	EIFEL 20	455	497	409	488
Bitterfeld (Bitterfeld)	SA	DELTA 50	363	464	464	489
Böblingen (Böblingen)	BW	DORA 2	452	463	488	499
Bochum (Bochum)	NW	IRMA	419	468	468	495
Bodenseekreis (Friedrichshafen)	BW	UHLAND 6	449	464	411	502
Bonn (Bonn)	NW	UNI	428	442	442	489
Bördekreis (Oschersleben)	SA	SPIEGEL 40	460	502	502	496
Borken (Borken)	NW	TILLY	448	462	462	408
Bottrop (Bottrop)	NW	HERTA 12	428	436	436	488
Brandenburg (Brandenburg)	BR	EINSTEIN 41	473	411	'411	
Brandenburg (Brandenburg)	BR	EINSTEIN	484			
Braunschweig (Braunschweig)	NS	BREMSE	439	456	412	488
Breisgau-Hochschwarzwald (Freiburg Breisgau)	BW	FRIEDRICH 1	435	508	505	496
Bremen	HB	ROLAND	448	462	463	501
Bremerhaven	HB	NEPTUN	416	469	466	498
Burgenlandkreis (Naumburg)	SA	HERMELIN 45	421	463	502	488
Calw (Calw)	BW	BERTA 4	350	454	412	495
Celle (Celle)	NS	ZEDER	432	457	404	486
Cham in der Oberpfalz (Cham in der Oberpfalz)	BY	REGINA 19	434	462	457	492
Chemnitz (Chemnitz)	SN	CAROLA 2	348	464	508	491
Chemnitzer Land (Hohenstein-Ernstthal)	SN	CAROLA 5/30	356	470	412	491
Cloppenburg (Cloppenburg)	NS	SÖSTE	455	466	411	498
Coburg (Coburg)	BY	HERZOG	452	469	405	491
Cochem-Zell (Cochem)	RP	NETTE 40	432	465	411	486
Coesfeld in Westfalen (Coesfeld in Westfalen)	NW	LUDGER	449	464	464	500
Cottbus (Cottbus)	BR	CANTIL	502	363	487	
Cuxhaven (Kreis)	NS	BAKE	443	471	374	494
Cuxhaven (Stadt)	NS	BAKE	443	463	364	496
Dachau (Dachau)	BY	AMPER 11	440	471	412	489
Dahme-Spreewald (Lübben)	BR	EINSTEIN 33	473	364	499	
Dahme-Spreewald (Lübben)	BR	EINSTEIN 33	484			
Darmstadt-Dieburg (Darmstadt)	HE	HEINER	459	494	494	487
Daun in der Eifel (Daun in der Eifel)	RP	EIFEL 40	455	458	409	503
Deggendorf (Deggendorf)	BY	AGNES 12	429	470	406	507
Delitzsch (Delitzsch)	SN	LÖWE 3/40	414	506	405	493
Delmenhorst (Delmenhorst)	NS	DELME	434	466	466	494
Demmin (Demmin)	MV	NANDER 50	449	468	411	496
Dessau (Dessau)	SA	DELTA 10	429	462	490	497
Diepholz (Diepholz)	NS	MÜNTE	440	468	409	486

Funkverkehrskreis	Land	Polizei		FW	RD	KS
Dillingen an der Donau (Dillingen an der Donau)	BY	RIES	439	466	355	499
Dingolfing-Landau (Dingolfing)	BY	MARTIN 12	448	468	458	500
Dithmarschen (Heide Holstein)	SH	DEICHGRAF	420	469	410	497
Döbeln (Döbeln)	SN	LÖWE 1/20	452	454	454	502
Donau-Ries (Donauwörth)	BY	RIES 12	439	469	355	499
Donnersbergkreis (Kirchheimbolanden)	RP	HAGEN 30	436	467	411	505
Dortmund (Dortmund)	NW	UNION	425	467	491	493
Dresden (Dresden)	SN	DROSSEL 2	354	470	410	497
Duisburg (Duisburg)	NW	EGON	451	496	496	494
Düren (Düren)	NW	KAROL	437	463	463	500
Düren (Düren)	NW	KAROL	459			
Düsseldorf (Düsseldorf)	NW	DÜSSEL	430	470	470	488
Ebersberg (Ebersberg)	BY	KORDON 12	442	463	408	507
Eichsfeld (Heiligenstadt)	TH	WIPPER	451	491	491	
Eichstätt (Eichstätt)	BY	SCHUTTER 12	455	507	406	498
Elbe-Elster (Herzberg)	BR	CANTIL 41	348	375	458	
Elbe-Elster (Herzberg)	BR	CANTIL 41	496			
Emden (Emden)	NS	MOLE	425	465	410	492
Emmendingen (Emmendingen)	BW	FRIEDRICH 6	369	468	405	487
Emmendingen (Emmendingen)	BW	FRIEDRICH 6	457			
Emsland (Meppen)	NS	EMS	416	467	409	407
Emsland (Meppen)	NS	EMS	442			
Emsland (Meppen)	NS	EMS	450			
Ennepe-Ruhr-Kreis (Schwelm)	NW	ENNEPE	453	465	465	494
Ennepe-Ruhr-Kreis (Schwelm)	NW	ENNEPE	459			
Enzkreis (Pforzheim)	BW	BERTA 7	487	469	475	501
Erding (Erding)	BY	KORDON 13	362	498	374	494
Erftkreis (Bergheim)	NW	VILLE	449	499	499	494
Erfurt (Erfurt)	TH	ELSTER	356	488	467	501
Erlangen-Höchstadt (Erlangen)	BY	KOSMOS	459	463	456	489
Essen (Essen)	NW	GRUGA	439	469	469	486
Esslingen am Neckar (Esslingen am Neckar)	BW	DORA 3	428	464	409	506
Euskirchen (Euskirchen)	NW	EULE	447	465	465	488
Euskirchen (Euskirchen)	NW	EULE	460			
Flensburg (Flensburg)	SH	FÖRDE	419	464	502	411
Forchheim (Forchheim)	BY	STEPHAN 14	420	462	355	494
Frankenthal in der Pfalz (Frankenthal in der Pfalz)	RP	LUX 30	432	364	409	
Frankfurt am Main Mitte	HE	FRANK	480	465	410	489
Frankfurt am Main Nord	HE	FRANK	483			

Funkverkehrskreis	Land	Polizei		FW	RD	KS
Frankfurt am Main Süd	HE	FRANK	425			
Frankfurt am Main West	HE	FRANK	461			
Frankfurt an der Oder (Frankfurt an der Oder)	BR	FASAN 11	369	355	505	
Frankfurt an der Oder (Frankfurt an der Oder)	BR	FASAN 11	503			
Freiberg in Sachsen (Freiberg in Sachsen)	SN	CAROLA 3	351	495	404	490
Freiburg (Stadt)	BW	FRIEDRICH 1	424	470	410	495
Freising (Freising)	BY	KORDON 14	442	498	408	494
Freudenstadt (Freudenstadt)	BW	BERTA 4	422	470	404	492
Freyung-Grafenau (Freyung)	BY	WOLF 12	420	462	355	492
Friesland (Jever)	NS	FRIESE	459	469	408	491
Fulda (Fulda)	HE	FULDA	350	471	471	492
Fürstenfeldbruck (Fürstenfeldbruck)	BY	AMPER	440	471	412	491
Fürth in Bayern (Fürth Bayern)	BY	KLEEBLATT	449	469	408	499
Garmisch-Partenkirchen (Garmisch-Partenkirchen)	BY	LOISACH 12	426	466	458	501
Gelsenkirchen (Gelsenkirchen)	NW	ERNA	437	470	470	497
Gera (Gera)	TH	GEPARD	474	357	487	507
Germersheim (Germersheim)	RP	LAURA 40	430	490	405	357
Gießen (Gießen)	HE	GIESELA	437	352	500	489
Gifhorn (Gifhorn)	NS	ISE	452	464	355	497
Göppingen (Göppingen)	BW	DORA 4	416	468	405	498
Görlitz (Görlitz)	SN	DROSSEL 3	428	503	405	494
Goslar (Goslar)	NS	OKER	399	462	413	505
Goslar (Goslar)	NS	OKER	433			
Gotha (Gotha)	TH	LEINA	397	352	456	503
Göttingen (Göttingen)	NS	GERHARD	431	465	410	492
Göttingen (Göttingen)	NS	GERHARD	438			
Grafschaft Bentheim (Nordhorn)	NS	VECHTE	436	465	413	406
Greiz (Greiz)	TH	GEPARD 17	429	357	487	507
Groß-Gerau (Groß-Gerau)	HE	GERAU	453	463	463	500
Günzburg (Günzburg)	BY	GÜNZ 13	460	462	352	473
Güstrow (Güstrow)	MV	ROBBE 30	426	464	408	507
Gütersloh (Gütersloh)	NW	DALKE	460	462	462	500
Hagen in Westfalen (Hagen in Westfalen)	NW	HERMES	438	469	469	486
Halberstadt (Halberstadt)	SA	SPIEGEL 10	460	487	374	496
Halle an der Saale (Stadt)	SA	HALLORE 20	415	465	413	505
Halle an der Saale (Stadt)	SA	HALLORE 20	422			
Hameln (Stadt)	NS	SÜNTEL	416	469	418	504
Hameln-Pyrmont (Hameln)	NS	SÜNTEL	416	464	418	504
Hamm in Westfalen (Hamm in Westfalen)	NW	PAULUS	450	487	487	497

Funkverkehrskreis	Land	Polizei		FW	RD	KS
Hannover (Kreis)	NS	DEISTER	408	466	407	506
Hannover (Stadt)	NS	HANNO	422	470	374	498
Hannover (Stadt)	NS	HANNO	459			
Hansestadt Greifswald (Hansestadt Greifswald)	MV	PEENE 20	425	486	492	507
Hansestadt Hamburg	HH			470	464	500
Hansestadt Hamburg Mitte	HH	MICHEL 1	438			
Hansestadt Hamburg Ost	HH	MICHEL 3	437			
Hansestadt Hamburg Süd 1	HH	MICHEL 4	422			
Hansestadt Hamburg Süd 2	HH	MICHEL 4	421			
Hansestadt Hamburg West	HH	MICHEL 2	427			
Hansestadt Lübeck (Hansestadt Lübeck)	SH	TRAVE	432	469	469	506
Hansestadt Rostock (Hansestadt Rostock)	MV	ROBBE 10	422	471	407	493
Hansestadt Stralsund (Hansestadt Stralsund)	MV	STRELA 10	435	462	412	496
Hansestadt Wismar (Hansestadt Wismar)	MV	SCHWAN 20	364	462	462	489
Harburg (Winsen an der Luhe)	NS	LUHE	362	466	492	502
Haßberge (Haßfurt)	BY	KUGEL 14	438	470	413	499
Havelland (Rathenow)	BR	ORGEL 41	358	425	457	
Havelland (Rathenow)	BR	ORGEL 41	419			
Heidelberg (Heidelberg)	BW	NECKAR 5	419	462	451	374
Heidenheim an der Brenz (Heidenheim an der Brenz)	BW	DORA 10	348	504	410	491
Heidenheim an der Brenz (Heidenheim an der Brenz)	BW	DORA 10	429			
Heilbronn am Neckar (Heilbronn)	BW	DORA 5	426	494	359	504
Heinsberg (Heinsberg)	NW	HEINO	432	467	467	497
Helmstedt (Helmstedt)	NS	SCHUNTER	452	467	467	506
Herford (Herford)	NW	WERRE	423	465	465	502
Herford (Herford)	NW	WERRE	428			
Herne (Herne)	NW	IRMA	419	499	489	456
Hersfeld-Rotenburg (Bad Hersfeld)	HE	KALI	372	469	469	408
Herzogtum Lauenburg (Ratzeburg)	SH	ILTIS	460	468	409	495
Hildburghausen (Hildburghausen)	TH	SCHMÜCKE 13	358	407	365	500
Hildesheim (Kreis)	NS	HILDE	419	471	371	494
Hildesheim (Stadt)	NS	HILDE	419	465	364	489
Hochsauerlandkreis (Meschede)	NW	SORPE	496	466	466	501
Hochtaunuskreis (Bad Homburg vor der Höhe)	HE	LIMES	356	499	499	490
Hof an der Saale (Hof)	BY	SAALE	419	462	413	487
Hohenlohe-Kreis (Künzelsau)	BW	DORA 11	349	406	371	506
Holzminden (Holzminden)	NS	SOLLING	426	468	468	491

Funkverkehrskreis	Land	Polizei		FW	RD	KS
Holzminden (Holzminden)	NS	SOLLING	484			
Höxter (Höxter)	NW	EGGE	423	463	463	497
Höxter (Höxter)	NW	EGGE	439			
Hoyerswerda (Stadt)	SN	DROSSEL 1/35	437	505	458	488
Ilmkreis (Arnstadt)	TH	LEINA 11	397	411	467	499
Ingolstadt (Ingolstadt)	BY	SCHUTTER 14	443	466	406	500
Jena (Jena)	TH	ZEISIG 11	480	505	464	508
Jerichower Land (Burg b. Magdeburg)	SA	TANGER 40	449	359	492	500
Kaiserslautern (Land)	RP	LUTRA	508	462	416	471
Kaiserslautern (Stadt)	RP	LUTRA	421	463	416	493
Karlsruhe-Kreis	BW	GÜNTHER	414	465	496	350
Karlsruhe-Stadt	BW	GÜNTHER	397	458	496	363
Kassel (Kreis)	HE	FALKE	354	498	493	490
Kassel (Stadt)	HE			503	503	490
Kaufbeuren (Kaufbeuren)	BY	ILLER	455	463	507	490
Kelheim (Kelheim)	BY	MARTIN 16	448	464	352	490
Kempten im Allgäu (Kempten im Allgäu)	BY	ILLER 15	455	467	413	490
Kiel (Kiel)	SH	MÖWE	429	469	464	506
Kitzingen (Kitzingen)	BY	TRAUBE 14	432	471	374	487
Kleve (Kleve)	NW	KLETTE	442	463	463	500
Koblenz (Koblenz)	RP	REMO	452	464	405	357
Köln (Köln)	NW	ARNOLD	448	469	469	498
Köln (Köln)	NW	ARNOLD	457			
Konstanz (Konstanz)	BW	FRIEDRICH 2	373	463	503	494
Konstanz (Konstanz)	BW	FRIEDRICH 2	426			
Köthen in Anhalt (Köthen)	SA	DELTA 20	440	463	463	489
Krefeld (Krefeld)	NW	CHRISTA	440	468	468	502
Kronach (Kronach)	BY	HERZOG 12	414	468	349	486
Kulmbach (Kulmbach)	BY	ISOLDE 13	417	466	404	488
Kusel (Kusel)	RP	LUTRA 40	508	465	416	457
Kyffhäuserkreis (Sondershausen)	TH	WIPPER 15	369	404	412	505
Lahn-Dill-Kreis (Wetzlar - Nord)	HE	GIESELA	428	462	462	406
Lahn-Dill-Kreis (Wetzlar - Süd)	HE	GIESELA	428	413	413	463
Landau in der Pfalz (Landau)	RP	LAURA 10	430	466	405	413
Landsberg am Lech (Landsberg am Lech)	BY	AMPER 18	440	464	412	491
Landshut in Bayern (Landshut Bayern)	BY	MARTIN 11	448	469	355	486
Leer in Ostfriesland (Leer)	NS	LEDA	362	470	406	493
Leipzig (Leipzig)	SN	LÖWE 2	428	469	409	486
Leipziger Land (Leipzig)	SN	LÖWE 2	428	469	409	501
Leverkusen (Leverkusen)	NW	LEO	451	506	506	486
Lichtenfels (Lichtenfels)	BY	HERZOG 13	434	469	405	491
Limburg-Weilburg (Limburg Lahn)	HE	BASALT	423	487	487	507

Funkverkehrskreis	Land	Polizei		FW	RD	KS
Lindau am Bodensee (Lindau)	BY	ILLER 16	455	470	413	490
Lippe (Detmold)	NW	HERMANN	427	458	458	404
Lippe (Detmold)	NW	HERMANN	436			408
Löbau-Zittau (Zittau)	SN	DROSSEL 3/25	428	469	404	486
Lörrach (Lörrach)	BW	FRIEDRICH 3	350	458	404	492
Lüchow-Dannenberg (Lüchow)	NS	GÖHRDE	443	467	352	494
Ludwigsburg (Ludwigsburg)	BW	DORA 6	351	471	480	491
Ludwigshafen am Rhein (Ludwigshafen)	RP	LUX	432	464	409	349
Ludwigslust (Ludwigslust)	MV	SCHWAN 40	491	470	412	486
Lüneburg (Lüneburg)	NS	SOLE	414	471	407	488
Magdeburg (Magdeburg)	SA	MAGDA 10	427	467	412	503
Main-Kinzig-Kreis (Hanau)	HE	KINZIG	420	496	496	506
Main-Spessart (Karlstadt)	BY	TRAUBE 18	428	467	458	504
Main-Tauber-Kreis (Tauberbischofsheim)	BW	DORA 12	422	462	409	496
Main-Taunus-Kreis (Hofheim am Taunus)	HE	FRANK 23	461	503	503	489
Mainz (Mainz)	RP	MERKUR	418	462	404	374
Mainz-Bingen (Mainz)	RP	ROCHUS 20	406	476	404	408
Mannheim (Mannheim)	BW	PETER	375	456	488	355
Mansfelder Land (Lutherstadt Eisleben)	SA	HERMELIN 20	416	471	494	495
Marburg-Biedenkopf (Marburg an der Lahn)	HE	LISA	358	467	467	405
Märkischer Kreis (Lüdenscheid)	NW	LENNE	434	470	470	408

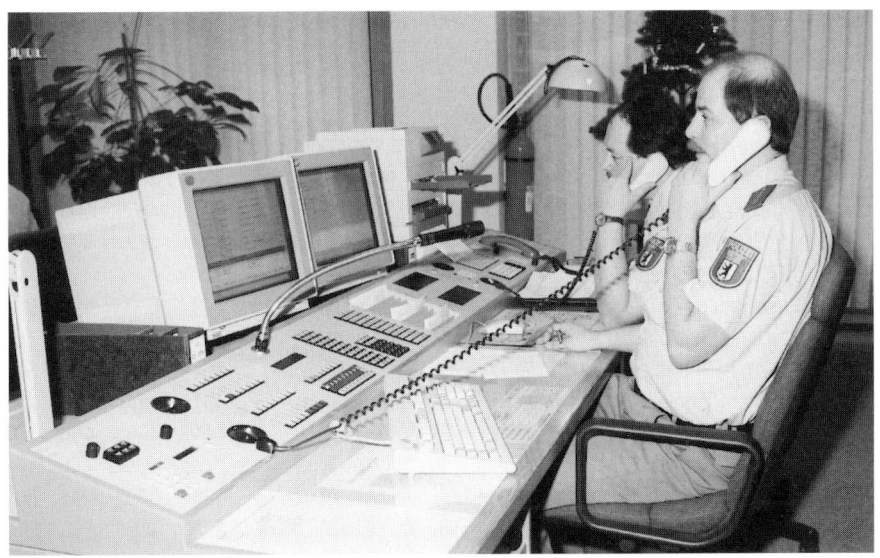

Blick in eine Einsatzleitstelle der Polizei. (Foto: AEG Mobile Communications)

Funkverkehrskreis	Land	Polizei		FW	RD	KS
Märkisch-Oderland (Seelow)	BR	FASAN 31	347	347	498	
Märkisch-Oderland (Seelow)	BR	FASAN 31	503			
Mayen-Koblenz (Koblenz)	RP	NETTE 10	432	466	411	495
Mecklenburg-Strelitz (Neustrelitz)	MV	NANDER 20	354	469	407	490
Meißen-Radebeul (Meißen)	SN	DROSSEL 5/25	429	468	412	484
Memmingen (Memmingen)	BY	GÜNZ 16	460	471	352	473
Merseburg-Querfurt (Merseburg)	SA	HERMELIN 10	416	407	407	488
Merzig-Wadern (Merzig Saar)	SL	SIMON 50	433	466	490	489
Mettmann (Mettmann)	NW	BODO	433	462	462	500
Mettmann (Mettmann)	NW	BODO	451			
Miesbach (Miesbach)	BY	MANGFALL 15	441	466	410	504
Miltenberg (Miltenberg)	BY	KURFÜRST 15	440	466	456	509
Minden-Lübbecke (Minden in Westfalen)	NW	BASTAU	441	487	487	498
Mittlerer Erzgebirgskreis (Marienberg)	SN	CAROLA 3/45	351	471	405	486
Mittweida (Mittweida)	SN	CAROLA 2/40	348	466	456	498
Mönchengladbach (Mönchengladbach)	NW	OTTOKAR	438	464	464	493
Mühldorf am Inn (Mühldorf)	BY	TRAUN 18	438	496	405	505
Muldentalkreis (Grimma)	SN	LÖWE 1/25	452	454	454	494
Mülheim an der Ruhr (Mühlheim an der Ruhr)	NW	DAVID	418	464	464	491
München (Kreis)	BY			469	458	492
München (Stadt)	BY			467	404	490
München (Stadt)	BY			462	411	505
München Nord	BY	ISAR 10	454			
München Ost	BY	ISAR 20	432			
München Süd	BY	ISAR 40	427			
München West	BY	ISAR 30	414			
Münster in Westfalen (Münster)	NW	MORITZ	430	471	471	498
Müritz (Waren)	MV	NANDER 30	429	463	463	413
Neckar-Odenwald-Kreis (Mosbach)	BW	BERTA 6	441	467	404	502
Neubrandenburg (Stadt)	MV	NANDER 10	427	467	409	487
Neuburg-Schrobenhausen (Neuburg Donau)	BY	SCHUTTER 15	443	508	456	504
Neumarkt in der Oberpfalz (Neumarkt)	BY	REGINA 18	428	470	457	503
Neumünster (Neumünster)	SH	ERIKA	454	471	410	502
Neunkirchen an der Saar (Neunkirchen)	SL	MARIO 10	431	464	490	480
Neuss (Neuss)	NW	GREGOR	441	466	466	408
Neustadt an der Waldnaab (Neustadt Waldnaab)	BY	MAX 14	424	466	495	500
Neustadt an der Weinstraße (Neustadt)	RP	WEINBIET 10	373	466	409	352
Neustadt-Bad Windsheim (Neustadt an der Aisch)	BY	ONOLDIA 16	448	464	407	488

Funkverkehrskreis	Land	Polizei		FW	RD	KS
Neu-Ulm (Neu-Ulm)	BY	GÜNZ 18	460	469	406	473
Neuwied am Rhein (Neuwied)	RP	WIED 10	419	494	409	471
Niederschlesischer Oberlausitzkreis (Görlitz)	SN	DROSSEL 3	428	465	413	493
Nienburg an der Weser (Nienburg)	NS	WIELAND	461	471	405	497
Nordfriesland (Husum)	SH	FRIESLAND	456	462	404	488
Nordhausen (Nordhausen)	TH	WIPPER 14	369	507	507	
Nordvorpommern (Grimmen)	MV	STRELA 20	435	470	470	489
Nordwestmecklenburg (Grevesmühlen)	MV	SCHWAN 31	452	413	413	486
Northeim (Northeim)	NS	RHUME	417	470	404	506
Northeim (Northeim)	NS	RHUME	433			
Northeim (Northeim)	NS	RHUME	438			
Nürnberg (Nürnberg)	BY	PEGNITZ	440	466	411	500
Nürnberger Land (Lauf Pegnitz)	BY	JURA 20	431	464	374	489
Oberallgäu (Sonthofen)	BY	ILLER 19	455	467	413	490
Oberbergischer Kreis (Gummersbach)	NW	AGGER	420	462	462	488
Oberbergischer Kreis (Gummersbach)	NW	AGGER	450			
Oberhausen im Rheinland (Oberhausen)	NW	OLGA	460	471	471	408
Oberhavel (Oranienburg)	BR	ORGEL 31	419	465	423	
Oberhavel (Oranienburg)	BR	ORGEL31	358			
Oberspreewald-Lausitz (Senftenberg)	BR	CANTIL 31	348	358	479	
Oberspreewald-Lausitz (Senftenberg)	BR	CANTIL 31	496			
Odenwaldkreis (Erbach Odenwald)	HE	ODIN	443	493	493	506
Oder-Spree (Beeskow)	BR	FASAN 42	347	352	486	
Oder-Spree (Beeskow)	BR	FASAN 42	503			
Offenbach am Main (Offenbach am Main)	HE	OVID	361	497	491	501
Ohrekreis (Haldensleben)	SA	TANGER 50	449	466	466	501
Oldenburg (Kreis)	NS	LETHE	434	484	413	499
Oldenburg (Stadt)	NS	LETHE	434	467	467	497
Olpe (Olpe)	NW	BIGGE	425	468	468	491
Olpe (Olpe)	NW	BIGGE	447			
Ortenaukreis (Offenburg)	BW	FRIEDRICH 4	362	471	475	413
Osnabrück (Kreis)	NS	TEUTO	438	470	506	488
Osnabrück (Kreis)	NS	TEUTO	452			
Osnabrück (Stadt)	NS	BRÜCKE	417	466	466	505
Ostalbkreis (Aalen)	BW	DORA 1	435	508	363	492
Ostallgäu (Marktoberdorf)	BY	ILLER 18	455	463	456	490
Osterholz (Osterholz-Scharmbeck)	NS	OBECK	424	470	352	488
Osterode am Harz (Osterode)	NS	SÖSE	420	466	411	488
Osterode am Harz (Osterode)	NS	SÖSE	433			
Ostholstein (Eutin)	SH	FREISCHÜTZ	430	463	463	488
Ostprignitz-Ruppin (Neuruppin)	BR	ORGEL 21	419	455	496	

Funkverkehrskreis	Land	Polizei		FW	RD	KS
Ostprignitz-Ruppin (Neuruppin)	BR	ORGEL 21	358			
Ostvorpommern (Anklam)	MV	PEENE 10	433	463	462	492
Paderborn (Paderborn)	NW	ATLAS	414	468	468	488
Paderborn (Paderborn)	NW	ATLAS	442			
Parchim (Parchim)	MV	SCHWAN 60	415	466	406	493
Passau (Kreis)	BY	WOLF	420	463	355	489
Passau (Kreis)	BY	WOLF	439			
Passau (Stadt)	BY	WOLF 11	414	463	456	489
Peine (Peine)	NS	FUHSE	375	507	411	502
Pfaffenhofen an der Ilm (Pfaffenhofen)	BY	SCHUTTER 16	443	468	456	500
Pforzheim (Stadt)	BW	BERTA 7	487	460	475	501
Pinneberg (Pinneberg)	SH	ROSE	431	467	505	409
Pirmasens (Pirmasens)	RP	PIRMIN 10	460	473	404	502
Plauen (Stadt)	SN	CAROLA 4	443	503	501	489
Plön (Holstein)	SH	PARNAS	406	494	494	486
Potsdam (Stadt)	BR	EINSTEIN 11	420	464	467	
Potsdam-Mittelmark (Belzig)	BR	EINSTEIN 42	473	355	505	
Potsdam-Mittelmark (Belzig)	BR	EINSTEIN 42	484			
Prignitz (Perleberg)	BR	ORGEL 11	419	471	409	
Prignitz (Perleberg)	BR	ORGEL 11	358			
Quedlinburg (Quedlinburg)	SA	SPIEGEL 30	460	465	504	491
Rastatt (Rastatt)	BW	BERTA 8	450	462	455	364
Ravensburg (Ravensburg)	BW	UHLAND 3	509	466	405	492
Recklinghausen (Recklinghausen)	NW	HERTA	428	466	466	502
Regen (Regen)	BY	AGNES 14	429	464	406	494
Regen (Regen)	BY	AGNES 14	460			
Regensburg (Kreis)	BY	REGINA	428	463	457	492
Regensburg (Stadt)	BY	REGINA	423	467	457	491
Remscheid (Remscheid)	NW	ALEX 14	431	463	463	490
Rems-Murr-Kreis (Waiblingen)	BW	DORA 8	431	466	505	493
Rendsburg-Eckernförde (Rendsburg)	SH	LOTSE	416	468	457	443
Reutlingen (Reutlingen)	BW	UHLAND 1	456	467	410	484
Rheingau-Taunus-Kreis (Rüdesheim am Rhein)	HE	NERO 21	447	489	498	352
Rhein-Hunsrück-Kreis (Simmern)	RP	REMO 70	438	470	410	349
Rheinisch-Bergischer Kreis (Bergisch Gladbach)	NW	RHENA	414	471	471	502
Rheinisch-Bergischer Kreis (Bergisch Gladbach)	NW	RHENA	457	487	487	
Rhein-Lahn-Kreis (Bad Ems)	RP	KÖPPEL 20	441	497	409	408
Rhein-Neckar-Kreis (Heidelberg)	BW	NECKAR 5	477	468	455	497
Rhein-Sieg-Kreis (Siegburg)	NW	SIGURD	418	464	464	486

Funkverkehrskreis	Land	Polizei		FW	RD	KS
Rhein-Sieg-Kreis (Siegburg)	NW	SIGURD	454			
Rhön-Grabfeld (Bad Neustadt Saale)	BY	KUGEL 16	416	498	413	502
Riesa-Großenhain (Riesa)	SN	DROSSEL 5	429	507	406	502
Rosenheim (Rosenheim)	BY	MANGFALL 17	441	487	410	504
Rotenburg an der Wümme (Rotenburg)	NS	WÜMME	489	469	411	506
Roth (Roth)	BY	JURA 12	437	465	458	494
Rottal-Inn (Pfarrkirchen)	BY	WOLF 16	439	465	413	492
Rottweil (Rottweil)	BW	FRIEDRICH 7	420	466	404	491
Rügen (Bergen)	MV	STRELA 30	435	406	406	458
Saale-Holzland-Kreis (Eisenberg)	TH	ZEISIG 15	426	496	355	505
Saale-Orla-Kreis (Schleiz)	TH	GROTTE 16	432	471	471	
Saalfeld-Rudolstadt (Saalfeld)	TH	GROTTE 15	361	455	504	
Saalkreis (Halle)	SA	HALLORE 10	370	465	413	500
Saarbrücken (Saarbrücken)	SL	ANTON 10	435	462	490	470
Saarlouis (Saarlouis)	SL	SIMON 10	433	463	490	489
Saar-Pfalz-Kreis (Homburg Saar)	SL	MARIO 40	431	469	490	480
Sächsische Schweiz (Pirna)	SN	DROSSEL 4	418	464	407	492
Salzgitter (Salzgitter)	NS	GITTER	375	468	468	493
Sangerhausen (Sangerhausen)	SA	HERMELIN 30	458	502	502	495
Sankt Ingbert (Sankt Ingbert)	SL	MARIO 20	431	468	490	480
Sankt Wendel an der Saar (Sankt Wendel)	SL	MARIO 70	431	468	490	487
Schaumburg (Stadthagen)	NS	AUE	451	456	359	488
Schleswig-Flensburg (Schleswig)	SH	SCHLEI	452	470	500	443
Schmalkalden-Meiningen (Schmalkalden)	TH	SCHMÜCKE 14	358	407	465	
Schönebeck an der Elbe (Schönebeck)	SA	MAGDA 60	417	507	507	486
Schwabach (Schwabach)	BY	JURA 13	437	469	359	494
Schwäbisch Hall (Schwäbisch Hall)	BW	DORA 7	369	454	352	492
Schwäbisch Hall (Schwäbisch Hall)	BW	DORA 7	450	508		507
Schwäbisch Hall (Schwäbisch Hall)	BW	DORA 7	461			
Schwalm-Eder-Kreis (Homberg Efze)	HE	SCHWALM	369	404	404	491
Schwalm-Eder-Kreis (Homberg Efze)	HE	SCHWALM	443	412	412	491
Schwandorf (Schwandorf)	BY	VILS 18	426	469	412	505
Schwarzwald-Baar-Kreis (Villingen-Schwenningen)	BW	FRIEDRICH 5	429	497	507	490
Schweinfurt (Schweinfurt)	BY	KUGEL	438	465	413	499
Schwerin (Schwerin)	MV	SCHWAN 10	434	410	490	486
Segeberg (Bad Segeberg)	SH	KALKBERG	487	465	404	492
Siegen-Wittgenstein (Siegen)	NW	WIELAND	451	465	465	492
Siegen-Wittgenstein (Siegen)	NW	WIELAND	455			
Sigmaringen (Sigmaringen)	BW	UHLAND 8	448	458	406	504
Soest (Soest)	NW	BÖRDE	432	464	464	456
Soest (Soest)	NW	BÖRDE	433			

Funkverkehrskreis	Land	Polizei	FW	RD	KS
Solingen (Solingen)	NW	ALEX 15	425	467	504	491
Solingen (Solingen)	NW	ALEX 15	455			
Soltau-Fallingbostel (Fallingbostel)	NS	BÖHME	358	465	355	496
Sömmerda (Sömmerda)	TH	ELSTER 15	356	488	467	413
Sonneberg (Sonneberg)	TH	GROTTE 17	398	407	365	489
Speyer (Speyer)	RP	LUX 50	432	507	409	489
Spree-Neiße (Forst)	BR	CANTIL 21	348	490	359	
Spree-Neiße (Forst)	BR	CANTIL 21	496			
Stade (Stade)	NS	SCHWINGE	370	468	429	484
Stade (Stade)	NS	SCHWINGE	453			
Starnberg (Starnberg)	BY	AMPER 20	440	468	412	495
Steinburg (Itzehoe)	SH	STEINBURG	423	463	411	506
Steinfurt (Steinfurt)	NW	BANJO	451	468	468	497
Steinfurt (Steinfurt)	NW	BANJO	457			
Stendal (Stendal)	SA	TANGER 10	454	462	462	494
Stollberg (Stollberg)	SN	CAROLA 1/40	438	464	508	491
Stormarn (Bad Oldesloe)	SH	STORMARN	351	458	359	497
Straubing-Bogen (Straubing)	BY	AGNES 11	419	466	359	506
Stuttgart (Stuttgart)	BW	URAN	434	470	410	490
Stuttgart (Stuttgart)	BW	URAN	455		411	495
Südliche Weinstraße (Landau Pfalz)	RP	LAURA 10	430	490	405	
Suhl (Suhl)	TH	SCHMÜCKE	358	407	365	491
Teltow-Fläming (Luckenwalde)	BR	EINSTEIN 51	473	418	445	
Teltow-Fläming (Luckenwalde)	BR	EINSTEIN 51	484			
Tirschenreuth (Tirschenreuth)	BY	MAX 15	424	464	495	500
Torgau-Oschatz (Torgau)	SN	LÖWE 3	414	455	503	489
Traunstein in Oberbayern (Traunstein)	BY	TRAUN 19	438	464	409	499
Trier-Saarburg (Trier)	RP	RUWER	448	484	408	493
Tübingen (Tübingen)	BW	UHLAND 2	348	413	406	500
Tübingen (Tübingen)	BW	UHLAND 2	375			
Tuttlingen (Tuttlingen)	BW	FRIEDRICH 10	347	499	410	408
Tuttlingen (Tuttlingen)	BW	FRIEDRICH 10	441			
Uckermark (Prenzlau)	BR	EBBE 31	363	487	359	
Uckermark (Prenzlau)	BR	EBBE 31	493	496		
Uecker-Randow (Pasewalk)	MV	PEENE 50	420	466	466	491
Uelzen (Uelzen)	NS	UHLE	443	462	410	500
Unna in Westfalen (Unna)	NW	HELLWEG	426	463	463	488
Unstrut-Hainich (Mühlhausen)	TH	WIPPER 13	451	406	406	
Unterallgäu (Mindelheim)	BY	GÜNZ 17	460	471	352	473
Vechta (Vechta)	NS	DERSA	439	463	364	492
Verden an der Aller (Verden)	NS	ALLER	349	466	404	500
Viersen (Viersen)	NW	VIKTOR	447	465	465	498

Funkverkehrskreis	Land	Polizei		FW	RD	KS
Vogelsbergkreis (Lauterbach Hessen)	HE	LAUTER	362	470	470	409
Vogtlandkreis (Plauen)	SN	CAROLA 4	443	503	501	489
Völklingen (Völklingen)	SL	ANTON 40	435	465	490	470
Waldeck-Frankenberg (Korbach – Nord))	HE	WALDECK	348	494	494	505
Waldeck-Frankenberg (Korbach – Süd)	HE			502	502	505
Waldshut-Tiengen (Waldshut)	BW	FRIEDRICH 8	430	465	392	487
Waldshut-Tiengen (Waldshut)	BW	FRIEDRICH 8	435			
Warendorf (Warendorf)	NW	PONY	448	469	469	486
Warendorf (Warendorf)	NW	PONY	454			
Wartburgkreis (Bad Salzungen, Eisenach)	TH	SCHMÜCKE 12	358	352	456	374
Weiden in der Oberpfalz (Weiden)	BY	MAX 11	424	466	495	500
Weilheim-Schongau (Weilheim in Oberbayern)	BY	LOISACH 17	418	508	407	494
Weimar (Weimar)	TH	ZEISIG 13	449	465	464	492
Weimarer Land (Apolda)	TH	ZEISIG 14	439	405	405	492
Weißenburg-Gunzenhausen (Weißenburg in Bayern)	BY	JURA 16	437	471	359	494
Weißenfels (Weißenfels)	SA	HERMELIN 35	431	463	470	492
Weißeritzkreis (Dippoldiswalde)	SN	DROSSEL 4/30	418	462	411	493
Wernigerode (Wernigerode)	SA	SPIEGEL 20	460	469	469	488
Werra-Meißner-Kreis (Eschwege)	HE	WERRA	351	489	489	506
Wesel (Wesel)	NW	WESPE	450	473	473	497
Wesel (Wesel)	NW	WESPE	454			
Wesermarsch (Brake Unterweser)	NS	WEMA	434	464	404	502
Westerwaldkreis (Montabaur)	RP	KÖPPEL 10	422	469	409	473
Westlausitzkreis (Kamenz)	SN	DROSSEL 1/30	437	505	458	498
Wetteraukreis (Friedberg Hessen)	HE	WETTER	457	508	508	507
Wiesbaden (Wiesbaden)	HE	NERO	460	464	471	352
Wilhelmshaven (Wilhelmshaven)	NS	GENIUS	459	462	462	499
Wittenberg (Wittenberg)	SA	DELTA 35	434	470	404	495
Wittmund (Wittmund)	NS	HARLE	427	507	407	503
Wolfenbüttel (Wolfenbüttel)	NS	LESSING	375	465	409	499
Wolfsburg (Wolfsburg)	NS	WOLF	452	463	406	491
Worms (Worms)	RP	HAGEN 10	458	491	411	354
Wunsiedel (Wunsiedel)	BY	SAALE 14	421	467	413	490
Wuppertal (Wuppertal)	NW	ALEX 11	431	458	458	495
Würzburg (Würzburg)	BY	TRAUBE 11	419	469	412	500
Zollernalbkreis (Balingen)	BW	UHLAND 5	418	465	404	352
Zweibrücken (Zweibrücken)	RP	PIRMIN 30	460	470	404	488
Zwickau (Zwickau)	SN	CAROLA 5	356	450	412	496
Zwickauer Land (Werdau)	SN	CAROLA 5/40	356	470	412	496

Betriebsfunk

Alle, die Funkanlagen brauchen, um in der Privatwirtschaft betriebliche Aufgaben zu erfüllen, oder Organisationen und Institutionen, die öffentliche Aufgaben wahrnehmen und dazu auf Funkmöglichkeiten angewiesen sind, können im Rahmen des sogenannten Betriebsfunks Funknetze mit ortsfesten und mobilen Funkstellen beantragen und in Betrieb nehmen.

Zu den Nutzern (den sogenannten Bedarfsträgern) des Betriebsfunks zählen beispielsweise Industrieunternehmen, Nahverkehrsbetriebe, Taxi- und Mietwagenunternehmen, alle möglichen Transportunternehmen, Bauunternehmen, Energieversorgungsunternehmen, Verkehrs- und Straßendienste, Bundesbahn, Heilberufe, Forstbetriebe, Rundfunkanstalten u.v.a.

Für den Betriebsfunk sind Teilbereiche im 8-m-, 4-m-, 2-m- und 70-cm-Sprechfunkband vorgesehen. Einen Überblick über die Frequenzzuteilung in diesen Sprechfunkbändern finden Sie in den vorangegangenen Tabellen. In den nachfolgenden Kapiteln werden die einzelnen Anwendergruppen und Bedarfsträger näher erläutert. Außerdem finden Sie dort detaillierte Angaben über die zur Verfügung stehenden Frequenzen.

Für die Zulassung zum Betriebsfunkdienst, für die Prüfung und Abnahme der Geräte und für die Zuteilung der Funkkanäle ist das Bundesamt für Post und Telekommunikation (BAPT) zuständig. Interessenten können dort die „Vorschriften für das Erteilen von Genehmigungen zum Errichten und Betreiben von Funkanlagen nicht öffentlicher Funkanwendungen (VornöFa)" anfordern.

So setzen z.B. die Nahverkehrsunternehmen kombinierte Sprech- und Datenfunksysteme ein. Jedes Fahrzeug ist mit dem Rechner in der Einsatzzentrale verbunden. Per EDV hat man jederzeit einen Überblick über Standort, Betriebszustände, Störungen u.ä. und kann außerdem mit allen Fahrzeugen Sprechkontakt aufnehmen.

SCANNER-INFO:

Frequenzbereich:	8 / 4 / 2 / 0,7-m-Band, s. Tabellen
Kanalraster:	20 kHz
Modulationsart:	FM-schmal
Abhörsicherheit:	nicht vorgesehen

Auf Großbaustellen läuft nichts ohne Funk. Das robuste Handsprechfunkgerät PR 11 von Bosch hält viel aus. (Foto: Bosch Telecom)

Verschiedene Hersteller bieten geeignete Funkgeräte in großer Auswahl an. Das Spektrum reicht vom einfachen Hand-Sprechfunkgerät (z.B. für den Einsatz auf Baustellen) über komfortable Mobilfunkgeräte (z.B. für den Fuhrpark eines Industrieunternehmens) bis hin zu komplexen Funknetzen mit einer Vielzahl (innerbetrieblicher) Teilnehmer und vielfältigen technischen Möglichkeiten.

Im Betriebsfunk wird normalerweise in der Betriebsart Simplex (Wechselsprechen auf einer Frequenz) gesendet, nur ausnahmsweise in Duplex auf zwei Frequenzen. Modulationsart ist immer FM-schmal (Frequenzraster: 20 kHz). Einen Schutz vor unerwünschtem Mithören gibt es hier nicht.

Wegen der großen Nachfrage und der begrenzten Zahl der zur Verfügung stehenden Kanäle werden viele Frequenzen von mehreren Anwendern benutzt. Zwei gravierende Nachteile zeigen sich dabei: Zum einen gibt es gegenseitige Störungen, zum anderen können alle Beteiligten die Gespräche der anderen Teilnehmer mithören, was in vielen Fällen unerwünscht ist. Abhilfe schafft seit Anfang der 90er Jahre in diesem Bereich der neue Mobilfunkdienst Bündelfunk, den wir weiter hinten in diesem Buch vorstellen.

Betriebsfunk auf Gemeinschaftsfrequenzen

Hier werden drei Gruppen von Bedarfsträgern unterschieden:

A) Behörden, Anstalten des öffentlichen Rechts, eingetragene Sportvereine, Sportverbände, Handels-, Handwerks- und Gewerbebetriebe, Kurierdienste sowie körperlich Behinderte.

Frequenzen (in MHz):

457,03	459,81	469,81
457,05	459,83	469,83
457,07	459,85	469,85
457,09	459,87	469,87
457,11	459,89	469,89
457,13	459,91	469,91
457,17	459,93	469,93
457,19	459,95	469,95
457,21	459,97	469,97

B) Private Straßenreinigungsunternehmen, Abschlepp- und Instandsetzungsunternehmen, Speditions- und Gütertransportunternehmen, Heil- und Tierheilpraktiker, Bewachungsunternehmen und Detekteien, Schlüsseldienste, Erdöl- und Erdgas-Bohrunternehmen, Zeitungsverlage, öffentlich bestellte Kraftfahrzeug- und Schiffahrtssachverständige, Havariekommissare, Bestattungsinstitute, Vermessungs- und Katasterämter und private Unternehmen mit gleichen Aufgaben, Lottogesellschaften, Veranstalter von Motorsportveranstaltungen.

Frequenzen (in MHz):

146,01	147,63	458,97	467,07
146,03	147,65	458,99	467,09
146,05	147,67	459,01	467,11
146,07	147,69	459,03	467,13
146,09	147,71	459,05	467,15
146,11	147,73	459,37	467,17
146,13	147,75	459,63	467,19
146,15	147,77	459,65	467,21
146,17	147,79	459,67	469,37
146,19	147,81	459,69	469,63
146,21	147,83	459,71	469,65
146,23	148,33	459,73	469,67
146,25	163,31	459,75	469,69
146,27	163,33	459,77	469,71
146,29	163,35	459,79	469,73
146,31	163,37	466,67	469,75
146,33	163,39	466,69	469,77
146,35	163,41	466,71	469,79
147,29	163,43	466,73	
147,31	163,45	466,75	
147,33	163,47	466,77	
147,35		466,79	
147,37	458,71	466,81	
147,39	458,73	466,83	
147,41	458,75	466,85	
147,43	458,77	466,87	
147,45	458,79	466,89	
147,47	458,81	466,91	
147,49	458,83	466,93	
147,51	458,85	466,95	
147,53	458,87	466,97	
147,55	458,89	466,99	
147,57	458,91	467,01	
147,59	458,93	467,03	
147,61	458,95	467,05	

C) Bauunternehmen und Zulieferer, die überwiegend im Baugewerbe tätig sind, Transportbeton-Unternehmen, Architekten.

158,35	158,59	158,83	456,67
158,37	158,61	158,85	456,69
158,39	158,63	158,87	456,71
158,41	158,65	158,89	456,73
158,43	158,67	158,91	456,75
158,45	158,69	158,93	456,77
158,47	158,71	158,95	456,79
158,49	158,73	158,97	456,81
158,51	158,75	158,99	456,83
158,53	158,77	159,03	
158,55	158,79	159,05	
158,57	158,81	159,07	

Betriebsfunk der Kraftdroschken (Taxis) und Mietwagen

Für Inhaber einer Konzession nach den Bestimmungen des Personenbeförderungsgesetzes und für Interessengemeinschaften, z.B. Taxi- oder Mietwagenzentralen, sowie für andere Betreiber von Pkw zur Personenbeförderung (Schulträger, Betreuer von Behinderten). Frequenzen (in MHz) für Taxis:

148,03	150,39	150,73	457,29
148,05	150,41	150,75	457,31
148,07	150,43	150,77	457,33
148,09	150,45	150,79	457,35
148,11	150,47	163,49	457,37
148,13	150,49	163,51	457,39
148,15	150,51	163,53	467,23
148,17	150,53	163,55	467,25
148,19	150,57	163,57	467,27
150,25	150,59	163,59	467,29
150,27	150,61	163,63	467,31
150,29	150,63	163,65	467,33
150,31	150,65	163,67	467,35
150,33	150,67	457,23	467,37
150,35	150,69	457,25	467,39
150,37	150,71	457,27	

Frequenzen (in MHz) für Mietwagen:

147,85	155,23
147,87	155,25
147,89	155,27
147,91	155,29
147,93	155,31
147,95	155,33
147,97	155,35
147,99	155,37
148,01	155,39
154,85	456,85
154,87	456,87
154,89	456,89
154,91	456,91
154,93	456,93
154,95	456,95
154,97	456,97
154,99	456,99
155,01	457,01
155,03	457,03
155,05	457,05
155,07	457,07
155,09	457,09
155,11	457,11
155,13	457,13
155,17	457,17
155,19	457,19
155,21	457,21

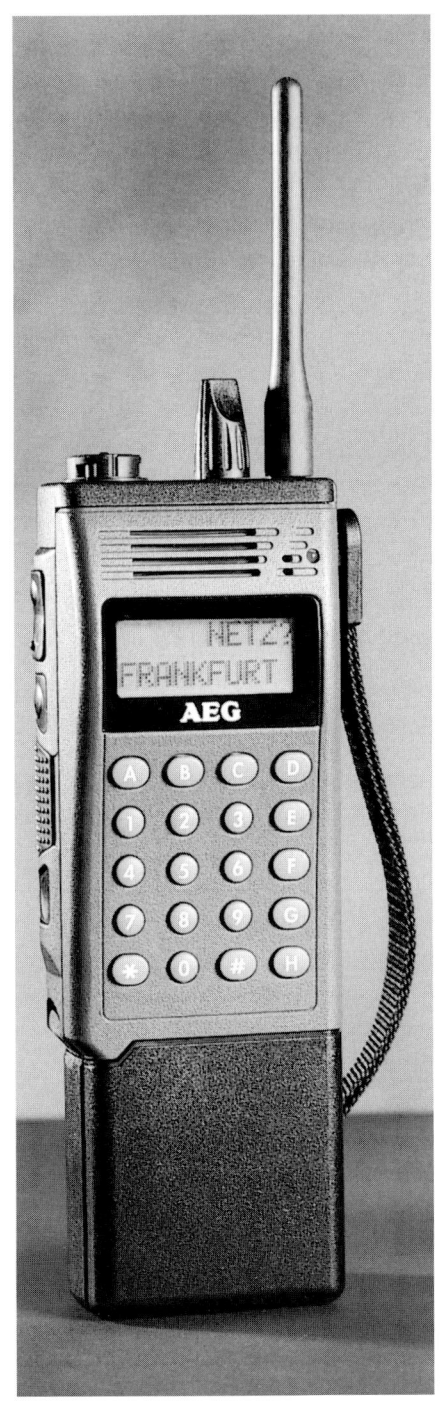

Das Handfunkgerät Teleport 10
von AEG.
(Foto: AEG Mobile Communication)

Betriebsfunk mit Klein-Sprechfunkanlagen

Für den Betriebsfunk mit Klein-Sprechfunkanlagen werden als Bedarfsträger anerkannt: Industrie- und Nahverkehrsbetriebe, Energieversorgungsunternehmen und die Bedarfsträger, die auch für den bereits genannten Betriebsfunk auf Gemeinschaftsfrequenzen zugelassen sind (siehe dort).

Frequenzen (in MHz) für Industrie- und Nahverkehrsbetriebe und Energieversorgungsunternehmen:

150,99	169,55	169,65	466,35
151,01	169,57	465,81	466,37
151,03	169,59	465,89	466,43
151,05	169,61	465,95	
169,49	169,63	466,19	

Frequenzen (in MHz) für die anderen Bedarfsträger

151,11	169,69	466,03	466,47
151,13	169,71	466,15	
151,15	465,93	466,31	
169,67	465,99	466,39	

Betriebsfunk der Industrie- und Nahverkehrsbetriebe

Die Bedarfsträger aus diesem Bereich haben sich in der Arbeitsgemeinschaft Betriebsfunk für Industrie- und Nahverkehr (ABIN) zusammengeschlossen. Dazu gehören der Verband öffentlicher Nahverkehrsbetriebe (VÖV), die Arbeitsgemeinschaft industrieller Betriebsfunk (AIB) und der Bundesverband Deutscher Eisenbahnen (BDE).

Für die ABIN-Bedarfsträger stehen folgende Frequenzen (in MHz) zur Verfügung:

69,57	71,17	149,23	153,83
69,59	71,19	149,25	153,85
69,61	81,51	149,27	153,87
69,63	81,53	149,29	153,89
69,65	81,55	149,31	153,91
69,67	81,57	152,65	458,33
69,69	81,59	152,67	458,35
69,71	81,61	152,69	458,37
69,73	81,63	152,71	458,39
69,75	81,65	152,73	458,41
69,77	81,67	152,75	458,43
69,79	81,69	152,79	458,45
69,81		152,81	458,47
69,83	148,21	152,83	458,49
69,85	148,23	152,85	458,51
69,87	148,25	152,87	458,53
69,89	148,27	152,89	458,55
69,91	148,29	152,91	458,57
71,01	148,31	152,93	458,59
71,03	148,35	152,95	458,61
71,05	148,37	152,97	458,65
71,07	148,39	152,99	458,67
71,09	149,15	153,75	458,69
71,11	149,17	153,77	
71,13	149,19	153,79	
71,15	149,21	153,81	

Um in Ballungsgebieten (z.Zt. sind das die Großräume Ruhrgebiet, Hannover, Hamburg, München) zusätzliche Funkkapazitäten zu schaffen, wurden weitere Frequenzen nur für die Benutzung in diesen Gebieten freigegeben:

71,21/81,01	71,39/81,19	71,57/81,37
71,23/81,03	71,41/81,21	71,59/81,39
71,25/81,05	71,43/81,23	71,61/81,41
71,27/81,07	71,45/81,25	71,63/81,43
71,29/81,09	71,47/81,27	71,65/81,45
71,31/81,11	71,49/81,29	71,67/81,47
71,33/81,13	71,51/81,31	71,69/81,49
71,35/81,15	71,53/81,33	
71,37/81,17	71,55/81,35	

In der ganzen Region erreichbar – mit dem HFG Chip-T von Bosch. (Foto: Bosch Telecom)

Betriebsfunk der Energie-Versorgungsunternehmen

Zu den Bedarfsträgern der Energie-Versorgungsunternehmen (EVU) werden Elektrizitäts-, Wasser-, Gas- und Fernwärme-Versorgungsunternehmen gezählt. Sie werden durch die Vereinigung Deutscher Elektrizitätswerke (VDEW) vertreten.

Folgende Frequenzen (in MHz) stehen zur Verfügung:

68,09/77,89	147,05	154,55
68,11/77,91	147,07	154,57
68,13/77,93	147,09	154,59
68,15/77,95	147,11	154,61
68,17/77,97	147,13	154,63
68,19/77,99	147,15	154,65
68,21/78,01	147,17	154,67
68,23/78,03	147,19	154,69
68,25/78,05	147,21	154,71
68,27/78,07	147,23	154,73
68,29/78,09	147,25	154,75
68,31/78,11	147,27	154,77
68,33/78,13	149,51/154,11	154,79
68,35/78,15	149,53/154,13	154,81
68,37/78,17	149,55/154,15	154,83
68,39/78,19	149,57/154,17	159,09/163,69
68,41/78,21	149,59/154,19	159,11/163,71
68,43/78,23	149,61/154,21	159,13/163,73
68,45/78,25	149,63/154,23	159,15/163,75
68,47/78,27	149,65/154,25	159,17/163,77
68,49/78,29	149,67/154,27	159,19/163,79
68,51/78,31	149,69/154,29	159,21/163,81
68,53/78,33	149,71/154,31	159,23/163,83
68,55/78,35	149,73/154,33	159,25/163,85
68,57/78,37	149,75/154,35	159,27/163,87
68,59/78,39	149,77/154,37	159,29/163,89
68,61/78,41	149,79/154,39	159,31/163,91
146,93	149,83/154,43	159,33/163,93
146,95	149,85/154,45	159,35/163,95
146,97	149,87/154,47	159,37/163,97
146,99	154,49	159,39/163,99
147,01	154,51	159,41/164,01
147,03	154,53	159,43/164,03

Um in Ballungsgebieten (z.Zt. sind das die Großräume Ruhrgebiet, Hannover, Hamburg, München) zusätzliche Funkkapazitäten zu schaffen, wurden weitere Frequenzen nur für die Benutzung in diesen Gebieten freigegeben:

72,35	72,57/82,37	82,59
72,37	72,59/82,39	82,61
72,39	72,61/82,41	82,63
72,41	72,63/82,43	82,65
72,43	72,65/82,45	82,67
72,45	72,67/82,47	82,69
72,47	72,69/82,49	82,71
72,49	72,71/82,51	82,73
72,51	72,73/82,53	82,75
72,53	72,75/82,55	
72,55/82,35	82,57	

Das Handsprechfunkgerät Teleport 10 von AEG im Einsatz beim Energieversorger Badenwerke. (Foto: AEG Mobile Communication)

Betriebsfunk der Straßenunterhaltungs-, Kommunal-, Wasserregulierungs- und Pannenhilfs-Dienste

Zu dieser Gruppe zählen als Bedarfsträger Straßenbau- und Wasserwirtschaftsverwaltungen des Bundes und der Länder, Pannenhilfsdienste der Automobilclubs (z.b. ADAC), Stadtreinigungs- und Fuhrparkbetriebe, Kommunaldienste (z.b. Ordnungs- und Gewerbeaufsichtsämter), Arbeitsämter. Die Anwender sind in der Arbeitsgemeinschaft Betriebsfunk der Straßenunterhaltungs- und Pannenhilfsdienste (ABS) bzw. in der Arbeitsgemeinschaft Betriebsfunk der Städte und Gemeinden (ABSG) vertreten.

Frequenzen (in MHz) für Autobahnmeistereien und Pannenhilfsdienste:

34,76	34,90	151,43
34,78	34,92	151,45
34,80	34,94	151,47
34,82		151,49
34,84	151,37	151,51
34,86	151,39	151,53
34,88	151,41	

Frequenzen (in MHz) für die ABSG-Dienste:

151,91	152,47	469,25
151,93	152,49	469,27
151,95	152,51	469,29
151,97	152,53	469,31
151,99	152,55	469,33
152,01	152,57	469,35
152,05	152,59	469,39
152,07	152,61	469,41
152,09	152,63	469,43

Betriebsfunk der Justizvollzugsanstalten und Behörden der allgemeinen Justiz

Für Justizbehörden und Justizvollzugsanstalten wurden im Rahmen des Betriebsfunks folgende Frequenzen zugeteilt:

155,77   155,83   155,87

Betriebsfunk an Flughäfen

Den Betriebsfunk an Flughäfen können folgende Bedarfsträger nutzen: Deutsche Flugsicherung (DFS), Flughafengesellschaften, Luftverkehrsgesellschaften, Deutscher Wetterdienst, Versorgungsfirmen. Die Anwender sind in der Arbeitsgemeinschaft Betriebsfunk an deutschen Verkehrsflughäfen organisiert.

Folgende Frequenzen (in MHz) stehen zur Verfügung:

151,17	159,83/164,43	455,81
151,19	159,85/164,45	455,85
151,21	159,87/164,47	455,89
151,23	159,89/164,49	455,93
151,25	159,91/164,51	455,99
151,27	159,93/164,53	456,03
151,29	159,95/164,55	456,15
151,31	159,97/164,57	456,19
151,33	159,99/164,59	456,31
151,35		456,37
		456,41
		456,47

Betriebsfunk der Deutschen Lebens-Rettungs-Gesellschaft e.V. (DLRG)

Zur Erfüllung ihrer Aufgaben wurden der Deutschen Lebens-Rettungs-Gesellschaft e.V. folgende Frequenzen im Bereich des Betriebsfunks zugewiesen:

155,89 MHz   155,91 MHz   155,93 MHz

Betriebsfunk der Rundfunkanstalten

Für den Betriebsfunk der Rundfunkanstalten stehen folgende Frequenzen (in MHz) zur Verfügung:

77,500	77,540	77,580	77,620 MHz
77,520	77,560	77,600	

160,010/164,610	160,090/164,690	160,150/164,750
160,030/164,630	160,110/164,710	160,170/164,770
160,050/164,650	160,130/164,730	160,190/164,790
160,070/164,670		

Drahtlose Mikrofone der Rundfunkanstalten:

174,250 MHz   748,250 MHz

Grundstücks-Sprechfunk

Speziell für Sprechfunknetze mit ortsfesten und mobilen Funkanlagen auf einem bestimmten Grundstück gibt es den sogenannten Grundstücks-Sprechfunk. Ein Grundstück in diesem Sinne ist ein wirtschaftlich zusammenhängend genutztes Gelände, z.b. ein Industriegelände, ein Werksgelände, ein Krankenhausgelände, ein Sportanlagengelände u.ä.. Als Bedarfsträger anerkannt werden Behörden, Anstalten des öffentlichen Rechts, private Unternehmen, wissenschaftliche Institute und Sportvereine. Grundstücks-Sprechfunknetze können in herkömmlicher Einkanaltechnik oder in Bündeltechnik arbeiten, wobei als Betriebsart Duplex oder Semi-duplex vorgeschrieben ist. Folgende Frequenzen stehen zur Verfügung:

466,49 / 456,49 MHz	466,59 / 456,59 MHz
466,51 / 456,51 MHz	466,61 / 456,61 MHz
466,53 / 456,53 MHz	466,63 / 456,63 MHz
466,55 / 456,55 MHz	466,65 / 456,65 MHz
466,57 / 456,57 MHz	

Durchsagefunk
(Führungsfunk, drahtlose Mikrofonanlagen)

Unter Durchsagefunk versteht man mobile Funkanlagen für Führungszwecke auf kurze Entfernungen (z.B. für Museumsführungen, Firmenführungen, Fahrschulzwecke (Motorradführung durch Fahrlehrer im Auto), Motorsportveranstaltungen u.ä.) und für drahtlose Mikrofonanlagen (z.B. auf Theater- oder Veranstaltungsbühnen).

Folgende Frequenzen stehe für den Durchsagefunk zur Verfügung:
(alle Angaben in MHz)

Führungsfunkanlage ohne Einschränkung:

Simplex in beide Richtungen:

27,575	27,585	27,595

einseitige Übertragung:

36,64	37,04	37,82
36,68	37,08	37,86
36,72	37,12	37,90
36,76	37,16	37,94
		37,98

Führungsfunkanlage, simplex

35,92	35,95	35,98
35,93	35,96	35,99
35,94	35,97	

Führungsfunkanlagen für Motorradfahrschüler, duplex oder simplex auf zwei Frequenzen:

27,525 / 37,825	27,545 / 37,845	27,565 / 37,865
27,535 / 37,835	27,555 / 37,855	

Drahtlose Mikrofonanlagen

a) für breitbandige Übertragungen:

36,7	37,1	37,9

b) für schmalbandige Übertragungen:

36,64	37,04	37,82
36,68	37,08	37,86
36,72	37,12	37,90
36,76	37,16	37,94
		37,98

Drahtlose Mikrofonanlagen nur für bestimmte Bedarfsträger (innerhalb von Gebäuden, z.B. Museen, Theater, Kongreßzentren; außerhalb von Gebäuden für lizenzierte Rundfunk-Programmanbieter und Veranstalter):

32,55	34,55	35,75
32,85	34,85	36,95
33,95	35,15	37,75
34,25	35,45	38,05

Drahtlose Mikrofonanlagen für lizensierte RundfunkProgrammanbieter und Veranstalter außerhalb der jeweiligen Studios:

32,55	34,55	35,45
33,95	35,15	37,75

Führungsfunkanlage, nur für kurze Anweisungen:

151,11	151,13	151,15

Führungsfunkanlage, nur für Nahverkehrsbetriebe, Industrie- und Energieversorgungsbetriebe:

150,99	169,49	170,33
151,01	169,55	170,35
151,03	169,57	170,37
151,05		

Führungsfunkanlage nur bei Motorsportveranstaltungen:

165,19

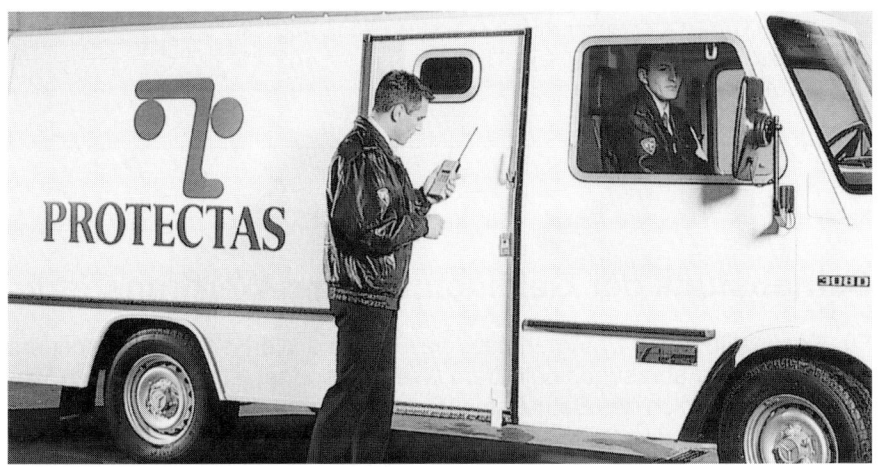

Bosch-Handsprechfunkgeräte PR 11 (Portable Radio) und die Fahrzeugfunk-geräte MR 11 (Mobile Radio) erfüllen dank ihrer reichhaltigen Ausstattung auch die hohen Ansprüche von Wachschutz- und Werttransportunternehmen, Versorgungsunternehmen oder öffentlichen Verkehrsbetrieben. (Fotos: Bosch Telecom)

Betriebsfunk der Heilberufe

Zu dieser Gruppe zählen Ärzte, Tierärzte, Hebammen, Notärzte, Krankenhäuser und ähnliche Einrichtungen. Sie werden vertreten durch die Arbeitsgemeinschaft Betriebsfunk für Heilberufe (ABH). Folgende Frequenzen (in MHz) stehen diesen Bedarfsträgern zur Verfügung:

151,55	151,67	152,35
151,57	151,69	152,37
151,59	151,71	152,39
151,61	152,29	152,41
151,63	152,31	152,43
151,65	152,33	152,45

Betriebsfunk der sozialen Dienste

Als Bedarfsträger werden anerkannt: Verbände und Organisationen der Freien Wohlfahrtspflege, Hilfsorganisationen (Arbeiter-Samariter-Bund, Deutsches Rotes Kreuz, Johanniter-Unfall-Hilfe, Malteser-Hilfsdienst), kommunale Sozialdienste. Die Bedarfsträger werden durch die Arbeitsgemeinschaft Betriebsfunk für soziale Dienste (ABSoD) vertreten.

Folgende Frequenzen (in MHz) wurden zugeteilt:

459,07	459,13	459,19
459,09	459,15	459,21
459,11	459,17	459,23

Betriebsfunk der Geldinstitute und Werttransporte

Für Geldinstitute und Unternehmen, die Geld und Wertsachen in besonders hergerichteten Fahrzeugen befördern (Werttransporte), stehen folgende Frequenzen im Bereich des Betriebsfunks zur Verfügung:

155,79   155,81   155,85   155,95

Betriebsfunk der Forstwirtschaft

Für die Bedarfsträger aus dem Bereich der Forstwirtschaft wurde die sogenannte Funkwelle Forst zur Verfügung gestellt. Zu den Nutzern gehören die staatlichen Forstämter, staatliche, kommunale und private Forstverwaltungen und Forstbetriebe sowie forstwirtschaftliche Unternehmen.

Frequenz: 69,95 MHz

Betriebsfunk für Umweltschutz

Die für den Umweltschutz zuständigen Behörden und Organisationen des Bundes, der Länder und Gemeinden sind hier als Bedarfsträger zugelassen.

Frequenz: 69,97 MHz

Betriebsfunk der landwirtschaftlichen Maschinenringe und Lohnunternehmen

Eingetragene Vereine landwirtschaftlicher Maschinenringe oder Maschinen- und Betriebshilfsringe, sowie Unternehmen, die Dienstleistungen in der Landwirtschaft erbringen, werden als Bedarfsträger für diesen Betriebsfunkbereich zugelassen.

Frequenzen: 160,37 MHz / 160,47 MHz

Bündelfunk

Der seit Jahrzehnten in Betrieb befindliche, klassische Betriebsfunkdienst, wie wir ihn im vorangegangenen Kapitel dargestellt haben, genügt schon lange nicht mehr den enorm ansteigenden Bedürfnissen zur Kommunikation und zum Datenaustausch. So sind die Frequenzen des Betriebsfunks oft stark überlastet, d.h. mehrere Nutzer aus dem gleichen Bedarfsträgerbereich müssen die gleiche Frequenz benutzen, was nicht nur zu gegenseitigen Störungen führt. Durch die Benutzung der gleichen Frequenz können alle Mitbenutzer alle Informationen mithören, was in vielen Situationen nicht gewünscht wird (z.B. aufgrund der Konkurrenzsituation im unternehmerischen Bereich oder bei Dienstleistungsanbietern).

Das neue Mobilfunksystem Bündelfunk wird seit Anfang der 90er-Jahre in deutschen Ballungsgebieten und Wirtschaftsräumen aufgebaut und arbeitet im Frequenzbereich von 410 bis 430 MHz. Wichtigstes Merkmal des Bündelfunks ist der Umstand, daß dem einzelnen Nutzer nicht mehr eine bestimmte Frequenz fest zugeteilt wird, sondern daß das Steuersystem dem Nutzer bei Gesprächswunsch automatisch eine gerade freie Frequenz aus einem ganzen Bündel zur Verfügung stehender Frequenzen zuteilt. Der Sender des Anwenders stellt sich dann automatisch auf die gerade zugeteilte Frequenz ein.

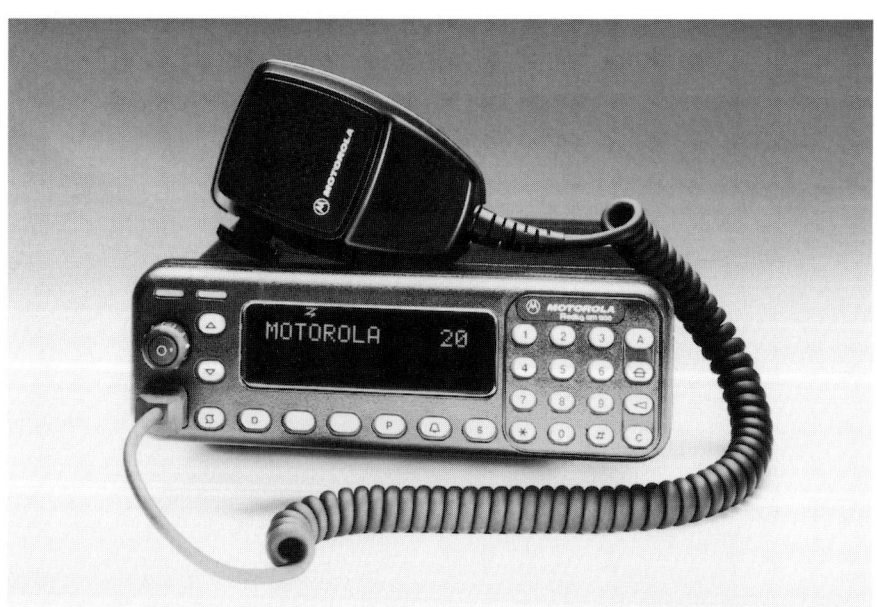

Das Motorola-Bündelfunkgerät GM1200. (Foto: Motorola GmbH)

Durch dieses automatisch ablaufende Verfahren lassen sich die zur Verfügung stehenden Frequenzen viel besser nutzen. Außerdem bietet das Bündelfunksystem aber noch eine ganze Reihe weiterer Vorteile, z.B. eine gegenüber dem Betriebsfunk größere Reichweite (Versorgungsbereich 50 – 70 km), Kurzrufnummer, Gruppenruf (Flottenruf), Verbindung von Bündelfunkteilnehmern untereinander, Verbindung ins Nebenstellentelefonnetz oder ins öffentliche Telefonnetz (optional), Möglichkeiten zur Datenübertragung, sowie einen Kostenvorteil gegenüber den normalen Mobiltelefon.

Bündelfunkgeräte von Motorola haben sich besonders bei Handwerksbetrieben, Industrieunternehmen und Speditionen bewährt. (Fotos: Motorola GmbH)

Beim Bündelfunk handelt es sich in der eingeführten Variante um einen Funkdienst mit analogen Sprachübertragungen, lediglich die Betriebssteuerung läuft mit digitalen Signalen. Zwar geben die Anbieter an, daß das unerwünschte Mithören durch andere Teilnehmer am Bündelfunk ausgeschlossen ist, doch das stimmt nur im

Prinzip. Die Konkurrenz oder sonstwer kann nicht mehr gezielt einen Teilnehmer abhören, weil nicht mehr feststeht, auf welcher Frequenz der sendet. Wohl kann man aber problemlos jeden Kanal des Bündelfunks abhören, denn die Sprachübertragung erfolgt ganz normal in FM-schmal (Frequenzraster

12,5 kHz). Ein dauerhaftes Abhören ist aber wegen der ständigen Kanalwechsel schwierig.

Der Bündelfunk wird in Deutschland von der Telekom-Tochter T-Mobil unter dem Namen Chekker in 20 Regionen angeboten. Parallel können auch private Anbieter eigene Bündelfunknetze aufbauen, wie es bereits die Firma Regio-Kom gemacht hat. Nutzer können bei den Bündelfunk-Netztypen A und B problemlos in allen Netzen arbeiten.

Außerdem sind grundstücksbezogene Bündelfunknetze möglich, z.B. für Flughäfen und große Industriebetriebe, die nicht von außenstehenden Bündelfunkteilnehmern genutzt werden sollen (Bündelfunk-Netztyp C). Und speziell für den mobilen Datenfunk ist das Bündelfunknetz Typ D vorgesehen.

Frequenzbereich Bündelfunk:

unteres Band (mobile Funkstellen):	410 – 420 MHz
oberes Band (ortsfeste Funkstellen):	420 – 430 MHz
Anrufmelde und Direktruf-Frequenz:	420,000 MHz

Auf den folgenden Seiten sind die Frequenzpaare für die Bündelfunk-Netztypen A, B, und C aufgelistet.

Bündelfunk-Netztyp A

410.8125	420.8125	411.3375	421.3375
410.8250	420.8250	411.3500	421.3500
410.8375	420.8375	411.3625	421.3625
410.8500	420.8500	411.3750	421.3750
410.8625	420.8625	411.3875	421.3875
410.8750	420.8750	411.4000	421.4000
410.8875	420.8875	411.4125	421.4125
410.9000	420.9000	411.4250	421.4250
410.9125	420.9125	411.4375	421.4375
410.9250	420.9250	411.4500	421.4500
410.9375	420.9375	411.4625	421.4625
410.9500	420.9500	411.4750	421.4750
410.9625	420.9625	411.4875	421.4875
410.9750	420.9750	411.5000	421.5000
410.9875	420.9875	411.5125	421.5125
411.0000	421.0000	411.5250	421.5250
411.0125	421.0125	411.5375	421.5375
411.0250	421.0250	411.5500	421.5500
411.0375	421.0375	411.5625	421.5625
411.0500	421.0500	411.5750	421.5750
411.0625	421.0625	411.5875	421.5875
411.0750	421.0750	411.6000	421.6000
411.0875	421.0875	411.6125	421.6125
411.1000	421.1000	411.6250	421.6250
411.1125	421.1125	411.6375	421.6375
411.1250	421.1250	411.6500	421.6500
411.1375	421.1375	411.6625	421.6625
411.1500	421.1500	411.6750	421.6750
411.1625	421.1625	411.6875	421.6875
411.1750	421.1750	411.7000	421.7000
411.1875	421.1875	411.7125	421.7125
411.2000	421.2000	411.7250	421.7250
411.2125	421.2125	411.7375	421.7375
411.2250	421.2250	411.7500	421.7500
411.2375	421.2375	411.7625	421.7625
411.2500	421.2500	411.7750	421.7750
411.2625	421.2625	411.7875	421.7875
411.2750	421.2750	411.8000	421.8000
411.2875	421.2875	411.8125	421.8125
411.3000	421.3000	411.8250	421.8250
411.3125	421.3125	411.8375	421.8375
411.3250	421.3250	411.8500	421.8500

411.8625	421.8625	412.4125	422.4125
411.8750	421.8750	412.4250	422.4250
411.8875	421.8875	412.4375	422.4375
411.9000	421.9000	412.4500	422.4500
411.9125	421.9125	412.4625	422.4625
411.9250	421.9250	412.4750	422.4750
411.9375	421.9375	412.4875	422.4875
411.9500	421.9500	412.5000	422.5000
411.9625	421.9625	412.5125	422.5125
411.9750	421.9750	412.5250	422.5250
411.9875	421.9875	412.5375	422.5375
412.0000	422.0000	412.5500	422.5500
412.0125	422.0125	412.5625	422.5625
412.0250	422.0250	412.5750	422.5750
412.0375	422.0375	412.5875	422.5875
412.0500	422.0500	412.6000	422.6000
412.0625	422.0625	412.6125	422.6125
412.0750	422.0750	412.6250	422.6250
412.0875	422.0875	412.6375	422.6375
412.1000	422.1000	412.6500	422.6500
412.1125	422.1125	412.6625	422.6625
412.1250	422.1250	412.6750	422.6750
412.1375	422.1375	412.6875	422.6875
412.1500	422.1500	412.7000	422.7000
412.1625	422.1625	412.7125	422.7125
412.1750	422.1750	412.7250	422.7250
412.1875	422.1875	412.7375	422.7375
412.2000	422.2000	412.7500	422.7500
412.2125	422.2125	412.7625	422.7625
412.2250	422.2250	412.7750	422.7750
412.2375	422.2375	412.7875	422.7875
412.2500	422.2500	412.8000	422.8000
412.2625	422.2625	412.8125	422.8125
412.2750	422.2750	412.8250	422.8250
412.2875	422.2875	412.8375	422.8375
412.3000	422.3000	412.8500	422.8500
412.3125	422.3125	412.8625	422.8625
412.3250	422.3250	412.8750	422.8750
412.3375	422.3375	412.8875	422.8875
412.3500	422.3500	412.9000	422.9000
412.3625	422.3625	412.9125	422.9125
412.3750	422.3750	412.9250	422.9250
412.3875	422.3875	412.9375	422.9375
412.4000	422.4000	412.9500	422.9500

412.9625	422.9625	413.5125	423.5125
412.9750	422.9750	413.5250	423.5250
412.9875	422.9875	413.5375	423.5375
413.0000	423.0000	413.5500	423.5500
413.0125	423.0125	413.5625	423.5625
413.0250	423.0250	413.5750	423.5750
413.0375	423.0375	413.5875	423.5875
413.0500	423.0500	413.6000	423.6000
413.0625	423.0625	413.6125	423.6125
413.0750	423.0750	413.6250	423.6250
413.0875	423.0875	413.6375	423.6375
413.1000	423.1000	413.6500	423.6500
413.1125	423.1125	413.6625	423.6625
413.1250	423.1250	413.6750	423.6750
413.1375	423.1375	413.6875	423.6875
413.1500	423.1500	413.7000	423.7000
413.1625	423.1625	413.7125	423.7125
413.1750	423.1750	413.7250	423.7250
413.1875	423.1875	413.7375	423.7375
413.2000	423.2000	413.7500	423.7500
413.2125	423.2125	413.7625	423.7625
413.2250	423.2250	413.7750	423.7750
413.2375	423.2375	413.7875	423.7875
413.2500	423.2500	413.8000	423.8000
413.2625	423.2625	413.8125	423.8125
413.2750	423.2750	413.8250	423.8250
413.2875	423.2875	413.8375	423.8375
413.3000	423.3000	413.8500	423.8500
413.3125	423.3125	413.8625	423.8625
413.3250	423.3250	413.8750	423.8750
413.3375	423.3375	413.8875	423.8875
413.3500	423.3500	413.9000	423.9000
413.3625	423.3625	413.9125	423.9125
413.3750	423.3750	413.9250	423.9250
413.3875	423.3875	413.9375	423.9375
413.4000	423.4000	413.9500	423.9500
413.4125	423.4125	413.9625	423.9625
413.4250	423.4250	413.9750	423.9750
413.4375	423.4375	413.9875	423.9875
413.4500	423.4500	414.0000	424.0000
413.4625	423.4625	414.0125	424.0125
413.4750	423.4750	414.0250	424.0250
413.4875	423.4875	414.0375	424.0375
413.5000	423.5000	414.0500	424.0500

414.0625	424.0625	414.5375	424.5375
414.0750	424.0750	414.5500	424.5500
414.0875	424.0875	414.5625	424.5625
414.1000	424.1000	414.5750	424.5750
414.1125	424.1125	414.5875	424.5875
414.1250	424.1250	414.6000	424.6000
414.1375	424.1375	414.6125	424.6125
414.1500	424.1500	414.6250	424.6250
414.1625	424.1625	414.6375	424.6375
414.1750	424.1750	414.6500	424.6500
414.1875	424.1875	414.6625	424.6625
414.2000	424.2000	414.6750	424.6750
414.2125	424.2125	414.6875	424.6875
414.2250	424.2250	414.7000	424.7000
414.2375	424.2375	414.7125	424.7125
414.2500	424.2500	414.7250	424.7250
414.2625	424.2625	414.7375	424.7375
414.2750	424.2750	414.7500	424.7500
414.2875	424.2875	414.7625	424.7625
414.3000	424.3000	414.7750	424.7750
414.3125	424.3125	414.7875	424.7875
414.3250	424.3250	414.8000	424.8000
414.3375	424.3375	414.8125	424.8125
414.3500	424.3500	414.8250	424.8250
414.3625	424.3625	414.8375	424.8375
414.3750	424.3750	414.8500	424.8500
414.3875	424.3875	414.8625	424.8625
414.4000	424.4000	414.8750	424.8750
414.4125	424.4125	414.8875	424.8875
414.4250	424.4250	414.9000	424.9000
414.4375	424.4375	414.9125	424.9125
414.4500	424.4500	414.9250	424.9250
414.4625	424.4625	414.9375	424.9375
414.4750	424.4750	414.9500	424.9500
414.4875	424.4875	414.9625	424.9625
414.5000	424.5000	414.9750	424.9750
414.5125	424.5125	414.9875	424.9875
414.5250	424.5250	415.0000	425.0000

Bündelfunk-Netztyp B

415.8125	425.8125	416.3375	426.3375
415.8250	425.8250	416.3500	426.3500
415.8375	425.8375	416.3625	426.3625
415.8500	425.8500	416.3750	426.3750
415.8625	425.8625	416.3875	426.3875
415.8750	425.8750	416.4000	426.4000
415.8875	425.8875	416.4125	426.4125
415.9000	425.9000	416.4250	426.4250
415.9125	425.9125	416.4375	426.4375
415.9250	425.9250	416.4500	426.4500
415.9375	425.9375	416.4625	426.4625
415.9500	425.9500	416.4750	426.4750
415.9625	425.9625	416.4875	426.4875
415.9750	425.9750	416.5000	426.5000
415.9875	425.9875	416.5125	426.5125
416.0000	426.0000	416.5250	426.5250
416.0125	426.0125	416.5375	426.5375
416.0250	426.0250	416.5500	426.5500
416.0375	426.0375	416.5625	426.5625
416.0500	426.0500	416.5750	426.5750
416.0625	426.0625	416.5875	426.5875
416.0750	426.0750	416.6000	426.6000
416.0875	426.0875	417.4000	427.4000
416.1000	426.1000	417.4125	427.4125
416.1125	426.1125	417.4250	427.4250
416.1250	426.1250	417.4375	427.4375
416.1375	426.1375	417.4500	427.4500
416.1500	426.1500	417.4625	427.4625
416.1625	426.1625	417.4750	427.4750
416.1750	426.1750	417.4875	427.4875
416.1875	426.1875	417.5000	427.5000
416.2000	426.2000	417.5125	427.5125
416.2125	426.2125	417.5250	427.5250
416.2250	426.2250	417.5375	427.5375
416.2375	426.2375	417.5500	427.5500
416.2500	426.2500	417.5625	427.5625
416.2625	426.2625	417.5750	427.5750
416.2750	426.2750	417.5875	427.5875
416.2875	426.2875	417.6000	427.6000
416.3000	426.3000	417.6125	427.6125
416.3125	426.3125	417.6250	427.6250
416.3250	426.3250	417.6375	427.6375

417.6500	427.6500	417.8375	427.8375
417.6625	427.6625	417.8500	427.8500
417.6750	427.6750	417.8625	427.8625
417.6875	427.6875	417.8750	427.8750
417.7000	427.7000	417.8875	427.8875
417.7125	427.7125	417.9000	427.9000
417.7250	427.7250	417.9125	427.9125
417.7375	427.7375	417.9250	427.9250
417.7500	427.7500	417.9375	427.9375
417.7625	427.7625	417.9500	427.9500
417.7750	427.7750	417.9625	427.9625
417.7875	427.7875	417.9750	427.9750
417.8000	427.8000	417.9875	427.9875
417.8125	427.8125	418.0000	428.0000
417.8250	427.8250		

Chekker, der Bündelfunkdienst von T-Mobil, sorgt für preiswerte und zuver-lässige Funkkontakte zwischen Außendienst und Zentrale. (Foto: T-Mobil)

Bündelfunk-Netztyp C

418.0125	428.0125	418.5375	428.5375
418.0250	428.0250	418.5500	428.5500
418.0375	428.0375	418.5625	428.5625
418.0500	428.0500	418.5750	428.5750
418.0625	428.0625	418.5875	428.5875
418.0750	428.0750	418.6000	428.6000
418.0875	428.0875	418.6125	428.6125
418.1000	428.1000	418.6250	428.6250
418.1125	428.1125	418.6375	428.6375
418.1250	428.1250	418.6500	428.6500
418.1375	428.1375	418.6625	428.6625
418.1500	428.1500	418.6750	428.6750
418.1625	428.1625	418.6875	428.6875
418.1750	428.1750	418.7000	428.7000
418.1875	428.1875	418.7125	428.7125
418.2000	428.2000	418.7250	428.7250
418.2125	428.2125	418.7375	428.7375
418.2250	428.2250	418.7500	428.7500
418.2375	428.2375	418.7625	428.7625
418.2500	428.2500	418.7750	428.7750
418.2625	428.2625	418.7875	428.7875
418.2750	428.2750	418.8000	428.8000
418.2875	428.2875	418.8125	428.8125
418.3000	428.3000	418.8250	428.8250
418.3125	428.3125	418.8375	428.8375
418.3250	428.3250	418.8500	428.8500
418.3375	428.3375	418.8625	428.8625
418.3500	428.3500	418.8750	428.8750
418.3625	428.3625	418.8875	428.8875
418.3750	428.3750	418.9000	428.9000
418.3875	428.3875	418.9125	428.9125
418.4000	428.4000	418.9250	428.9250
418.4125	428.4125	418.9375	428.9375
418.4250	428.4250	418.9500	428.9500
418.4375	428.4375	418.9625	428.9625
418.4500	428.4500	418.9750	428.9750
418.4625	428.4625	418.9875	428.9875
418.4750	428.4750	419.0000	429.0000
418.4875	428.4875	419.0125	429.0125
418.5000	428.5000	419.0250	429.0250
418.5125	428.5125	419.0375	429.0375
418.5250	428.5250	419.0500	429.0500

419.0625	429.0625	419.4375	429.4375
419.0750	429.0750	419.4500	429.4500
419.0875	429.0875	419.4625	429.4625
419.1000	429.1000	419.4750	429.4750
419.1125	429.1125	419.4875	429.4875
419.1250	429.1250	419.5000	429.5000
419.1375	429.1375	419.5125	429.5125
419.1500	429.1500	419.5250	429.5250
419.1625	429.1625	419.5375	429.5375
419.1750	429.1750	419.5500	429.5500
419.1875	429.1875	419.5625	429.5625
419.2000	429.2000	419.5750	429.5750
419.2125	429.2125	419.5875	429.5875
419.2250	429.2250	419.6000	429.6000
419.2375	429.2375	419.6125	429.6125
419.2500	429.2500	419.6250	429.6250
419.2625	429.2625	419.6375	429.6375
419.2750	429.2750	419.6500	429.6500
419.2875	429.2875	419.6625	429.6625
419.3000	429.3000	419.6750	429.6750
419.3125	429.3125	419.6875	429.6875
419.3250	429.3250	419.7000	429.7000
419.3375	429.3375	419.7125	429.7125
419.3500	429.3500	419.7250	429.7250
419.3625	429.3625	419.7375	429.7375
419.3750	429.3750	419.7500	429.7500
419.3875	429.3875	419.7625	429.7625
419.4000	429.4000	419.7750	429.7750
419.4125	429.4125	419.7875	429.7875
419.4250	429.4250	419.8000	429.8000

Bündelfunk-Netztyp A reserviert

419.8125	429.8125	419.9125	429.9125
419.8250	429.8250	419.9250	429.9250
419.8375	429.8375	419.9375	429.9375
419.8500	429.8500	419.9500	429.9500
419.8625	429.8625	419.9625	429.9625
419.8750	429.8750	419.9750	429.9750
419.8875	429.8875	419.9875	429.9875
419.9000	429.9000	420.0000	430.0000

Digitaler Bündelfunk
TETRA / TETRAPOL

Kaum hat der noch mit analoger Technik arbeitende Bündelfunk so richtig Fuß gefaßt, befindet sich schon ein neues und jetzt digitales Mobilfunksystem für Bündelfunknetze in der Vorbereitung. Mehr Flexibilität und Komfort, bessere Frequenzausnutzung, Übertragungsqualität und Abhörsicherheit verspricht der neue Standard Trans European Trunked Radio (TETRA). Damit angesprochen werden sollen die Behörden und Organisationen mit Sicherheitsaufgaben (BOS) ebenso wie Betreiber öffentlicher Bündelfunknetze, Verkehrs- und Transportbetriebe sowie Energieversorger und ähnliche Betriebsfunkanwender.

TETRA soll für BOS-Anwendungen im Frequenzbereich von 380 bis 400 MHz arbeiten, für andere Anwender ist der Frequenzbereich zwischen 870 und 890 MHz ins Auge gefaßt. Für die Sicherheitsdienste sollte die TETRA-Variante TETRAPOL (POL für Police/Polizei) heißen. Mittlerweile gehen die Bezeichnungen ineinander über. Das digitale Bündelfunksystem TETRA wird bereits in Frankreich weitverbreitet eingesetzt. Pilotprojekte in Deutschland laufen zum Beispiel am Frankfurter Flughafen und sind bei den BOS-Diensten in Berlin und Aachen in Vorbereitung.

Auf dem Frankfurter Flughafen arbeiten die deutschen Sicherheitsdienste bereits mit dem neuen TETRAPOL-System. (Foto: Werner Krüger/Lufthansa)

Zugfunk

Die Deutsche Bahn als bundesweites Verkehrsunternehmen setzt eine Vielzahl von Funkdiensten ein, vom Rangierfunk (im Rahmen des Betriebsfunks) über den klassischen Zugfunk und Funkfernsteuerungen, bis hin zu öffentlichen Mobilfunksystemen wie C- und D-Netz und Funkrufdiensten.

Zur bahninternen Kommunikation zwischen ortsfesten Leitstellen und mobilen Triebfahrzeugen entwickelte AEG Mobile Communication das System Zugfunk 90, das auf den bestehenden Zugfunk-Standard aufbaut. Noch heute hat das Zwei-Normen-System der internationalen Eisenbahn-Organisation (UIC) Gültigkeit und stellt internationalen Einsatz sicher. Es ermöglicht Funkverbindungen über Duplexkanäle im Frequenzbereich von 450 MHz. Dabei sind nicht nur Sprechverbindungen zwischen Zügen und der überregionalen Zugüberwachung möglich, sondern auch zwischen Zügen und drahtgebundenen Anschlüssen im Bahn-Telefonnetz. Auf den Bahnstrecken findet man in der Regel alle 5 bis 7 Kilometer eine ortsfeste Streckenfunkstelle. Die Signalisierung erfolgt wahlweise über Selektivruf oder mit Hilfe von Datentelegrammen. Bei Bedarf sind zusätzliche Simplex-Funkkanäle schaltbar, die eine direkte Kommunikation im Nahbereich, zum Beispiel für den Rangierbetrieb, erlauben.

Seit 1991 wird auf Neu- und Ausbaustrecken parallel zum Zugbahnfunk (ZBF) ein integriertes Betriebs- und Instandhaltungsfunksystem (BiFu) eingesetzt, um Reparatur- und Bautrupps an der Strecke zu unterstützen. Für diese Betriebsfunkanwendungen stehen in der Regel nur drei Duplexfunkkanäle pro Region zur Verfügung.

Frequenzbereich

Der seit Anfang der 70er-Jahre in Betrieb befindliche Zugbahnfunk nutzt einen Teilbereich des 70-cm-Bandes, weil in diesem Frequenzbereich die Störun-

---

SCANNER-INFO:

Frequenzbereiche:	457,4 – 458,3 MHz
	467,4 – 468,3 MHz
Kanalraster:	25 kHz
Modulationsart:	FM-schmal
Abhörsicherheit:	nicht vorgesehen

Ein ICE am Bahnhof Vaihingen, etwa in der Mitte der DIBMOF-Teststrecke. Hier werden Erfahrungen mit dem zukünftigen digitalen Bahnfunk GSM-R gesammelt. (Foto: AEG Mobile Communication)

gen durch den elektrischen Fahrbetrieb deutlich geringer sind als bei niedrigeren Funkfrequenzen. Für den Zugfunk zugeteilt ist folgender Frequenzbereich:

457,400 – 458,300 MHz und 467,400 – 468,300 MHz

Darin enthalten sind 37 Kanäle (Duplexverkehr) mit einem Kanalabstand von 25 kHz, Betriebsart ist FM-schmal. Über die Kanaleinteilung gibt die Tabelle Auskunft.

Betriebsfunk bei der Deutschen Bahn

Für die bereits erwähnten Anwendungen, zum Beispiel bei der Arbeit auf den Rangierbahnhöfen, sind der Bahn Sprechfunkfrequenzen im 4-m- und 2-m-Sprechfunkband zugewiesen, weil es sich hier um Betriebsfunkanwendungen handelt:

68,630 – 68,910 MHz und 78,430 – 78,710 MHz
(15 Duplex-Kanäle)

70,040 – 70,900 MHz und 80,040 – 80,900 MHz
(44 Duplex-Kanäle nur für Ballungsgebiete)

166,430 – 166,890 MHz und 171,030 – 171,490 MHz
(21 Duplex-Kanäle)

Angegeben ist jeweils der erste und letzte Kanal. Der Kanalabstand beträgt 20 kHz, Betriebsart ist FM-schmal.

Digitale Zukunft des Zugbahnfunks

Auch beim Bahnfunk geht der Trend eindeutig in Richtung Digitalisierung, die viele Vorteile für den Betrieb bei der Bahn bietet. Statt verschiedene Funksysteme in verschiedenen Frequenzbereichen betreiben zu müssen, kann das zukünftige digitale Bahnfunknetz eine Integration aller Dienste und Anwendungen bieten, mehr Kommunikationskomfort, schnellere Datenübertragungen, bessere Übertragungsqualität und höheren Abhörschutz.

Das Pilotprojekt DIBMOF (Dienste-integrierender Bahn-Mobilfunk) läuft seit einigen Jahren und dient zur Perfektionierung des zukünftigen Bahnfunkstandards GSM-R (GSM-Mobilfunksystem für Rail = Bahnen). GSM-Rail ist ein internationaler Kommunikationsstandard für alle betrieblichen Kommunikationsanforderungen im Bahnverkehr; gleichzeitig soll die Signal- und Fernsteuertechnik mit einbezogen werden. Die europäischen Eisenbahnen wollen erreichen, daß dieses neue digitale Bahnfunksystem bis zum Jahr 2007 auf über 90.000 Streckenkilometern verfügbar sein wird. Frequenzbereich für dieses spezielle GSM-Netz ist: 876 – 880 und 921 – 925 MHz. Zur Zeit wird das neue GSM-R-System von AEG Mobile Communication auf der ICE-Hochgeschwindigkeitsstrecke zwischen Stuttgart und Mannheim auf einer Länge von 70 km getestet.

Blick in den Führerstand eines DB-Triebwagens: links das Bedienteil der Mobilfunkanlage ZFM 90 nach derzeitigem Zugfunk-Standard. (Foto: AEG Mobile Communication)

Zugfunk Frequenz- und Kanaltabelle

Fahrzeugsende- frequenz MHz	Fahrzeugempfangs- frequenz MHz	Kanal- Nr.
457,400	467,400	09
457,425	467,425	10
457,450	467,450	11
457,475	467,475	12
457,500	467,500	13
457,525	467,525	14
457,550	467,550	15
457,575	467,575	16
457,600	467,600	17
457,625	467,625	18
457,650	467,650	19
457,675	467,675	20
457,700	467,700	21
457,725	467,725	22
457,750	467,750	23
457,775	467,775	24
457,800	467,800	25
457,825	467,825	26
457,850	467,850	27
457,875	467,875	28
457,900	467,900	29
457,925	467,925	30
457,950	467,950	31
457,975	467,975	32
458,000	468,000	33
458,025	468,025	34
458,050	468,050	35
458,075	468,075	36
458,100	468,100	37
458,125	468,125	38
458,150	468,150	39
458,175	468,175	40
458,200	468,200	41
458,225	468,225	42
458,250	468,250	43
458,275	468,275	44
458,300	468,300	45

Für die Binnenschiffahrt der Bundesbahn sind die Kanäle 14, 15 und 16 des Zugfunks vorgesehen.

Datenfunkdienste (MODACOM, DATACOM)

Recht neu, aber schon sehr beliebt bei professionellen Anwendern ist der öffentliche Datenfunkdienst, der von der deutschen T-Mobil als Modacom angeboten wird. Hier handelt es sich um einen Funkdienst zur zweiseitigen gerichteten „paketvermittelten" Datenübertragung. Sprachtelefondienste und Bündelfunkdienste sind ausdrücklich ausgenommen. Es gibt sehr viele mögliche und nützliche Anwendungen für solche mobilen Datenübertragungen, zum Beispiel im Bereich von Logistikunternehmen und Speditionen, bei Ferndiagnosen und im Servicebereich, bei Fernanschaltungen an Computersysteme oder bei Funkfernsteuerungen in Industrieunternehmen.

Der Datenfunkdienst arbeitet im Frequenzbereich von 416 bis 417 MHz und 426 bis 427 MHz mit jeweils 29 Kanälen. Der Duplexabstand eines Funkkanals beträgt 10 MHz bei einer Kanalbandbreite von 12,5 kHz.

Kanäle Datenfunkdienst

Kanal-Nr.	Frequenzen (in MHz)	
531	416,6375	426,6375
532	416,6500	426,6500
533	416,6625	426,6625
534	416,6750	466,6750
535	416,6875	426,6875
536	416,7000	426,7000
537	416,7125	426,7125
538	416,7250	426,7250
539	416,7375	426,7375
540	416,7500	426,7500
541	416,7625	426,7625
542	416,7750	426,7750
543	416,7875	426,7875
544	416,8000	426,8000
545	416,8125	426,8125
546	416,8250	426,8250
547	416,8375	426,8375
548	416,8500	426,8500
549	416,8625	426,8625

BMW steuert den firmeneigenen Pannendienst mit der mobilen Datenkommunikation im Modacom-Netz von T-Mobil. Per Modacom werden die notwendigen Daten des liegengebliebenen Fahrzeugs in Sekundenschnelle in die BMW-Leitzentrale nach München geschickt. Dort werden sie eingehend analysiert und die Ergebnisse via Modacom in das Terminal des Servicewagens übertragen. (Foto: T-Mobil)

Kanal-Nr.	Frequenzen (in MHz)	
550	416,8750	426,8750
551	416,8875	426,8875
552	416,9000	426,9000
553	416,9125	426,9125
554	416,9250	426,9250
555	416,9375	426,9375
556	416,9500	426,9500
557	416,9625	426,9625
558	416,9750	426,9750
559	416,9875	426,9875
561	417,0125	427,0125
562	417,0250	427,0250
563	417,0375	427,0375
564	417,0500	427,0500
565	417,0625	427,0625
566	417,0750	427,0750
567	417,0875	427,0875
568	417,1000	427,1000
569	417,1125	427,1125
570	417,1250	427,1250
571	417,1375	427,1375
572	417,1500	427,1500
573	417,1625	427,1625
574	417,1750	427,1750
575	417,1875	427,1875
576	417,2000	427,2000
577	417,2125	427,2125
578	417,2250	427,2250
579	417,2375	427,2375
580	417,2500	427,2500
581	417,2625	427,2625
582	417,2750	427,2750
583	417,2875	427,2875
584	417,3000	427,3000
585	417,3125	427,3125
586	417,3250	427,3250
587	417,3375	427,3375
588	417,3500	427,3500
589	417,3625	427,3625

Fernwirk-Funkanlagen

Der aufmerksame Leser wird sich schon gedacht haben, daß zum Beispiel für Ampelschaltungen an Baustellen, Auto-Diebstahlsicherungsanlagen und andere Fernsteuerungen über kurze Strecken sicherlich ebenfalls Frequenzen im UKW-Bereich zum Einsatz kommen. Solche Anwendungen fallen unter den Begriff der Fernwirk-Funkanlagen. Fernwirk-Funkanlagen dienen allgemein der Übertragung von Steuer-, Meß-, Regel- und Datensignalen über kürzere Entfernungen vorzugsweise in einer Richtung zwischen mobilen und ortsfesten oder zwischen mobilen Funkanlagen. Man unterscheidet Funkanlagen für gewerbliche und industrielle Fernsteuer- und Fernmeßzwecke, für Alarmierungszwecke in Kraftfahrzeug-Diebstahlsicherungsanlagen, für Identifizierungszwecke und zur Modell-Fernsteuerung.

Folgende Frequenzen (in MHz) stehen für Fernwirk-Funkanlagen zur Verfügung:

13,560	170,87	433,150	456,41
	170,89	...	456,43
40,665	170,91	...	466,17
40,675	170,93	434,700	466,21
40,685	170,95	434,725	466,25
40,695	170,97	434,750	466,27
	170,99		466,33
151,09	171,01	456,17	466,41
	171,03	456,21	
170,65		456,25	
170,73	433,100	456,29	
170,77	433,125	456,33	
170,85			

Rundfunk und Fernsehen
(Fernseh-Ton)

Weitestgehend bekannt ist der Frequenzbereich des Hör-Rundfunks auf UKW, der sich von 87,5 bis 108 MHz erstreckt. Eine detaillierte Auflistung aller deutschen und benachbarter ausländischer Rundfunksender mit kompletter Frequenzliste für diesen Bereich finden Sie im Buch „**Rundfunk auf UKW**", das ebenfalls im Siebel Verlag erschienen ist (siehe Leserservice am Ende dieses Buches).

Große Teile des in diesem Buch behandelten Frequenzspektrums sind mit Fernsehsendern belegt:

VHF-Bereich I	47 – 68 MHz
VHF-Bereich III	174 – 223 MHz
UHF-Bereich IV/V	470 – 790 MHz

Interessant ist in diesem Zusammenhang gegebenenfalls der Empfang der Tonfrequenzen, die wie folgt zu finden sind (Frequenzen in MHz):

Kanal 2 / Ton 1	53,750		Kanal 11 / Ton 2	222,992
Kanal 2 / Ton 2	53,992		Kanal 12 / Ton 1	229,750
Kanal 3 / Ton 1	60,750		Kanal 12 / Ton 2	229,992
Kanal 3 / Ton 2	60,992		Kanal 21 / Ton 1	476,750
Kanal 4 / Ton 1	67,750		Kanal 21 / Ton 2	476,992
Kanal 4 / Ton 2	67,992		Kanal 22 / Ton 1	484,750
			Kanal 22 / Ton 2	484,992
Kanal 5 / Ton 1	175,250		Kanal 23 / Ton 1	492,750
Kanal 5 / Ton 1	180,750		Kanal 23 / Ton 2	492,992
Kanal 5 / Ton 2	180,992		Kanal 24 / Ton 1	500,750
Kanal 6 / Ton 1	187,750		Kanal 24 / Ton 2	500,992
Kanal 6 / Ton 2	187,992		Kanal 25 / Ton 1	508,750
Kanal 7 / Ton 1	194,750		Kanal 25 / Ton 2	508,992
Kanal 7 / Ton 2	194,992		Kanal 26 / Ton 1	516,750
Kanal 8 / Ton 1	201,750		Kanal 26 / Ton 2	516,992
Kanal 8 / Ton 2	201,992		Kanal 27 / Ton 1	524,750
Kanal 9 / Ton 1	208,750		Kanal 27 / Ton 2	524,992
Kanal 9 / Ton 2	208,992		Kanal 28 / Ton 1	532,750
Kanal 10 / Ton 1	215,750		Kanal 28 / Ton 2	532,992
Kanal 10 / Ton 2	215,992		Kanal 29 / Ton 1	540,750
Kanal 11 / Ton 1	222,750		Kanal 29 / Ton 2	540,992

Kanal 30 / Ton 1	548,750	Kanal 46 / Ton 1	676,750
Kanal 30 / Ton 2	548,992	Kanal 46 / Ton 2	676,992
Kanal 31 / Ton 1	556,750	Kanal 47 / Ton 1	684,750
Kanal 31 / Ton 2	556,992	Kanal 47 / Ton 2	684,992
Kanal 32 / Ton 1	564,750	Kanal 48 / Ton 1	692,750
Kanal 32 / Ton 2	564,992	Kanal 48 / Ton 2	692,992
Kanal 33 / Ton 1	572,750	Kanal 49 / Ton 1	700,750
Kanal 33 / Ton 2	572,992	Kanal 49 / Ton 2	700,992
Kanal 34 / Ton 1	580,750	Kanal 50 / Ton 1	708,750
Kanal 34 / Ton 2	580,992	Kanal 50 / Ton 2	708,992
Kanal 35 / Ton 1	588,750	Kanal 51 / Ton 1	716,750
Kanal 35 / Ton 2	588,992	Kanal 51 / Ton 2	716,992
Kanal 37 / Ton 1	604,750	Kanal 52 / Ton 1	724,750
Kanal 37 / Ton 2	604,992	Kanal 52 / Ton 2	724,992
Kanal 38 / Ton 1	612,750	Kanal 53 / Ton 1	732,750
Kanal 38 / Ton 2	612,992	Kanal 53 / Ton 2	732,992
Kanal 39 / Ton 1	620,750	Kanal 54 / Ton 1	740,750
Kanal 39 / Ton 2	620,992	Kanal 54 / Ton 2	740,992
Kanal 40 / Ton 1	628,750	Kanal 55 / Ton 1	748,750
Kanal 40 / Ton 2	628,992	Kanal 55 / Ton 2	748,992
Kanal 41 / Ton 1	636,750	Kanal 56 / Ton 1	756,750
Kanal 41 / Ton 2	636,992	Kanal 56 / Ton 2	756,992
Kanal 42 / Ton 1	644,750	Kanal 57 / Ton 1	764,750
Kanal 42 / Ton 2	644,992	Kanal 57 / Ton 2	764,992
Kanal 43 / Ton 1	652,750	Kanal 58 / Ton 1	772,750
Kanal 43 / Ton 2	652,992	Kanal 58 / Ton 2	772,992
Kanal 44 / Ton 1	660,750	Kanal 59 / Ton 1	780,750
Kanal 44 / Ton 2	660,992	Kanal 59 / Ton 2	780,992
Kanal 45 / Ton 1	668,750	Kanal 60 / Ton 1	788,750
Kanal 45 / Ton 2	668,992	Kanal 60 / Ton 2	788,992

Fernseh-Funkanlagen

Unter Fernseh-Funk verstehen wir hier natürlich nicht den öffentlich zugänglichen Fernseh-Rundfunk, sondern die Möglichkeiten der Video-Übertragung im Rahmen des nichtöffentlichen mobilen Landfunks (nömL). Solche Fernseh-Funkanlagen dienen der einseitigen Übertragung von Fernseh-Bildsignalen zwischen mobilen und ortsfesten Funkanlagen oder zwischen mobilen Funkanlagen untereinander. Zusätzlich können hier auch Ton- und Datensignale übertragen werden.

Bedarfsträger sind Gewerbe- und Industriebetriebe, wissenschaftliche Institute und ähnliche Einrichtungen. Außerdem haben natürlich öffentlich-rechtliche Rundfunkanstalten und private Rundfunk-Programmanbieter und Produzenten Bedarf an solchen Funkanlagen im Rahmen der Fernsehproduktion und besonders zum Beispiel bei Live-Übertragungen etwa von Sportveranstaltungen oder Großereignissen.

Im Bereich der Sicherheitsdienste werden ebenfalls mobile Fernseh-Funkanlagen eingesetzt, zum Beispiel bei der Überwachung von Demonstrationen oder bei Großeinsätzen.

Für den Fernseh-Funk des nömL stehen im 2,3 GHz-Bereich folgende Frequenzen zur Verfügung:

2337,0 MHz

2339,0 MHz

2344,0 MHz

2346,0 MHz

Für rein private Anwendungen (Hobbyzwecke) kommen nur allgemein genehmigte nömL-Fernsehfunkanlagen im Frequenzbereich von 2400 – 2480 MHz in Betracht. Hier gibt es im Elektronik-Fachhandel kleine Anlagen für die drahtlose Video-Übertragung für zu Hause.

Seefunkdienst

Der bewegliche Seefunkdienst ist der Funkdienst zwischen ortfesten Küsten-funkstellen (an Land) und beweglichen Seefunkstellen (Schiffen) oder zwischen beweglichen Seefunkstellen untereinander. Der Seefunkdienst wurde ursprünglich geschaffen, um die Sicherheit des menschlichen Lebens auf See zu erhöhen. Heute dient der Seefunkdienst vielen Zwecken, wobei die Schiffs-verkehrslenkung im Vordergrund steht. Private und geschäftliche Nachrichten werden über öffentliche Dienste abgewickelt, zunehmend über Satellit, über ausländische Küstenfunkstellen mit öffentlichem Verkehr oder über Norddeich Radio im UKW-Nahbereich.

Schiffsverkehrslenkung

Zur Regelung des Schiffsverkehrs, insbesondere in dichtbefahrenen Schiff-fahrtswegen, in Küstennähe (Revieren) und in Häfen oder Hafenzufahrten oder Schleusen dient der Revier- und Hafenfunkdienst. Er wird zwischen den Funkstellen an Land und den Schiffen oder zwischen Schiffen untereinander betrieben und dient ausschließlich der Übermittlung von Nachrichten, die das Führen, die Fahrt oder die Sicherheit von Schiffen betreffen. Öffentlicher Telefonverkehr ist nicht zugelassen.

Die deutsche Nord- und Ostseeküste ist in verschiedene Reviere eingeteilt, für die jeweils eine Revierfunkstelle für den Schiffsverkehrsfunkdienst (VTS – Vessel Traffic Service) zuständig ist (s. Karte Seite 157). Diese Funkstelle hat den Rufnamen „(Ortsbezeichnung) TRAFFIC". Weitere Dienste dienen zur Unterstützung, zum Beispiel der Schiffslenkungsfunkdienst per Radar und Funkstellen an Schleusen oder in Häfen.

Seefunk-Wellenbereiche

Der Seefunk spielt sich traditionell auf verschiedenen Wellenbereichen ab. Früher dominierte für den Nahbereich die Mittelwelle und die Grenzwelle (1605 bis 3800 kHz), mit denen auch die vorgeschriebene Mindestreichweite der Funkanlage von 150 Seemeilen eingehalten werden konnte. Für Weitver-bindungen bis hin zu interkontinentalen Funkkontakten wurde die Kurzwelle eingesetzt (Frequenzbereiche bei 4, 6, 8, 12, 16, 22 und 25 MHz). Diese klassischen Seefunkbereiche verlieren immer mehr an Bedeutung, weil zu-nehmend komfortablere und sicherere Satellitenverbindungen benutzt wer-den (INMARSAT-System). Das neue Seenot- und Sicherheitsfunksystem GMDSS (General Maritime Distress and Safety System) baut im Prinzip auf UKW- und Satelliten-Kommunikationswege auf, möglich sind daneben noch Verbindungen über Grenzwelle und Kurzwelle.

Leicht zu bedienende Sprechfunkanlagen sind für den Schiffsverkehr auf unseren dichtbefahrenen Wasserstraßen unverzichtbar. (Foto: Göteborg Radio/SAG)

Für den Küstenbereich hat die Kommunikation über UKW Vorrang. Die durchschnittliche Reichweite beträgt auf See etwa 25 bis 30 Seemeilen (etwa 50 km). Der UKW-Bereich eignet sich daher hervorragend für den Nahbereichssprechfunk, speziell für die Schiffsverkehrsregelung in den sogenannten Revieren, in Kanälen und Hafenbereichen.

Dem Seefunk wurde ein Teilbereich im 2-m-UKW-Sprechfunkband zugewiesen. Dieser Bereich ist in 55 Kanäle mit jeweils 25 kHz Kanalabstand unterteilt. Gearbeitet wird in Frequenzmodulation (FM). Die Kanaleinteilung und Frequenzzuweisung für den Seefunk auf UKW entnehmen Sie bitte der Tabelle auf Seite 155.

Betriebsarten

Auf bestimmten Kanälen wird Simplex-Sprechfunk (Wechselsprechen) betrieben, d.h. beide Funkstellen senden und empfangen auf derselben Frequenz abwechselnd, während bei anderen Sprechwegen mit Duplex-Sprechfunk (Gegensprechen) jeweils auf zwei Frequenzen gearbeitet wird.

SCANNER-INFO:

Frequenzbereich:	55 Kanäle im 2-m-Band (s. Tabelle)
Kanalraster:	25 kHz
Modulationsart:	FM-schmal
Abhörsicherheit:	nicht vorgesehen

Rufzeichen

Die Rufzeichen im Seefunkdienst werden aus der internationalen Rufzeichenreihe gebildet. Ein Rufzeichen für eine Küstenfunkstelle setzt sich zusammen aus zwei Zeichen und einem Buchstaben, eventuell schließen sich maximal drei Ziffern an. Seefunkstellen haben ein Rufzeichen aus zwei Zeichen und zwei Buchstaben, gefolgt von maximal einer Ziffer. Reine Sprech-Seefunkstellen haben ein Rufzeichen aus zwei oder drei Zeichen/Buchstaben, gefolgt von vier Ziffern.

Im Sprech-Seefunk nennen die Seefunkstellen ihren amtlichen Namen und/oder ihr Rufzeichen, z.B. „Seemöwe" oder „Seemöwe Delta Alfa Kilo Tango" (Schiffsname: Seemöve, Rufzeichen: DAKT). Bei Rufzeichen mit angeschlossenen Ziffern kann es beispielsweise heißen: „Pauline Delta Alfa zwo null drei" (Schiffsname: Pauline, Rufzeichen DA 2033).

Im Sprech-Seefunk kennzeichnen sich die Küstenfunkstellen in der Regel mit dem geografischen Ortsnamen, dem das Wort „Radio" folgt, z.B. „Norddeich Radio". Im Revier- und Hafenfunkdienst folgt dem Ortsnamen eine der folgenden Bezeichnungen:

... Traffic: Schiffsverkehrslenkung auf Schiffahrtswegen (Revieren)

... Radar: Schiffslenkung per Radar

... Pilot: Anforderung und Einsatz von Lotsen

... Canal: Verkehrslenkung im Bereich von Kanälen

... Lock: Verkehrslenkung an Schleusen

... Bridge: Verkehrslenkung an Brücken

... Port: Hafenbetrieb (ohne Verkehrslenkung)

... Naval: Marinefunkstelle

Öffentlicher Seefunkverkehr der Deutschen Telekom

Früher war die Funkverbindung über Norddeich Radio und deren untergeordnete Funkstellen die einzige Verbindung zwischen Schiff und Land. In Anbetracht der weltumspannenden Satellitenkommunikation und des Mobilfunks hat sich die Situation gewandelt. Die ehemals so große Küstenfunkstelle Norddeich Radio kümmert sich heute nur noch um den verbliebenen Rest des öffentlichen Funkverkehrs (Telefonverbindungen zwischen Schiffen und dem öffentlichen Telefonnetz). Zur Versorgung der Küstengewässer betreibt die Telekom dazu ein Netz von UKW-Küstenfunkstellen, die von Norddeich Radio als Betriebszentrale fernbedient werden. Diese Küstenfunkstellen sind auf Kanal 16, auf Kanal 70 (DSC) und auf den Arbeitskanälen ununterbrochen empfangsbereit. Die Karte auf Seite 163 zeigt in etwa die Versorgungsgebiete dieser Küstenfunkstellen.

Außer dem öffentlichen Seefunkverkehr bietet Norddeich Radio einige weitere Dienstleistungen an, dazu gehören Wetterberichte, nautische Warnnachrichten, ärztliche Ratschläge und Seefunktelegramme.

Wetterberichte für den Bereich Nordsee werden um 0800 und 1900 Uhr Ortszeit auf den Hauptarbeitskanälen ausgestrahlt: Norddeich-Radio (28), Elbe-Weser-Radio (24), Helgoland Radio (27), Eiderstedt Radio (25), Nordfriesland Radio (26).

Wetterberichte für den Bereich Ostsee werden um 0730 und 1830 Uhr Ortszeit auf den Hauptarbeitskanälen ausgestrahlt: Flensburg Radio (25), Kiel Radio (26), Lübeck Radio (27), Rostock Radio (25), Fischland Radio (23), Arkona Radio (01), Rügen Radio (05).

Sammelanrufe für vorliegende Gesprächswünsche oder Telegramme werden für den Bereich Nordsee jeweils zur 45. Minute jeder Stunde und für den Bereich Ostsee jeweils zur 15. Minute jeder Stunde auf den Hauptarbeitskanälen (wie zuvor) ausgestrahlt.

Seenot-Rettungsdienst der DGzRS

Die Aufgaben des Seenot-Rettungsdienstes nimmt in Deutschland die Deutsche Gesellschaft zur Rettung Schiffbrüchiger (DGzRS) mit Sitz in Bremen wahr. Die Seenotleitung (MRCC – Maritime Rescue Coordination Centre) verfügt über ein Funknetz mit abgesetzten Funkstellen zur Versorgung des gesamten Einsatzgebietes im Bereich der Nord- und Ostsee. Dieses SARCOM-Netz (Search and Rescue Communication) arbeitet auf der SARCOM-Frequenz 160,600/156,000 MHz. Notrufe werden auf Kanal 16 entgegengenommen, der rund um die Uhr abgehört wird. Digitale Selektivrufe werden auf dem DSC-Kanal 70 empfangen. Weitere mögliche Frequenzen sind die Notfrequenzen im Flugfunkbereich und auf Grenzwelle/Kurzwelle. Neuerdings ist die DGzRS auch BOS-berechtigt und darf so direkten Funkkontakt zum Beispiel mit Rettungswagen an Land aufnehmen.

„SAILOR" Compact UKW DSC Empfänger-Modem RM 2042: ein Kanal-70-Wachempfänger mit digitalem Selektivruf für den Not- und Sicherheitsverkehr. (Foto: ELNA)

Kanaltabelle UKW-Seefunk

Kanal-Nr.	Sendefrequenzen in MHz Seefunkstelle	Küstenfunkstelle
1	156,050	160,650
2	156,100	160,700
3	156,150	160,750
4	156,200	160,800
5	156,250	160,850
6	156,300	
7	156,350	160,950
8	156,400	
9	156,450	156,450
10	156,500	156,500
11	156,550	156,550
12	156,600	156,600
13	156,650	156,650
14	156,700	156,700
15	156,750	156,750
16	156,800	156,800
17	156,850	156,850
18	156,900	161,500
19	156,950	161,550
20	157,000	161,600
21	157,050	156,050 / 161,650
22	157,100	161,700
23	157,150	156,150 / 161,750
24	157,200	161,800
25	157,250	161,850
26	157,300	161,900
27	157,350	161,950
28	157,400	162,000

| Kanal- | Sendefrequenzen in MHz | |
Nr.	Seefunkstelle	Küstenfunkstelle
60	156,025	160,625
61	156,075	160,675
62	156,125	160,725
63	156,175	160,775
64	156,225	160,825
65	156,275	160,875
66	156,325	160,925
67	156,375	156,375
68	156,425	156,425
69	156,475	156,475
70	156,525	
71	156,575	156,575
72	156,625	
73	156,675	156,675
74	156,725	156,725
75	Sperrbereich	
76	Sperrbereich	
77	156,875	
78	156,925	161,525
79	156,975	161,575
80	157,025	161,625
81	157,075	161,675
82	157,125	161,725
83	157,175	156,175 / 161,775
84	157,225	161,825
85	157,275	161,875
86	157,325	161,925
87	157,375	161,975
88	157,425	162,025

Nimm' mich mit, Kapitän, auf die Reise

Auf einem Seenotkreuzer kann es allerdings sehr schnell ungemütlich werden. Im orkanartigen Sturm oder pottendicken Nebel. Die Seenotretter sind Tag und Nacht, bei jedem Wetter im Einsatz. Und dann ist es sicher angenehmer, nur in Gedanken mitzufahren, durch Ihre Spende, ohne die der Einsatz der Rettungsmänner nicht möglich wäre.

DGzRS

Deutsche Gesellschaft zur Rettung Schiffbrüchiger

Postfach 10 63 40, 28063 Bremen
Postbank NI. Hamburg (BLZ 200 100 20) 70 46-200

Besondere Kanalzuweisungen im UKW-Seefunk

Kanal-Nr.	Hinweise
16	Anruffrequenzen und Not- und Sicherheitsfrequenz
28	Anruffrequenz, wenn Kanal 16 belegt ist
06	Internationale Schiff-Schiff-Frequenz, bei koordinierten Such- und Rettungsfällen vorzugsweise für Verbindungen mit Luftfahrzeugen, z.b. SAR-Hubschrauber, in der Eisperiode vorzugsweise für Verbindungen mit Eisbrechern und Hubschraubern
08	Schiff-Schiff-Frequenz für Fracht- und Fahrgastschiffe
09	Schiff-Schiff-Frequenz für Boote der Wasserschutzpolizei und Lotsendienste
13	Schiff-Schiff-Frequenz für Behördenfahrzeuge
70	Digitaler Selektivruf (DSC) im GMDSS
10/77	Schiff-Schiff-Frequenz für Fischereifahrzeuge
67/73	Schiff-Schiff-Frequenz für Bagger im Einsatz und den mit ihnen arbeitenden Schleppern und Schuten
72/69	Schiff-Schiff-Frequenz für Sportboote und Yachten
09/70/72	Luftfunkstellen bei maritimen Unterstützungseinsätzen (Ausnahme)
10/67/73	Luftfunkstellen bei Such- und Rettungseinsätzen

Verzeichnis deutscher Küstenfunkstellen mit Angabe der Ruf- und Arbeitskanäle im UKW-Bereich

A) Revier- und Hafenfunkdienst

Küstenfunkstelle	UKW-Kanäle
(Anrufe jeweils auch auf Kanal 16)	
Nordsee / Deutsche Bucht	
German Bight Traffic	79, 80
German Bight Pilot	16
Ems	
Ems Traffic	18, 20, 21, 15
Ems Pilot	09
Borkum Radar	18
Knock Radar	20
Wybelsum Radar	21
Emden Locks	13
Leer Lock	13
Leer Bridge	15
Weener Bridge	15
Papenburg Lock	13
Jade	
Jade Traffic	63, 20
Jade/Weser Pilot	06
Jade Radar I	63
Jade Radar II	20
Wilhelmshaven Port	11
Wilhelmshaven Naval Base	11
Wilhelmshaven Lock	13
Wilhelmshaven Bridges	11
Weser (1)	
Bremerhaven Weser Traffic	22, 02, 04, 07, 05, 82, 21, 19
Jade/Weser Pilot	06
Bremerhaven Pilot	06
Alte Weser Radar	22
Hohe Weg Radar I + II	02

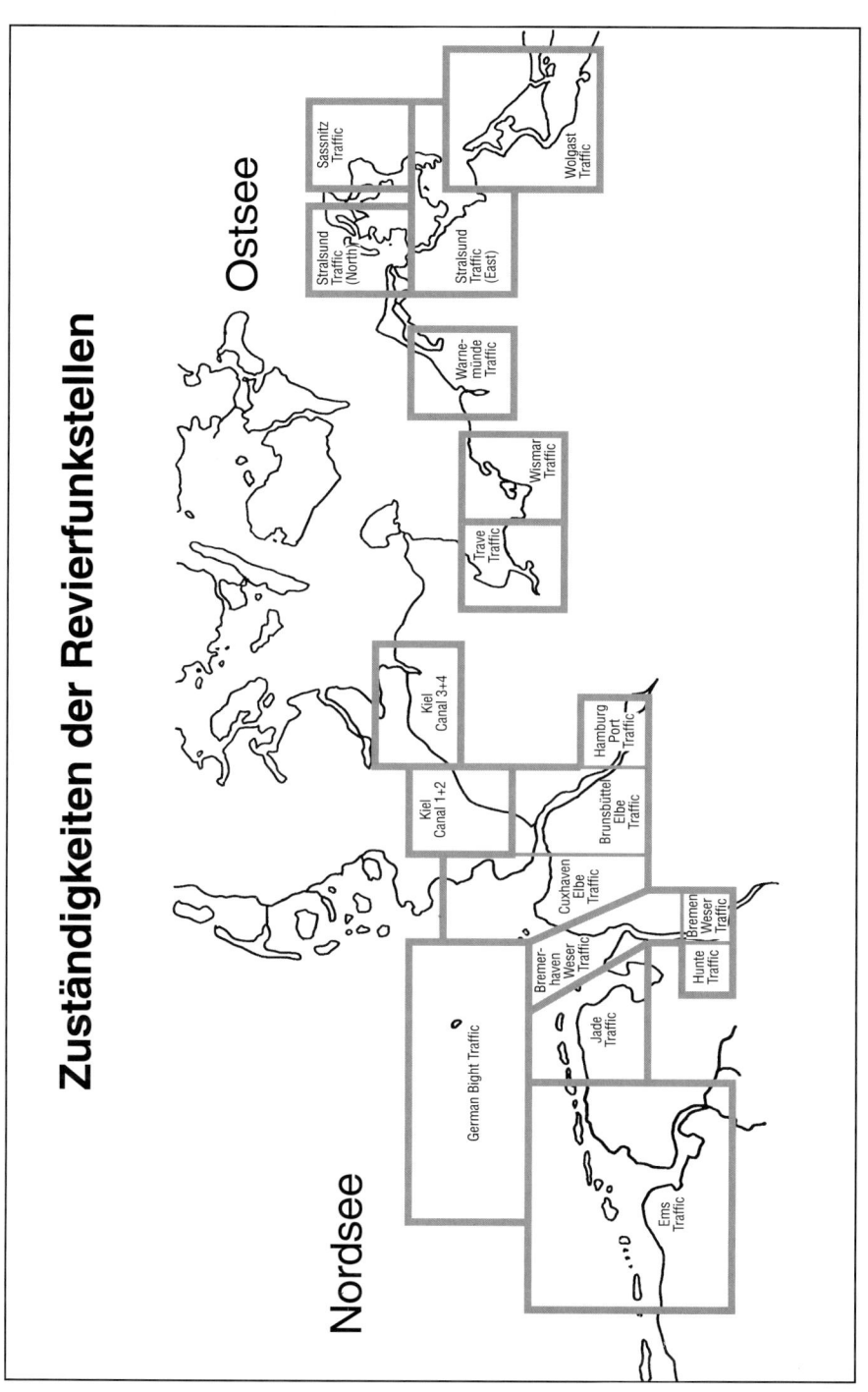

Zuständigkeiten der Revierfunkstellen

Nordsee

Ostsee

German Bight Traffic

Ems Traffic

Jade Traffic

Bremer-
haven
Weser
Traffic

Hunte
Traffic

Bremen
Weser
Traffic

Cuxhaven
Elbe
Traffic

Brunsbüttel
Elbe
Traffic

Hamburg
Port
Traffic

Kiel
Canal 1+2

Kiel
Canal 3+4

Trave
Traffic

Wismar
Traffic

Warne-
münde
Traffic

Stralsund
Traffic
(North)

Stralsund
Traffic
(East)

Sassnitz
Traffic

Wolgast
Traffic

157

Robbenplatte Radar I + II	04
Blexen Radar	07
Luneplatte Radar I	05
Luneplatte Radar II	82
Dedesdorf Radar	82
Sandstedt Radar	21
Harriersand Radar	21
Bremerhaven Port	12
Bremerhaven Locks	12
Brake Lock	10

Weser (2)

Bremen Weser Traffic	19, 78, 81
Harriersand Radar II	19
Elsflether Sand Radar	19
Rönnebeck Radar	78
Ritzenbütteler Sand Radar	78
Schönebecker Sand Radar	78
Ochtumer Sand Radar	81
Seehausen Radar	81
Lankenau Radar	81
Bremen Port	03
Oslebshausen Lock	12

Weser (3)

Hunte Traffic	63
Hunte Lock	73
Elsfleth Bridge	73
Hunte Bridge	73
Oldenburg Bridge	73

VTS Elbe (1)

Cuxhaven Elbe Traffic	71
Elbe Pilot	08
Elbe Approach East Radar	19
Scharnhörn Radar	18
Neuwerk Radar	05
Cuxhaven Radar	21
Belum Radar	03
Cuxhaven Elbe Port	12
Cuxhaven Port	69
Cuxhaven Lock	69
Oste Bridge	69

VTS Elbe (2)

Brunsbüttel Elbe Traffic	68
Brunsbüttel Elbe Pilot	09
Brunsbüttel Radar I	04
Brunsbüttel Radar II	67
St. Margarethen Radar	18
Freiburg Radar	22
Rhinplatte Radar	05
Pagensand Radar	66
Hetlingen Radar	21
Wedel Radar	60
Brunsbüttel Elbe Port	12
Stadersand Elbe Port	12
Stör Lock	09
Glückstadt Lock	11
Krückau Lock	09
Pinnau Lock	09

VTS Elbe (3)

Hamburg Port Traffic	14
Hamburg Elbe Pilot	67
Hamburg Harbour Pilot	09
Hamburg Radar	19,03, 63, 05, 07, 80
Hamburg Port Control	06
Hamburg Elbe Port	12
Este Lock	10
Kattwyk Bridge	13
Rethe Bridge	13
Harburg Lock	13

Nord-Ostsee-Kanal

VTS Kiel Canal West
(westlicher Nord-Ostsee-Kanal)

Kiel Canal 1	13
Kiel Canal 2	02
Kiel Canal Pilot	09
Ostermoor Port	73

VTS Kiel Canal East
(östlicher Nord-Ostsee-Kanal und Kieler Förde)

Kiel Canal 3	03
Kiel Canal 4	12

Breiholz Pilot	73
Holtenau Pilot	12
Kiel Pilot	14
Kiel Port	11
Kiel Naval Port	11

Ostsee:

VTS Travemünde/Lübeck
Trave Traffic	13
Trave Pilot	20
Travemünde Port	19
Trave Bridge	13
Lübeck Bridges	18

VTS Wismar
Wismar Traffic	14
Timmendorf Pilot	12
Wismar Port	11

VTS Warnemünde/Rostock
Warnemünde Traffic	73
Warnemünde Pilot	12
Rostock Port	11
Marienehe Port	13

VTS Stralsund
Stralsund Traffic	14/67
Stralsund Pilot	12
Stralsund Port	11

VTS Sassnitz/Mukran
Sassnitz Traffic	13
Sassnitz Port	15
Mukran Port	11

VTS Wolgast
Wolgast Traffic	14
Stralsund Pilot	12
Peenemünde Naval Port	11, 14
Ueckermünde Port	11

Für alle Freunde des Seefunkempfangs, die ein aktuelles und umfassendes Nachschlagewerk über den Seefunkdienst brauchen, und für diejenigen, die den Seefunkdienst erstmals kennenlernen wollen, gibt es jetzt wieder das bewährte Buch „Seefunk" in 3., völlig neubearbeiteter Ausgabe!

Brannolte / Siebel:

Seefunk

Küstenfunkstellen in aller Welt – Frequenzliste und Rufzeichenliste – See-Wetterfunksendungen

Dieses Handbuch für Freizeitkapitäne und Hobby-Funkhörer enthält vielfältige Informationen über den weltweiten Seefunkdienst. Zur Einführung

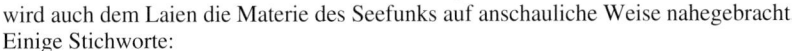

wird auch dem Laien die Materie des Seefunks auf anschauliche Weise nahegebracht. Einige Stichworte:

Aufgaben des Seefunkdienstes – Funkverfahren – Frequenzbereiche und ihre Einsatzmöglichkeiten – Funkstellen und Rufzeichen – Verkehrsabwicklung – Empfang von Seefunksendungen ...

Der Hauptteil enthält nach Ländern bzw. Seegebieten geordnet alle wichtigen Frequenzinformationen über die Küstenfunkstellen in aller Welt. Sämtliche Kurzwellenfrequenzen werden aufgeführt und zusätzlich für bestimmte Gebiete auch die Mittelwellen- und Grenzwellenfrequenzen. Jeweils mit allen Betriebsarten (Sprechfunk, Telegrafie, Fernschreiben).

Wichtiger Bestandteil sind die zahlreichen Hinweise auf Wetterberichte und Wettervorhersagen (mit Sendeplänen), die von vielen Küstenfunkstellen rund um die Welt ausgestrahlt werden. Eine ganze Reihe von Karten verschaffen dazu einen schnellen geografischen Überblick. Die umfangreiche Frequenzliste hilft bei der raschen Orientierung innerhalb der Seefunkbereiche.

Ein besonderes Kapitel befaßt sich mit der deutschen Küstenfunkstelle Norddeich Radio und informiert ausführlich über deren Aufgaben und Funktätigkeit.

Verschiedene Tabellen und Abkürzungsverzeichnisse, die komplette Rufzeichenliste der Küstenfunkstellen in aller Welt, sowie ein Kapitel über Amateurfunk auf Yachten und Informationen über Seefunkgeräte und nützliche technische Einrichtungen runden das Buch ab.

384 Seiten, 21 Karten, zahlreiche Abbildungen. 3., völlig neubearbeitete Auflage 1996. Preis: DM 29,80

> „... eine weitere Pionierleistung des Siebel Verlages, denn in dieser Form und zu diesem Preis war bislang kein derartiges Handbuch erhältlich." (urteilte die „RadioWelt")

Verzeichnis deutscher Küstenfunkstellen mit Angabe der Ruf- und Arbeitskanäle im UKW-Bereich

B) Öffentlicher Verkehr

Küstenfunkstelle	UKW-Kanäle
(Anrufe jeweils auch auf Kanal 16)	
Norddeich Radio	28, 61, 86
Elbe-Weser Radio	01, 24, 26
Elbe-Weser Radio für Nord-Ostsee-Kanal	23, 28, 62
Helgoland Radio	03, 27, 88
Bremen Radio	25, 28
Nordfriesland Radio	05, 26
Eiderstedt Radio	25, 64
Hamburg Radio	25, 27, 82, 83
Kiel Radio	23, 26, 87
Kiel Radio für Nord-Ostsee-Kanal	24, 78
Flensburg Radio	25, 27, 64
Lübeck Radio	24, 27, 82, 83
Rügen Radio	05, 66
Rostock Radio	21, 26, 80
Fischland Radio	23, 87
Arkona Radio	01, 62

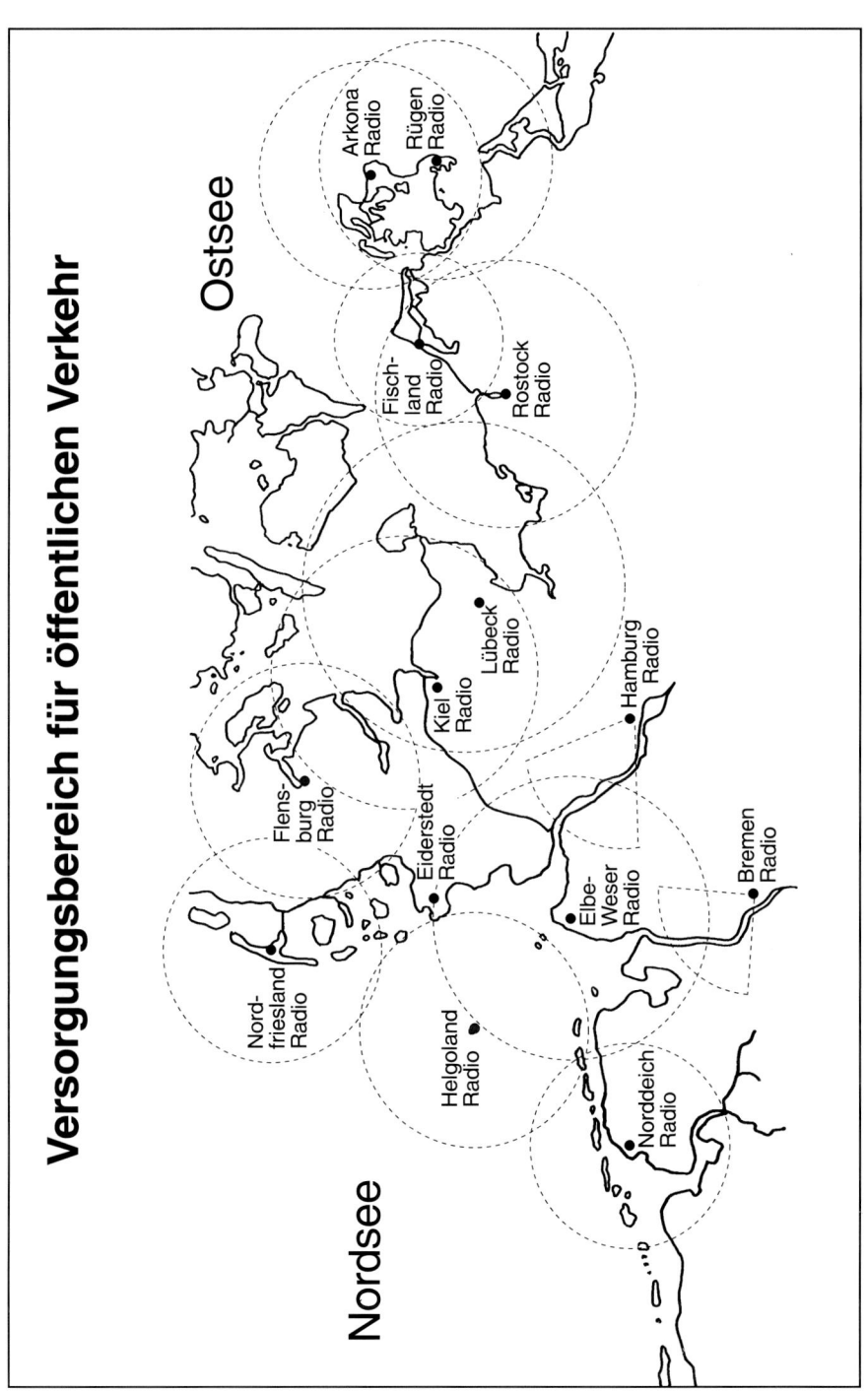

Versorgungsbereich für öffentlichen Verkehr

Ostsee

Arkona Radio

Rügen Radio

Fischland Radio

Rostock Radio

Lübeck Radio

Hamburg Radio

Kiel Radio

Flensburg Radio

Eiderstedt Radio

Bremen Radio

Nordfriesland Radio

Elbe-Weser Radio

Helgoland Radio

Norddeich Radio

Nordsee

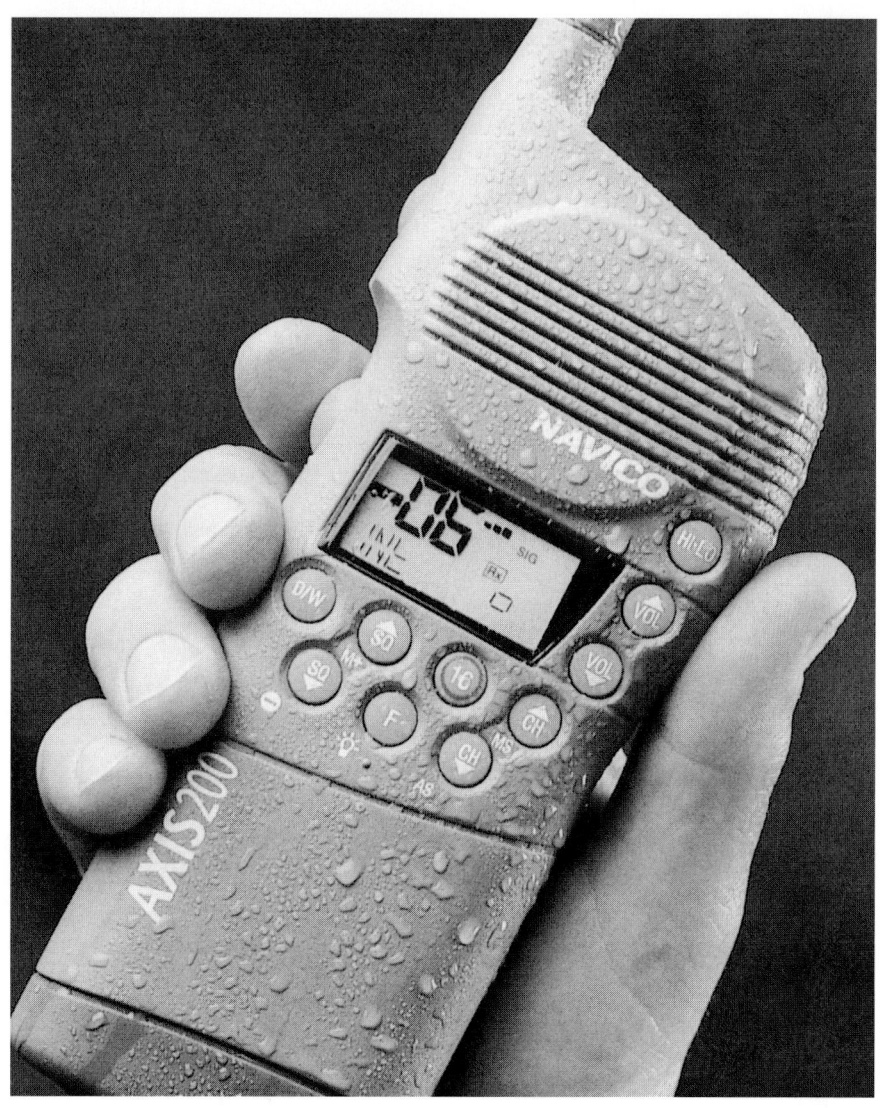

Das robuste (und natürlich spritzwassergeschützte) UKW-Handfunksprech-gerät AXIS 200 für den speziellen Einsatz in der Seefahrt. (Foto: Eissing)

Binnenschiffahrtsfunk

Vielleicht kennen Sie noch den Begriff „Rheinfunkdienst" für den Sprechfunkverkehr auf dem Rhein und anderen europäischen Binnenwasserstraßen. Seit September 1996 heißt jetzt dieser Funkdienst viel zutreffender Binnenschiffahrtsfunk. Angeschlossen an die Vereinbarung über den Binnenschiffahrtsfunk sind Belgien, Deutschland, Frankreich, Luxemburg, Niederlande und Schweiz.

Im Binnenschiffahrtsfunk gibt es nur noch den sogenannten nautischen Dienst. Der öffentliche Dienst, das heißt, die Sprechfunkverbindungen von Schiffen in das öffentliche Telefonnetz und umgekehrt, wurde 1994 eingestellt. Gleichzeitig wurde die ehemalige deutsche Vermittlungsstelle Koblenz Radio geschlossen. Grund dafür ist der mittlerweile flächendeckende Ausbau des öffentlichen Mobilfunknetzes. Jedes Schiff ist mittlerweile mit einem Mobilfunktelefon ausgerüstet.

Der nautische Dienst dagegen dient dem Sprechfunkverkehr der Schiffe untereinander und dem Sprechfunkverkehr zwischen den Schiffen und den Funkstellen der für die Wasserstraßen zuständigen Behörden (Hafen, Schleusen, Nautische Informationen u.a.).

Der Rheinfunkdienst benutzt Sprechfunkkanäle aus dem UKW-Seefunk-Bereich (siehe Kanaltabelle UKW-Seefunk auf Seite 152). Die nachfolgende Tabelle zeigt die Zuordnung der Kanäle zu den Verwendungszwecken im Binnenschiffahrtsfunk.

Sprache im Binnenschiffahrtsfunkverkehr ist die Sprache des Landes, also Deutsch.

Alle Schiffsfunkanlagen und tragbaren Funkgeräte an Bord müssen mit einer Codiereinrichtung für die Aussendung des ATIS-Signals für die automatische Senderidentifizierung ausgerüstet sein.

SCANNER-INFO:

Frequenzbereich:	im 2-m-Band (siehe Tabelle)
Kanalraster:	25 kHz
Modulationsart:	FM-schmal
Abhörsicherheit:	nicht vorgesehen

Kanalzuweisung im Binnenschiffahrtsfunk

Funkverkehr	Kanal-Nr.
Schiff – Schiff (Simplex)	**10**, 13, 77, 06, 08, 72
Schiff – Hafenbehörde (Simplex)	11, 12, 14, 71, 74
Nautische Information (NIF) und Schleusen (Duplex, wenn nicht Ausnahme Simplex (S) angegeben ist.	01, 02, 03, 04, 05, 07, 09 (S), 18, 19, 20, 21, 22, 23, 24, 25, 26, 27, 28, 60, 61, 62, 63, 64, 65, 66, 67 (S), 68 (S), 69 (S), 73 (S), 78, 79, 80, 81, 82, 83, 84, 85, 86, 87, 88
Funkverkehr an Bord (Simplex)	15, 17
Selektivruf	16

Ergänzender Hinweis:

Auf dem Bidensee und dem Ammersee wird davon abweichend einheitlich der Kanal 77 von Hafenbehörden und Wasserschutzpolizei benutzt.

Ortsfeste Binnenfunkstellen geordnet nach Regionen/Wasserstraßen

Rhein (von Basel bis Mainz)

Basel Revierzentrale	18
Augst Schleuse	79
Birsfelden Schleuse	22
Basel Hafen	11, 14
Kembs Schleuse	20
Ottmarsheim Schleuse	22
Fessenheim Schleuse	20
Vogelgrün Schleuse	22
Marckolsheim Schleuse	20
Rhinau Schleuse	22
Gerstheim Schleuse	20
Strasbourg Schleuse	22
Strasbourg Revier	18
Strasbourg Hafen	11
Strasbourg Schleuse	20
Gambsheim Schleuse	20
Iffezheim Schleuse	18
Oberwesel Revierzentrale	18, 22
Iffezheim Lotsenstation	11
Karlsruhe Hafen	11
Ludwigshafen Hafen	11
Mannheim Hafen	11

Neckar

Heidelberg Revierzentrale – über Schleusenkanal erreichbar	
Freudenheim Schleuse	20
Schwabenheim Schleuse	78
Heidelberg Schleuse	79
Neckargemünd Schleuse	81
Neckarsteinach Schleuse	82
Hirschhorn Schleuse	18
Rockenau Schleuse	20
Guttenbach Schleuse	22
Neckarzimmern Schleuse	78
Gundelsheim Schleuse	79
Kochendorf Schleuse	81
Heilbronn Schleuse	82
Horckheim Schleuse	18
Lauffen Schleuse	20
Besigheim Schleuse	22
Hessigheim Schleuse	78
Pleidesheim Schleuse	79
Marbach Schleuse	81
Poppenweiler Schleuse	82
Aldingen Schleuse	18
Hofen Schleuse	20
Cannstadt Schleuse	22
Untertürkheim Schleuse	78
Obertürkheim Schleuse	79
Esslingen Schleuse	81
Oberesslingen Schleuse	82
Deizisau Schleuse	18

Main

Oberwesel Revierzentrale	20, 78, 79, 81, 82
Raunheim Hafen Caltex	11
Eddersheim Schleuse	78
Kelsterbach Hafen	11
Griesheim Schleuse	79
Frankfurt Hafen	11
Offenbach Schleuse	81
Mülheim Schleuse	82
Krotzenburg Schleuse	18
Kleinostheim Schleuse	20

Obernau Schleuse	22		Leerstetten Schleuse	22
Wallstadt Schleuse	78		Eckersmühlen Schleuse	78
Klingenberg Schleuse	79		Hilpoltstein Schleuse	79
Heubach Schleuse	81		Bachhausen Schleuse	81
Freudenberg Schleuse	82		Berching Schleuse	82
Faulbach Schleuse	18		Dietfurt Schleuse	18
Eichel Schleuse	20		Riedenburg Schleuse	20
Lengfurt Schleuse	22		Kelheim Schleuse	78
Rothenfels Schleuse	78			
Steinbach Schleuse	79		**Donau**	
Harrbach Schleuse	81		Bad Abbach Schleuse	19
Himmelstadt Schleuse	82		Regensburg Schleuse	82
Erlabrunn Schleuse	18		Geisling Schleuse	22
Würzburg Hafen	11		Straubing Schleuse	18
Würzburg Schleuse	20		Kachlet Schleuse	20
Randersacker Schleuse	22		Jochenstein Schleuse	22
Gossmannsdorf Schleuse	78			
Marktbreit Schleuse	79		**Mosel**	
Kitzingen Schleuse	81		Trier Revierzentrale	
Dettelbach Schleuse	82		– jeweils über Schleusenkanal	
Gerlachshausen Schleuse	18		Koblenz Schleuse	20
Wipfeld Schleuse	20		Lehmen Schleuse	78
Garstadt Schleuse	22		Müden Schleuse	79
Schweinfurt Schleuse	78		Fankel Schleuse	81
Ottendorf Schleuse	79		St. Aldegund Schleuse	82
Knetzgau Schleuse	81		Enkirch Schleuse	18
Limbach Schleuse	82		Zeltingen Schleuse	20
Viereth Schleuse	18		Wintrich Schleuse	22
			Detzem Schleuse	78
Main-Donau-Kanal			Trier Schleuse	79
Bamberg Schleuse	20		Grevenmacher Schleuse	81
Strullendorf Schleuse	22		Palzem Schleuse	82
Forchheim Schleuse	78			
Hausen Schleuse	79		**Saar**	
Erlangen Schleuse	81		Trier Revierzentrale	
Kriegenbrunn Schleuse	82		– über Schleusenkanal	
Nürnberg Schleuse	18		erreichbar	
Eibach Schleuse	20		Kanzem Schleuse	78
			Serrig Schleuse	82

Mettlach Schleuse	18	
Rehlingen Schleuse	20	

Rhein (nördlich von Mainz)

Oberwesel Reverzentrale	18, 22
Andernach Hafen	11
Wesseling Hafen	11
Godorf Hafen	11
Duisburg Reverzentrale	18
Neuss Hafen	11, 12
Duisburg Hafen	11, 14
Duisburg Reverzentrale	18, 22

Rhein-Herne-Kanal

Duisburg Reverzentrale
  – über Schleusenkanal
  erreichbar

Duisburg-Meiderich Schleuse	82
Oberhausen Schleuse	81
Gelsenkirchen Schleuse	79
Wanne-Eickel Schleuse	78
Herne-Ost Schleuse	22

Ruhr

Duisburg Reverzentrale
  – über Schleusenkanal
  erreichbar

Ruhrschleuse	20
Raffelberg Schleuse	78

Datteln-Hamm-Kanal

Duisburg Reverzentrale
  – über Schleusenkanal
  erreichbar

Henrichenburg Schleuse	20
Hamm Schleuse	18
Werries Schleuse	22

Wesel-Datteln-Kanal

Duisburg Reverzentrale
  – über Schleusenkanal
  erreichbar

Friedrichsfeld Schleuse	20
Hünxe Schleuse	78
Dorsten Schleuse	79
Hüls Hafen	11
Flaesheim Schleuse	81
Ahsen Schleuse	82
Datteln Schleuse	78

Dortmund-Ems-Kanal

Duisburg Reverzentrale	20, 22
Henrichenburg Schleuse	20
Münster Schleuse	22
Bevergern Schleuse	20
Rodde Schleuse	18
Altenrheine Schleuse	82
Venhaus Schleuse	81
Hesselte Schleuse	79
Gleesen Schleuse	78
Hanekenfähr Schleuse	22
Varloh Schleuse	20
Meppen Schleuse	18
Meppen Hafen	11
Hüntel Schleuse	82
Hilter Schleuse	81
Düthe Schleuse	79
Bollingerfähr Schleuse	78
Herbrum Schleuse	22

Ems (Seeschiffahrtsstraße)

Ems Traffic	15, 18, 20, 21
Emden Lock	13
Nesserland Lock	13
Oldersum Lock	13
Leer Bridge	15

Leer Lock	13
Weener Bridge	15
Weener Lock	13
Papenburg Lock	13

Mittellandkanal und Stichkanäle

Minden Revierzentrale	22, 78, 79, 81, 82
Bevergen Schleuse	20
Minden Schleuse	22
Arnemann Hafen (Lohnde)	11
Anderten Schleuse	18
Sülfeld Schleuse	20
Magdeburg Revierzentrale	18
Rothensee Hebewerk	79

Stichkanal Osnabrück

Minden Revierzentrale	78
Hollage Schleuse	78
Haste Schleuse	78

Stichkanal Hannover-Linden

Minden Revierzentrale	82
Hafenschleuse/ Leineabstieg	82

Stichkanal Hildesheim

Minden Revierzentrale	78
Bolzum Schleuse	78

Stichkanal Salzgitter

Minden Revierzentrale	20, 79
Wedtlenstedt Schleuse	79
Üfingen Schleuse	20

Küstenkanal

Dörpen Schleuse	82
Oldenburg Schleuse	20

Hunte (Seeschiffahrtsstraße)

Hunte Traffic	63

Weser (Binnenschiffahrtsstraße)

Minden Revierzentrale – über Schleusenkanal erreichbar	
Minden Schleuse	22
Petershagen Schleuse	20
Schlüsselburg Schleuse	18
Landesbergen Schleuse	22
Drakenburg Schleuse	20
Dörveden Schleuse	18
Langwedel Schleuse	22
Hemelingen Schleuse	20

Weser (Seeschiffahrtsstraße)

Bremen Revier	19
Weser Traffic	2, 4, 5, 7, 21, 82
Hohe Weg Radar	2
Alte Weser Radar	22

Elbe (Binnenwasserstraße)

Magdeburg Revierzentrale	79, 81, 82
Madgeburg Hafen	11
Geesthacht Revierzentrale	18, 22
Geesthacht Schleuse	22

Elbe (Seeschiffahrtsstraße)

Hamburg Radar	3, 5, 7, 19, 63, 80
Brunsbüttel Elbe Traffic	68, 71

Elbe-Lübeck-Kanal

Geesthacht Revierzentrale	22, 78, 79
Büssau Schleuse	78

Donnerschleuse 79
Witzeeze Schleuse 79
Lauenburg Schleuse 22

Elbe-Seitenkanal
Minden Revierzentrale
– über Schleusenkanal
Scharnebeck Hebewerk 20
Uelzen Schleuse 18
Sülfeld Schleuse 20

Elbe-Havel-Kanal
Magdeburg Revierzentrale
18, 20, 22, 78
Niegripp Schleuse 22
Zerben Schleuse 20
Parey Schleuse 78
Wusterwitz Schleuse 18

Berlin
Plötzensee Schleuse 22
(Berlin-Spandauer-Kanal)

Rüdersdorfer Gewässer (Berlin)
Woltersdorf Schleuse 79

Landwehrkanal (Berlin)
Unterschleuse 81
Oberschleuse 78

Saale
Magdeburg Revierzentrale 20
Calbe Schleuse 20

Spree-Oder-Wasserstraße
Charlottenburg Schleuse 82
Mühlendamm Schleuse 20

Wernsdorf Schleuse 20
Fürstenwalde Schleuse 22
Kersdorf Schleuse 82
Eisenhüttenstadt Schleuse 20

Teltow-Kanal
Kleinmachnow Schleuse 18

Untere Havel Wasserstraße
Magdeburg Revierzentrale
18, 20, 79, 82
Brandenburg Schleuse 20
Bahnitz Schleuse 78
Rathenow Schleuse 79
Grütz Schleuse 22
Garz Schleuse 20
Havelberg Schleuse 18

Havelkanal
Magdeburg Revierzentrale 79
Schönwalde Schleuse 81

Havel-Oder-Wasserstraße
Lehnitz Schleuse 18
Niederfinow Hebewerk 22
Hohensaaten Schleuse 20
Schwedt Schleuse 79

Oder
Schwedt Schleuse 79
Hohensaaten Schleuse 20
Eisenhüttenstadt Schleuse 20

Oder-Spree-Kanal
Magdeburg Revierzentrale 82
Charlottenburg Schleuse 82
Mühlendamm Schleuse 20

Flugfunkdienst

Schaut man sich als Beispiel einmal Starts, Landungen und den Verkehr auf dem Frankfurter Flughafen an, wird schnell klar, daß der Luftverkehr ohne vielfältige Kommunikationseinrichtungen nicht sicher und gefahrlos funktionieren kann. Schon die Bewegung der Flugzeuge am Boden muß koordiniert werden und erst recht der Verkehr auf den nationalen und internationalen Luftstraßen. Vor dem Start muß sozusagen der Weg freigemacht werden, über die richtige Startbahn in den Himmel und dann in die richtige Richtung, und das alles, ohne daß es zu Kollisionen mit anderen Flugzeugen kommt. Umgekehrt müssen die Flugzeuge schon vor dem eigentlichen Landeanflug in eine Reihenfolge gebracht werden, damit sie sicher auf den Boden kommen. Während des Fluges werden laufend Informationen über Position und Höhe ausgetauscht, um die Sicherheit zu gewährleisten. Außerdem brauchen die Piloten natürlich regelmäßige Informationen über die Wetterlage und über verkehrstechnische Abwicklungen und Landeverfahren. Und dann müssen auch noch betriebliche Meldungen zwischen Flugzeug und Fluggesellschaft übermittelt werden, z.B. über den Treibstoffverbrauch, notwendige Wartungsmaßnahmen und so weiter.

Frequenzbereiche

Für die Abwicklung dieses sehr vielfältigen Kommunikationsbedarfs stehen dem Flugfunkdienst zahlreiche Frequenzbereiche in praktisch allen Wellenbereichen zur Verfügung. Über große Entfernungen, zum Beispiel auf der Nordatlantikroute zwischen Europa und Amerika, kommt natürlich die Kurzwelle zum Einsatz. Im dichtbesiedelten Europa sind aber die Entfernungen vergleichsweise gering und die Bodenfunkstellen liegen relativ dicht beieinander. Hier kann problemlos und fast ausschließlich im UKW-Bereich (VHF/UHF) gearbeitet werden. Zwischen hochfliegenden Flugzeugen und Bodenstationen ist auch über Entfernungen von mehreren Hundert Kilometern noch brauchbarer Funkkontakt auf UKW möglich.

SCANNER-INFO:

Frequenzbereiche:	117,975 – 144 MHz und UHF-Frequenzen (siehe Tabellen)
Kanalraster:	25 kHz
Modulationsart:	AM
Abhörsicherheit:	nicht vorgesehen

Eine Boeing 747-400 der Lufthansa. Oben und unten am Flugzeug erkennt man die haifischflossen-ähnlichen UKW-Antennen. (Foto: Gerd Rebenich/ Lufthansa)

Der Hauptfrequenzbereich für den zivilen, beweglichen Flugfunkdienst ist weltweit der VHF-Bereich von 117,975 bis 136 MHz. Gemeint ist damit der Funkdienst zwischen Bodenfunkstellen und den beweglichen Luftfunkstellen (Flugzeugen) bzw. Luftfunkstellen untereinander.

Neben diesem klassischen Frequenzbereich werden für den stetig zunehmenden zivilen und militärischen Luftverkehr zunehmend auch Kanäle im UHF-Bereich von 230 bis 328,6 MHz und von 335,4 bis 399,9 MHz eingesetzt.

Hauptfrequenzbereich der nicht-zivilen (militärischen) Flugfunkdienste ist der VHF-Bereich von 137 bis 144 MHz. Daneben werden auch Frequenzen zwischen 29,7 und 74,8 MHz für NATO-Streitkräfte benutzt.

Modulationsart für den zivilen Flugfunkdienst auf UKW ist die Amplitudenmodulation (AM) A3E (nur im zuvor erwähnten unteren Frequenzbereich [29,7 – 74,8 MHz] wird in F3E [FM] gearbeitet). Das Frequenzraster beträgt 25 kHz. Um mehr Funkbetrieb zu ermöglichen, soll ab 1999 für Teilbereiche ein Frequenzraster von 8,33 kHz eingeführt werden.

Verkehrsabwicklung

Die häufigsten Funkkontakte im Flugfunkdienst sind Flugsicherheitsmeldungen, Flugverkehrskontrollmeldungen und Standortmeldungen. In Deutschland wird der Sprechfunkverkehr in englischer Sprache durchgeführt. Bei Flügen nach Sichtflugregeln (VFR) und im Rollverkehr auf dem Boden kann der Sprechfunkverkehr auch in deutscher Sprache erfolgen.

Bei Flügen auf den Luftstraßen im oberen und unteren kontrollierten Luftraum wird die Flugverkehrskontrolle von den jeweils räumlich zuständigen Bezirkskontrollstellen (ACC/UAC) ausgeübt. Bei Flügen nach Sichtflugregeln (VFR) im unteren Luftraum außerhalb der Flughafenkontrollzonen und sogenannter CVFR-Gebiete findet keine Flugverkehrskontrolle statt.

Innerhalb der Flughafenkontrollzonen und im Bereich der Flughäfen sind ggf. unterschiedliche Bodenfunkstellen für verschiedene Phasen von Start und Landung zuständig. Außerdem ist zu unterscheiden zwischen Flughäfen mit An/Abflug-Konstrollstellen (TWR/APPROACH/RADAR) und Landeplätzen ohne Flugverkehrskontrolle (aber mit INFO).

Rufnamen der Bodenfunkstellen

Die Bodenfunkstellen identifizieren sich mit ihrer Standortbezeichnung und ggf. einem Zusatz zur genaueren Kennzeichnung der Art des Dienstes, z.B. HAMBURG APPROACH. Hier eine genaue Auflistung:

RADIO	Bodenfunkstelle generell (die frühere Bezeichnung AERADIO ist abgeschafft)
CONTROL	Bezirkskontrolldienst ohne Radar (ACC/UAC)
APPROACH	Anflugkontrolldienst ohne Radar (APPCON)
RADAR	Flugverkehrskontrolldienst mittels Rundsichtradar
DIRECTOR	Anflugkontrolldienst mit Rundsichtradar
PRECISION	Endanflugkontrolle mit Präsisionsradar
TOWER/TURM	Flugplatzkontrolldienst
CLEARANCE DELIVERY	Übermittlungsstelle für Streckenfreigaben
GROUND/ROLLKONTROLLE	Bodenkontrolle
INFORMATION	Fluginformationsdienst (FIC)
VOLMET	Flugrundfunkdienst für Flughafen-Wettermeldungen und Landewettervorhersagen
RAMP	Bewegungslenkung auf dem Vorfeld

INFO	Flugplatzinformationsdienst an Landeplätzen ohne Flugplatzkontrolldienst durch Luftaufsichtspersonal oder Flugleiter
SEGELFLUG	für Segelflugbetrieb
SCHULE	für Ausbildung von Luftfahrern

Rufzeichen der Luftfunkstellen

Als Rufzeichen einer Luftfunkstelle sind zulässig:

1. das Eintragungszeichen/Rufzeichen. Beispiel: DABCD Flugzeug, Drehflügler, Luftschiff, Motorsegler; D1234 Segelflugzeug; D-ANTON Bemannter Ballon.

2. die für das Luftverkehrsunternehmen festgelegte Sprechfunkabkürzung in Verbindung mit der Buchstabenzusammensetzung entsprechend Nr. 1. Beispiel: LUFTHANSA DABCD.

3. das Luftfahrzeugmuster in Verbindung mit der Buchstabenzusammensetzung entsprechend Nr. 1. Beispiel: CESSNA DABCD.

4. die für das Luftverkehrsunternehmen festgelegte Sprechfunkabkürzung in Verbindung mit der Flugnummer. Beispiel: LUFTHANSA 123.

5. ein aus höchstens 7 Zeichen bestehendes Funkrufzeichen für militärische Luftfahrzeuge. Beispiel: HAWK 22.

Abgekürzte Rufzeichen sind nach dem Zustandekommen der Sprechfunkverbindung mit der Bodenfunkstelle zugelassen. Hierbei finden folgende Abkürzungen Anwendung:

1. der erste und die beiden letzten Buchstaben/Ziffern wie zuvor unter Nr. 1 beschrieben. Beispiel: DCD; D34.

2. die für das Luftverkehrsunternehmen festgelegte Sprechfunkabkürzung in Verbindung mit den beiden letzten Buchstaben des Rufzeichens wie zuvor unter Nr. 2 beschrieben. Beispiel: LUFTHANSA CD.

3. Das Luftfahrzeugmuster in Verbindung mit den letzten beiden Buchstaben des Rufzeichens wie zuvor unter Nr. 3 beschrieben. Beispiel: CESSNA CD.

Deutsche Flugzeuge, Drehflügler, Luftschiffe, Motorsegler, Ultraleicht-Flugzeuge und Motordrachen führen als Staatszugehörigkeitszeichen den Buchstaben D am Anfang des Rufzeichens.

ACARS – Flugdatenfunk

Statt mühsam alle möglichen Daten von Instrumenten abzulesen und dann per Sprechfunk an die Bodenstelle durchzusagen, nutzen viele Fluggesellschaften seit einiger Zeit ein spezielles Datenübertragungsverfahren. Die amerikanische Aeronautical Radio Inc. (ARINC) führte das sogenannte „Aircraft Communications Adressing and Reporting System" (ACARS) bereits 1978 ein, heute wird es weltweit genutzt.

Eine Unzahl von Flugdaten und Betriebszuständen, Routinemeldungen, Flugplänen und anderen Informationen wird schon am Boden vor dem Start, während des Fluges und dann auch noch nach der Landung wieder am Boden per Funk via ACARS automatisch übertragen. Daten können auch vom Boden aus, zum Beispiel von der Betriebszentrale der jeweiligen Luftverkehrsgesellschaft, angefordert werden, ohne daß dazu der Pilot eingeschaltet werden müßte.

Die Funksignale werden von Bodenfunkstellen empfangen, über Satellitenverbindungen ausgetauscht und den jeweiligen Empfängern, in der Regel den Betriebszentralen der Fluggesellschaften, sofort zugeleitet, die die Daten in eigene Computernetze übernehmen.

Für die ACARS-Datenübertragungen werden in Europa folgende UKW-Frequenzen eingesetzt:

131,725 MHz
131,525 MHz
131,825 MHz

ACARS-Meldungen sind ziemlich kurze Datenübertragungen mit 2400 Baud Geschwindigkeit, die in AM (MSK-Modulation) übertragen werden und mit einem Scanner leicht empfangen werden können.

Zum Anschauen der Meldungen braucht man entsprechende Software für den PC oder einen speziellen Decoder. Weitere Informationen dazu und Beispiele zu den Möglichkeiten gibt es bei den Herstellern der entsprechenden Produkte:

ACARS-900/PK-900 sowie CODE 3 Gold (Bezug/Info: TELCOM Funktechnik)
LOWE AIRMASTER (Bezug/Info: SSB-Electronic)
WAVECOM W4100 (Bezug/Info: WAVECOM)

siehe Firmenverzeichnis am Ende des Buches!

Blick in das Cockpit einer Boeing 747-400 der Lufthansa. In der Mittelkonsole gut zu erkennen sind die VHF-Sprechfunkgeräte. (Foto: Lufthansa)

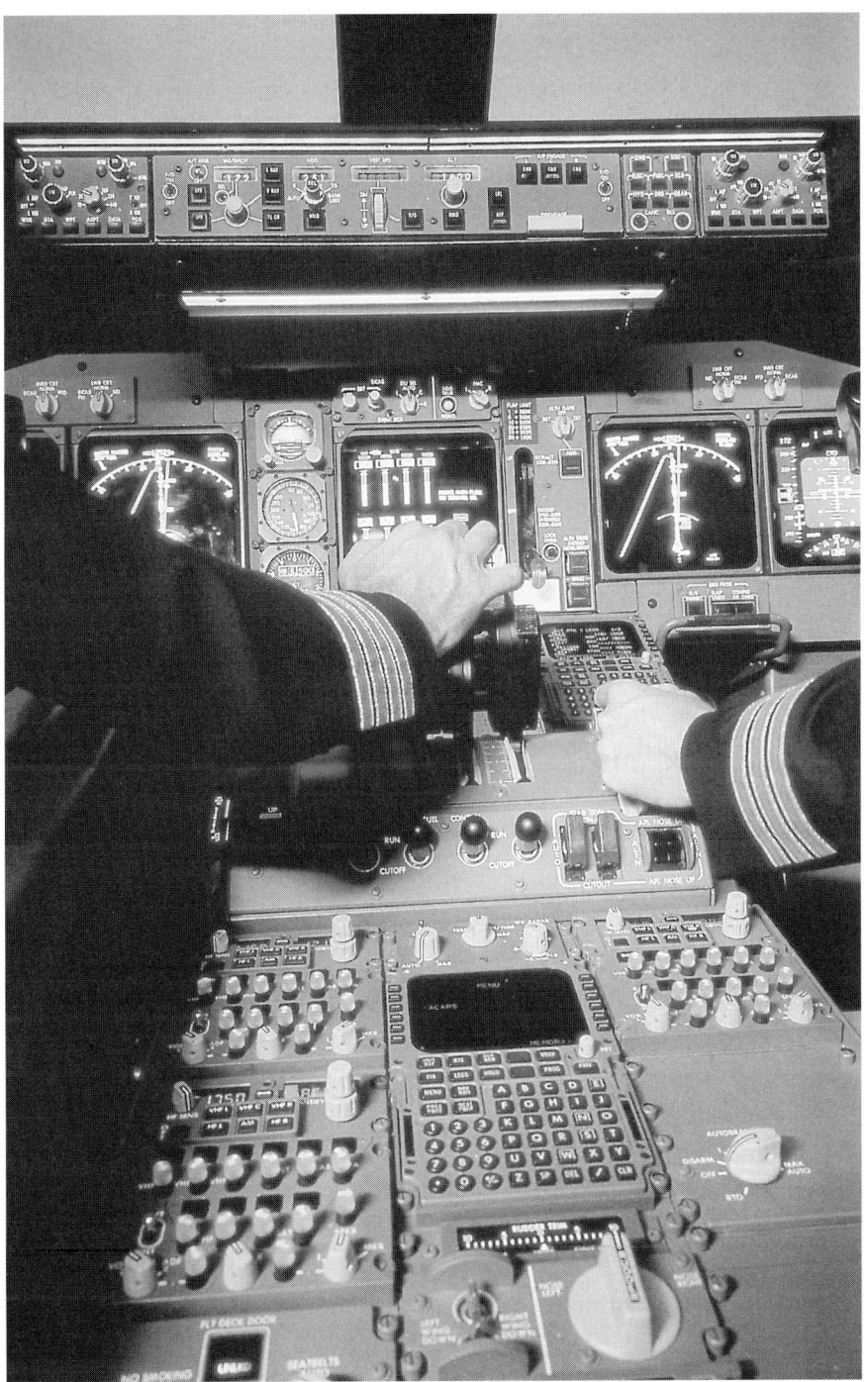

SIGMET-Meldungen

Die Flugwetter-Überwachungsstellen des Deutschen Wetterdienstes (DWD) geben Informationen über das Vorkommen oder das erwartete Vorkommen signifikanter meteorologischer Erscheinungen (SIGMET) wie Gewitter, starke Turbulenzen, starke Vereisungen, starke Gewitterbildungen oder Wolken aus Vulkanasche in Form von »SIGMET-Meldungen« heraus. Diese Meldungen werden tagsüber in englischer Sprache im Rahmen des Fluginformationsdienstes (FIS) auf ausgewählten Frequenzen zur vollen und zur halben Stunde als Flugrundfunkinformationssendungen ausgestrahlt. Zwischen Sonnenuntergang plus 30 Minuten und 0700 h UTC (0600 h UTC während der Sommerzeit) werden SIGMET-Meldungen nur auf Anforderung der Piloten übermittelt.

FIS-Station	Frequenz in MHz		
Bremen	133,550	135,700	
Düsseldorf	135,350		
Frankfurt	124,475	124,725	130,975
München	120,650	126,950	

VOLMET-Meldungen

Wetterinformationen für Luftfahrzeuge im Flug werden kontinuierlich über sogenannte VOLMET-Stationen in englischer Sprache ausgestrahlt. Diese Meldungen enthalten das Platzwetter und die Landewettervorhersage mit einer Gültigkeit von zwei Stunden.

Frankfurt Volmet 1   **127,600 MHz**
Frankfurt, Brüssel, Amsterdam, Zürich, Genf, Basel, Wien, Prag, Paris-Charles de Gaulle

Frankfurt Volmet 2   **135,775 MHz**
Frankfurt, Köln-Bonn, Düsseldorf, Stuttgart, Nürnberg, München, Hamburg, Berlin-Tempelhof, Berlin-Tegel

Bremen Volmet   **127,400 MHz**
Hannover, Hamburg, Bremen, Köln-Bonn, Frankfurt, Berlin-Tempelhof, Berlin-Tegel, Amsterdam, Kopenhagen

Berlin-Schönefeld Volmet   **128,400 MHz**
Berlin-Schönefeld, Berlin-Tempelhof, Berlin-Tegel, Dresden, Leipzig-Halle, Prag, Kopenhagen, Warschau, Wien

Amsterdam Volmet　　　　　**126,200 MHz**
Amsterdam, Rotterdam, Brüssel, Düsseldorf, Paris-Charles de Gaulle,
London-Heathrow, London-Luton, Kopenhagen, Hamburg

Brüssel Volmet　　　　　**127,800 MHz**
Brüssel, Ostende, Luxemburg, Amsterdam, Köln-Bonn, Düsseldorf,
Frankfurt, Paris-Orly, Paris-Charles de Gaulle

Genf Volmet　　　　　**126,800 MHz**
Genf, Zürich, Basel, Nizza, Lyon, Paris-Charles de Gaulle, Paris-Orly,
Mailand-Linate, Mailand-Malpensa

Innsbruck Volmet　　　　　**130,475 MHz**
Innsbruck, Salzburg, Klagenfurt, München, Friedrichshafen, Zürich,
Altenrhein, Patscherkofel, Kufstein, Sankt Johann, Zell am See, Gerlos,
Hohenems, Bozen

Wien Volmet　　　　　**126,000 MHz**
Wien, Linz, Salzburg, Graz, Klagenfurt, Bratislava, Budapest, Zagreb,
München

Zürich Volmet　　　　　**127,200 MHz**
Zürich, Genf, Basel, Frankfurt, München, Stuttgart, Mailand-Malpensa,
Mailand-Linate, Lugano

Alphabetische Liste der Volmet-Stationen:

Amsterdam	126,200 MHz
Ankara	127,000 MHz
Athen	127,800 MHz
Barcelona	127,600 MHz
Belgrad	126,400 MHz
Berlin-Schönefeld	128,400 MHz
Bodö	124,250 MHz
Bordeaux 1	126,400 MHz
Bordeaux 2	127,000 MHz
Bremen	127,400 MHz
Brindisi	127,600 MHz
Bucharest	126,800 MHz
Budapest	127,400 MHz
Casablanca	127,600 MHz
Dublin	127,000 MHz
Ekofisk	118,975 MHz
Frankfurt 1	127,600 MHz
Frankfurt 2	135,775 MHz
Genf Volmet	126,800 MHz

Helsinki	128,400 MHz
Innsbruck	130,475 MHz
Istanbul	127,400 MHz
Jönköping	127,200 MHz
Kiew-Borispol	125,125 MHz
Kiew-Zhulyany	126,800 MHz
Kopenhagen	127,000 MHz
Las Palmas G.C.	126,200 MHz
Lissabon	126,400 MHz
London-Main	135,375 MHz
London-North	126,600 MHz
London-South	128,600 MHz
Madrid	126,200 MHz
Mailand	126,600 MHz
Marseille 1	127,400 MHz
Marseille 2	128,600 MHz
Moskau	127,875 MHz
Nikosia	127,200 MHz
Oslo	128,600 MHz
Paris-Charles de Gaulle	126,000 MHz
Paris-Orly	125,150 MHz
Pisa	128,400 MHz
Prag	128,600 MHz
Rom	126,000 MHz
Sankt Petersburg	125,875 MHz
Santiago de Compostela	126,600 MHz
Scottish	125,725 MHz
Sevilla	127,000 MHz
Sofia	126,600 MHz
Stockholm	127,600 MHz
Sundsvall	127,800 MHz
Tel Aviv	126,800 MHz
Tunis	126,600 MHz
Warschau	127,600 MHz
Wien	126,000 MHz
Zagreb	127,800 MHz
Zürich	127,200 MHz

Volmet-Stationen nach Frequenz

118,975 MHz	Ekofisk
124,250 MHz	Bodö
125,125 MHz	Kiew-Borispol
125,150 MHz	Paris-Orly
125,725 MHz	Scottish
125,875 MHz	Sankt Petersburg
126,000 MHz	Paris-Charles de Gaulle
	Rom
	Wien
126,200 MHz	Amsterdam
	Las Palmas G.C.
	Madrid
126,400 MHz	Belgrad
	Bordeaux 1
	Lissabon
126,600 MHz	London-North
	Mailand
	Santiago de Compostela
	Sofia
	Tunis
126,800 MHz	Bucharest
	Genf Volmet
	Kiew-Zhulyany
	Tel Aviv
127,000 MHz	Ankara
	Bordeaux 2
	Dublin
	Kopenhagen
	Sevilla
127,200 MHz	Jönköping
	Nikosia
	Zürich
127,400 MHz	Bremen
	Budapest
	Istanbul
	Marseille 1
127,600 MHz	Barcelona
	Brindisi
	Casablanca
	Frankfurt 1
	Stockholm
	Warschau

127,800 MHz	Athen	
	Sundsvall	
	Zagreb	
127,875 MHz	Moskau	
128,400 MHz	Berlin-Schönefeld	
	Helsinki	
	Pisa	
128,600 MHz	London-South	
	Marseille 2	
	Oslo	
	Prag	
130,475 MHz	Innsbruck	
135,375 MHz	London-Main	
135,775 MHz	Frankfurt 2	

Die deutschen Verkehrsflughäfen und ihre Frequenzen (in MHz)

Berliner Flughäfen

Berlin Radar	ACC	126,425; 131,050; 133,575; 134,650; 136,050; 136,450; 241,725; 254,425; 260,125; 336,500; 338,975; 372,525; 379,925; 383,525; 386,900; 123,225;
Berlin Radar (Ausweichfrequenz)	ACC	124,125; 126,075; 231,300; 290,725;
Berlin Radar (Militärfrequenz)	ACC	230,400;
Berlin/Spree Radar	ACC	362,300;
Berlin Arrival	APP	119,625; 121,375; 127,125; 132,700; 296,725;
Berlin Departure	APP	119,500; 120,625;
Berlin Radar	APP	258,825; 121,050;
Berlin Radar (Militärfrequenz)	APP	337,800;
Berlin Radar (TRD Dresden)	APP	125,625; 386,725;
ATIS	ATIS	124,950; 126,025;

Zwei Fluglotsen an den Arbeitsplätzen der Platzkontrolle (Tower) der DFS-Regionalstelle Berlin-Schönefeld. (Foto: Deutsche Flugsicherung GmbH)

Tegel ATIS	ATIS	125,900;
Berlin Information	FIS	125,800; 126,350; 233,900; 375,325;
Berlin Militär (Militärfrequenz)	TWR	136,000; 312,100;
Schönefeld Ground	TWR	121,600; 121,800;
Schönefeld Tower 1	TWR	120,025; 358,600;
Schönefeld Tower 2 Reserve	TWR	127,875;
Tegel Ground	TWR	121,750; 121,925;
Tegel Tower	TWR	312,825; 118,700; 124,525;
Tempelhof Ground	TWR	121,950;
Tempelhof Tower	TWR	118,100; 119,575; 338,000; 122,100; 358,000;

Tower (Bundesgrenzschutz)	TWR	130,700;
Berlin Radar	UAC	119,425; 120,275; 126,550; 135,750; 255,775; 300,225; 312,575; 315,700; 341,925; 344,300; 356,725; 362,425;
Berlin Radar (Ausweichfrequenz)	UAC	128,075; 356,925; 359,500;
Schönefeld Volmet	VOLMET	128,400;
Aero Lloyd/ Tegel Aircraft Handling	OPS	131,450;
Air Berlin	OPS	130,425;
Air Tempelhof	OPS	131,400;
Condor	OPS	130,025;
Condor Flugdienst/BLAS	OPS	131,850;
Delta Airlines	OPS	131,400;
Flamingo Eurowings	OPS	131,775;
Lufthansa	OPS	131,750;
Lufthansa	OPS	131,850;
Lufthansa Station	OPS	131,925;
Ogden-Aviation	OPS	129,750;
Speedway Deutsche BA	OPS	131,800;

Bremen

Bremen Monitor	ACC	282,050; 379,300;
Bremen Radar	ACC	118,550; 120,350; 121,350; 123,600; 123,925; 124,075; 124,650; 124,800; 125,350; 125,850; 126,650; 128,775; 132,925; 242,000; 252,100; 258,900; 260,000; 262,900; 275,850; 276,900; 285,100; 290,600; 299,850; 338,800; 340,850; 362,000; 362,300; 381,200;
Bremen Radar (Ausweichfrequenz)	ACC	133,725;

Bremen Radar (Luftwaffe) Hopsten	ACC	279,600;
Bremen Radar (NATO Bremen)	ACC	270,100;
Bremen Radar (NATO Hamburg)	ACC	231,650;
Bremen Radar (OATS Deister)	ACC	294,850;
Bremen Radar (OATS Deister)	ACC	375,150;
Bremen Radar (Tanker Bremen)	ACC	360,800;
Information	AFIS	122,375;
Bremen Radar	APP	119,450; 125,650; 277,700;
Bremen Radar	FIR	362,700;
Bremen Information	FIS	119,825; 123,200; 133,550; 135,700; 370,100; 376,700;
Bremen Ground	TWR	121,750;
Bremen Tower	TWR	118,500;
Bremen Tower (Reserve)	TWR	118,575;
Bremen Tower (Militärfrequenz)	TWR	317,750; 337,750;
Tower	TWR	122,100;
Bremen Volmet	VOLMET	127,400;
Air Services	OPS	130,550;
Intair	OPS	129,750;
Lufthansa Station	OPS	131,925;

Dresden

Berlin Radar	APP	125,625; 386,725;
Dresden ATIS	ATIS	118,875;
Dresden Apron	TWR	121,750;

Dresden Ground	TWR	121,900;
Dresden Tower	TWR	119,700; 122,925; 337,725;
Dresden Tower (Reserve)	TWR	118,700;
Dresden Dispatch	OPS	130,600;
Lufthansa Station	OPS	131,925;
Lufthansa Station (B737-Flotte)	OPS	136,825;

Düsseldorf

Düsseldorf Radar	ACC	118,750; 120,050; 124,350; 124,675; 126,150; 128,550; 128,650; 129,175; 136,700; 250,300; 254,200; 254,700; 275,550; 316,900; 343,550; 344,700;
Düsseldorf Radar (Ausweichfreq.)	ACC	136,625;
Düsseldorf Radar (Militärfrequenz)	ACC	276,150; 277,350; 278,000; 300,550; 371,250;
Clutch Radar	APP	130,800; 362,300;
Düsseldorf Arrival	APP	119,400; 128,850; 291,650;
Düsseldorf Arrival (APP Köln/Bonn)	APP	120,250; 292,550;
Düsseldorf Radar	APP	118,650;
Düsseldorf Radar (APP Münster/Osnabrück)	APP	242,200;
Düsseldorf Radar (APP Paderborn)	APP	125,225;
Düsseldorf Radar (Köln/Bonn)	APP	120,900;
ATIS	ATIS	123,775;
Düsseldorf Information	FIS	123,200; 129,875; 135,350; 381,100
Düsseldorf Information (Militärfrequenz)	FIS	315,650;

Düsseldorf Delivery (Start-up)	TWR	121,775;
Düsseldorf Ground	TWR	121,900;
Düsseldorf Radar (Militärfrequenz)	TWR	257,250; 359,800;
Düsseldorf Tower	TWR	118,300;
Düsseldorf Tower (Militärfrequenz)	TWR	290,800; 337,750;
Düsseldorf Tower (Technik)	TWR	130,050;
Adria/Interrot	OPS	130,850;
Aerolloyd	OPS	129,750;
Hapag Lloyd	OPS	130,450;
Istanbul Airlines	OPS	129,750;
LTU	OPS	131,800;
LTU Operations	OPS	130,650;
Lufthansa Station	OPS	131,925;
Lufthansa Station (B737-Flotte)	OPS	136,825;
Ogden Aviation	OPS	129,750;
Pegasus	OPS	130,550;
Scandinavian/Iberia	OPS	131,700;
Speedway Deutsche BA	OPS	131,800;
Travelair	OPS	130,200;
WK/ALB	OPS	130,550;

Erfurt

Berlin Radar	APP	132,300; 336,300;
Erfurt ATIS	ATIS	136,175;
Erfurt Apron	TWR	121,900;
Erfurt Ground	TWR	119,700; 121,750;

Erfurt Tower	TWR	118,350; 121,150; 358,575;
Erfurt Operation Ground Handling	OPS	130,650;

Frankfurt

Frankfurt Radar	ACC	119,075; 120,450; 120,575; 123,325; 123,525; 124,375; 124,425; 124,475; 124,725; 124,900; 125,200; 125,400; 125,600; 127,050; 127,500; 127,725; 129,350; 129,475; 129,675; 131,300; 134,200; 135,725; 233,450; 253,500; 258,850; 259,850; 270,050; 275,650; 276,350; 281,400; 283,550; 315,550; 336,450; 338,550; 340,125; 341,850; 358,475; 360,450; 386,800; 362,300; 373,800; 386,725; 388,800;
Frankfurt Radar (Ausweichfrequenz)	ACC	127,925; 130,975;
Frankfurt Radar (Notfälle)	ACC	118,350; 358,575;
Frankfurt Radar (Technik)	ACC	130,050; 130,400; 307,650;
Frankfurt Radar (Wachfrequenz)	ACC	121,750;
Frankfurt Radar	APP	119,150; 252,450; 356,300;
Frankfurt Radar (Reserve)	APP	127,275;
Frankfurt Radar Approach	APP	120,800; 399,550;
Frankfurt Radar Arrival	APP	118,500; 340,600;
Frankfurt Radar Arrival/Director	APP	124,200;
Frankfurt Radar Departure	APP	120,150; 120,425; 362,400;
Frankfurt ATIS	ATIS	118,025;
Frankfurt Information	FIS	123,200;

Die Verkehrsbetriebszentrale der Lufthansa in Frankfurt.
(Foto: Udo Kröner/Lufthansa)

Frankfurt Metro (U.S. Air Force)	METRO	259,400;
Frankfurt Ramp (U.S. Air Force)	MIL	121,600; 231,300;
COMD Post (U.S. Air Force)	R/M	260,900;
Frankfurt Apron	TWR	121,850; 121,950;
Frankfurt Apron 1	TWR	121,700; 122,050;
Frankfurt Ground (Start-Up)	TWR	121,900;
Frankfurt Ground 2	TWR	121,800;
Frankfurt Radar (Militärfrequenz)	TWR	277,500; 371,050;

Frankfurt Ramp (U.S. Air Force)	TWR	243,600;
Frankfurt Tower	TWR	124,850;
Frankfurt Tower (Militärfrequenz)	TWR	337,750;
Frankfurt Tower (Reserve)	TWR	127,325;
Frankfurt Tower 1	TWR	119,900;
Frankfurt Tower 1 MIL	TWR	317,750;
Frankfurt Volmet 1	VOLMET	127,600;
Frankfurt Volmet 2	VOLMET	135,775;
Aero Lloyd Dispatch	OPS	130,000;
Air France	OPS	131,500;
Alitalia	OPS	131,450; 131,675;
ANA	OPS	136,850;
CALEY OPS Caledonian	OPS	131,475;
Condor Flugdienst	OPS	131,575;
Condor OZ	OPS	130,750;
Crossair/Austrian/KLM	OPS	131,475;
Delta Airlines	OPS	131,850;
FRAGAS/FAG	OPS	130,100;
Hapag Lloyd	OPS	130,450;
Japan Airlines	OPS	131,650;
Lufthansa	OPS	131,900;
Lufthansa ACARS-Data	OPS	131,725;
Lufthansa B747 Maintenance	OPS	131,925;
Lufthansa Cityline	OPS	130,175;
Lufthansa Dispatch/ Flight Plan/Slot	OPS	131,875;
Lufthansa Maintenance	OPS	131,550;

Lufthansa Operations	OPS	131,750;
Lufthansa Station	OPS	136,875;
Lufthansa Station Operations	OPS	131,475;
Lufthansa Station/ Catering LSG/Ground	OPS	130,150;
Monarch Air	OPS	131,525;
Saudia	OPS	131,500;
Speedbird British Airways	OPS	131,900;
Swissair Dispatch	OPS	130,425;
TAP Air Portugal	OPS	131,825;
Tyrolean	OPS	129,900;
VIASA	OPS	131,700;

Friedrichshafen

Friedrichshafen ATIS	ATIS	129,600;
Friedrichshafen Tower	TWR	124,350; 336,400;
Deutsche BA	OPS	130,650;
Lufthansa Station	OPS	131,925;

Hahn

Eifel Control	APP	141,100; 277,200; 277,650; 315,100;
Eifel Control Arrival	APP	231,900;
Eifel Control Departure	CON	378,700;
Hahn Tower	TWR	119,650; 337,450;
Dispatch	OPS	130,450;

Hamburg

Hamburg Arrival	APP	118,200; 121,275;
Hamburg Radar	APP	123,200; 124,625;

Hamburg Radar Approach	APP	120,600; 124,225;
Hamburg ATIS	ATIS	118,375; 123,125;
Hamburg Apron	TWR	121,700;
Hamburg Ground (Start-Up)	TWR	121,800;
Hamburg Tower	TWR	126,850; 362,300;
Hamburg Tower (Prüffrequenz)	TWR	398,450;
Hamburg Tower (Technik)	TWR	130,050; 130,400;
Hamburg Tower/Radar	TWR	372,650;
Tower (Prüffrequenz)	TWR	129,700; 230,500;
Aviation Handling Service	OPS	130,550;
Delta Airlines	OPS	130,250;
Groundair	OPS	130,850;
Lufthansa Station	OPS	131,925;
Services Inter	OPS	129,750;

Hannover

Hannover Approach	APP	344,200;
Hannover Arrival	APP	119,225; 119,600;
Hannover Radar	APP	120,225; 123,200;
Hannover Radar (Reserve)	APP	118,050;
Hannover Radar Approach	APP	118,150; 131,325; 252,700;
Hannover Radar Approach/Arrival	APP	312,200;
Hannover ATIS	ATIS	132,125;
Hannover Ground	TWR	121,950;

Hannover Tower	TWR	120,175; 123,550;
Hannover Tower (Militärfrequenz)	TWR	337,750;
Hannover Tower/Radar	TWR	299,950;
Air Services	OPS	130,550;
Flamingo Eurowings	OPS	131,775;
Hapag Lloyd	OPS	130,450;
Lufthansa Maintenance	OPS	131,550;
Lufthansa Station (B737-Flotte)	OPS	136,825;

Köln/Bonn

Düsseldorf Arrival	APP	120,250; 292,550;
Düsseldorf Radar	APP	120,900; 381,100;
Köln/Bonn Arrival	APP	121,050;
Köln/Bonn ATIS	ATIS	119,025;
Köln/Bonn Ground	TWR	121,850;
Köln/Bonn Ramp (Militärfrequenz)	TWR	378,450;
Köln/Bonn Tower	TWR	120,500; 124,975; 259,700; 291,200;
Köln/Bonn Tower (Luftwaffe)	TWR	122,100;
Köln/Bonn Tower (Militärfrequenz)	TWR	282,800; 296,800; 384,350;
Köln/Bonn Tower (Reserve)	TWR	121,725;
Köln/Bonn Tower (Technik)	TWR	130,050; 130,400;
Air Services (HAPAG/ BATMAN)	OPS	130,550;
Germania	OPS	130,025; 130,075;
Groundair	OPS	130,850;

Lufthansa CityLine	OPS	136,850;
Lufthansa Maintenance	OPS	131,550;
Lufthansa Station	OPS	136,825; 130,150; 131,875;
Ogden Aviation	OPS	129,750;
Speedway Deutsche BA	OPS	131,800;

Leipzig

Leipzig Radar	APP	124,175;
Leipzig Radar (Ausweichfrequenz)	APP	119,700;
Leipzig ATIS	ATIS	120,525;
Leipzig Ground	TWR	121,600;
Leipzig Tower	TWR	121,100;
Leipzig Tower (Militärfrequenz)	TWR	122,900;
Leipzig Tower (Reserve)	TWR	118,700;
Leipzig Tower/Radar	TWR	337,800;
Leipzig/Halle Tower (Technik)	TWR	307,650;
Lufthansa Station	OPS	131,925;

Mönchengladbach

Information	AFIS	122,500;
Mönchengladbach Ground	TWR	121,925;
Mönchengladbach Tower	TWR	118,125;
Tower (Reserve)	TWR	132,425;

München

München Radar	ACC	124,050; 124,825; 129,100; 129,450; 132,550; 133,675; 230,250; 312,050; 339,950; 381,150; 383,400;

München (Ausweichfrequenz)	ACC	126,450;
München Radar (Technik)	ACC	130,050;
München Radar (Militärfrequenz)	ACC	234,900; 249,850; 259,650; 270,000; 282,350; 299,400; 300,650; 372,500; 376,600; 379,800; 386,250; 386,600;
München(Wachfrequenz)	ACC	362,300;
München Director	APP	118,825; 279,600;
München Arrival	APP	120,775; 128,025;
München Departure	APP	123,900; 127,950; 128,250;
München Radar	APP	131,225;
München ATIS	ATIS	118,375; 123,125;
München Information	FIS	120,650; 123,200; 126,950; 241,950;
München Tower 1-N	TWR	118,700;
München Tower (Reserve)	TWR	120,200;
München Tower 1-S	TWR	120,500;
München De-Icing-Coordinator	TWR	121,600;
München De-Icing	TWR	121,650; 121,875;
München Delivery	TWR	121,725; 337,750;
München Apron	TWR	121,775; 121,925;
München Ground	TWR	121,825; 121,975;
München Tower	TWR	257,000;
München Tower (Militärfrequenz)	TWR	317,750;
München Radar	UAC	127,375; 132,725; 132,875; 133,750; 134,150; 277,550; 369,950; 375,250;
München Radar (Ausweichfrequenz)	UAC	128,975;
München Radar (Technik)	ZÜ	122,900;

Lufthansa Cityline	OPS	130,175;
Delta Airlines	OPS	130,250;
Avitrans MTM-Aviation	OPS	130,650;
LTU Operations	OPS	130,650;
München Air Services	OPS	130,650;
Air France	OPS	131,500;
Lufthansa Maintenance	OPS	131,550;
Flamingo Eurowings	OPS	131,775;
Speedway Deutsche BA	OPS	131,800;
Lufthansa Station	OPS	131,925;
Lufthansa Station (B737-Flotte)	OPS	136,825;

Münster/Osnabrück

Düsseldorf Radar	APP	136,700;
Münster/Osnabrück ATIS	ATIS	121,175;
Münster/Osnabrück ATIS	ATIS	127,175;
Hopsten GCA	MIL	124,450;
Münster Tower	TWR	129,800; 257,800;
Münster Tower (Reserve)	TWR	119,900;
Air Berlin/Deutsche BA	OPS	130,175;
Lufthansa Cityline/ Hansaline	OPS	130,175;

Nürnberg

Nürnberg Radar Approach	APP	118,975;
Nürnberg Radar Approach/Arrival	APP	344,500;
Nürnberg Radar Arrival	APP	119,475; 119,525;
Nürnberg ATIS	ATIS	123,075;
Nürnberg Information	FIS	123,200; 127,975; 277,600;

Nürnberg Ground	TWR	118,100;
Nürnberg Tower	TWR	118,300;
Nürnberg Tower (Militärfrequenz)	TWR	317,750; 337,750;
Aero Lloyd	OPS	130,000;
Air France	OPS	130,850;
Lufthansa Station	OPS	131,925;

Saarbrücken

Frankfurt Radar	APP	129,675;
Ramstein Approach	APP	119,650; 129,050;
Saarbrücken Tower	TWR	118,350;
Saarbrücken Tower (Reserve)	TWR	118,550;
DLT	OPS	130,175;

Stuttgart

Stuttgart Arrival	APP	119,850; 279,350;
Stuttgart Radar	APP	118,600; 278,050;
Stuttgart Radar Approach	APP	119,200; 125,050; 338,650;
Stuttgart ATIS	ATIS	126,125;
Stuttgart Information	FIS	128,950;
Stuttgart Metro (U.S. Army)	METRO	140,300; 379,000;
Stuttgart Apron	TWR	121,700; 121,775;
Stuttgart Ground	TWR	121,900;
Stuttgart Tower	TWR	118,800; 119,050;
Stuttgart Tower (Enteisung)	TWR	136,825;
Stuttgart Tower (Militärfrequenz)	TWR	337,750;
Stuttgart Tower (U.S. Air Force)	TWR	317,750;

Army Operations	OPS	141,650; 374,200; 374,300;
Contact Air	OPS	130,000;
Deutsche Rettungs-flugwacht	OPS	129,900;
Lufthansa Station	OPS	131,925;
Speedway Deutsche BA	OPS	131,800;
Stuttgart Operations	OPS	129,750;

Westerland

Westerland Dispatch		130,200;
Information	AFIS	122,000;
Sylt Apron	TWR	121,825;
Sylt Tower	TWR	119,750;
Aeroline	OPS	130,600;
Friesen-Flug	OPS	130,250;

Blick auf die Funkanlage im Cockpit eines kleineren Flugzeuges. Von oben nach unten sehen Sie: zwei UKW-Sprechfunkgeräte (COMM), zwei UKW-Navigationsempfänger (NAV) und einen Empfänger für ungerichtete Mittelwellen-Funkfeuer (ADF). (Foto: Becker-Flugfunk)

Flugfunk im VHF/UHF-Bereich

Die folgende Liste enthält alle Bodenfunkstellen ziviler und militärischer Flughäfen, Bezirkskontrollstellen und Landeplätze in Deutschland.

Frequenz	Standort	Dienst	Rufname (Bemerkungen)
118,025	Frankfurt	ATIS	Frankfurt ATIS
118,050	Hannover	APP	Hannover Radar (Reserve)
118,075	Barth	AFIS	Information
118,075	Speyer	AFIS	Information
118,100	Berlin	TWR	Tempelhof Tower
118,100	Kassel-Calden	TWR	Kassel Tower
118,100	Nürnberg	TWR	Nürnberg Ground
118,125	Grünzburg-Donauried	AFIS	Information
118,125	Mönchengladbach	TWR	Mönchengladbach Tower
118,125	Norden-Norddeich	AFIS	Information
118,150	Hannover	APP	Hannover Radar Approach
118,175	Allendorf/Eder	AFIS	Allendorf Information
118,175	Lachen-Speyerdorf	AFIS	Information
118,175	Neumagen-Dhron	AFIS	Information
118,175	Oldenburg-Hatten	AFIS	Oldenburg Information
118,175	Rothenburg/Tauber	AFIS	Information
118,175	Thannhausen	AFIS	Information
118,200	Hamburg	APP	Hamburg Arrival
118,200	Weiden	AFIS	Information
118,250	Freiburg	AFIS	Information
118,250	Wyk auf Föhr	AFIS	Information
118,275	Bad Windsheim	AFIS	Information
118,275	Erbach	AFIS	Information
118,275	Königsdorf		Segelflug
118,275	Paderborn/Lippstadt	TWR	Paderborn Tower
118,275	Walldorf	AFIS	Information
118,300	Düsseldorf	TWR	Düsseldorf Tower
118,300	Hildesheim	AFIS	Information
118,300	Nürnberg	TWR	Nürnberg Tower
118,325	Hirzenhain	AFIS	Information
118,350	Beilngries	AFIS	Information
118,350	Bielefeld-Windelsbleiche	AFIS	Information
118,350	Erfurt	TWR	Erfurt Tower
118,350	Frankfurt	ACC	Frankfurt Radar (Notfälle)
118,350	Saarbrücken	TWR	Saarbrücken Tower
118,375	Hamburg	ATIS	ATIS
118,375	München	ATIS	ATIS
118,425	Dachau-Gröbenried	AFIS	Dachau Information
118,425	Dinkelsbühl-Sinbronn	AFIS	Information
118,425	Eggenfelden	AFIS	Information
118,425	Eudenbach		Segelflug

118,425	Lager Hammelburg	AFIS	Information
118,450	Bayreuth	TWR	Tower
118,500	Bremen	TWR	Bremen Tower
118,500	Frankfurt	APP	Frankfurt Radar Arrival
118,500	Neubiberg	AFIS	Information
118,525	Kulmbach	AFIS	Information
118,550	Arnbruck	AFIS	Information
118,550	Bremen	ACC	Bremen Radar
118,550	Gunzenhausen-Reutberg	AFIS	Information
118,550	Saarbrücken	TWR	Saarbrücken Tower (Reserve)
118,575	Bremen	TWR	Bremen Tower (Reserve)
118,600	Stuttgart	APP	Stuttgart Radar
118,625	Ganderkesee-Atlas Airfield	AFIS	Ganderkesee Information
118,625	Kirchdorf/Inn	AFIS	Kirchdorf Information
118,625	Regensburg-Oberhub	AFIS	Information
118,625	Regenstauf	AFIS	Information
118,650	Düsseldorf	APP	Düsseldorf Radar
118,650	Schleswig-Kropp	AFIS	Kropp Information
118,675	Osnabrück-Atterheide	AFIS	Information
118,700	Berlin-Tegel	TWR	Tegel Tower
118,700	Dresden	TWR	Dresden Tower (Reserve)
118,700	Leipzig	TWR	Leipzig Tower (Reserve)
118,700	München	TWR	München Tower1-N
118,700	Northeim	AFIS	Information
118,750	Düsseldorf	ACC	Düsseldorf Radar
118,775	Egelsbach	TWR	Egelsbach Tower
118,800	Stuttgart	TWR	Stuttgart Tower
118,825	München	APP	München Director
118,875	Dresden	ATIS	Dresden ATIS
118,925	Blomberg-Borkshausen	AFIS	Information
118,925	Karlshöfen	AFIS	Information
118,925	Neustadt/Aisch	AFIS	Information
118,925	Nittenau-Bruck	AFIS	Information
118,925	Sobernheim-Domberg	AFIS	Information
118,975	Nürnberg	APP	Nürnberg Radar Approach
119,000	Hodenhagen	AFIS	Information
119,000	Reichelsheim	AFIS	Information
119,025	Köln/Bonn	ATIS	Köln/Bonn ATIS
119,050	Stuttgart	TWR	Stuttgart Tower
119,075	Frankfurt	ACC	Frankfurt Radar
119,150	Frankfurt	APP	Frankfurt Radar
119,150	St. Peter-Ording	AFIS	Information
119,175	Neubrandenburg-Trollenhagen	TWR	Neubrandenburg Tower (Luftwaffe)
119,175	Vilshofen	AFIS	Information
119,200	Stadtlohn-Wenningfeld	AFIS	Information
119,200	Stuttgart	APP	Stuttgart Radar Approach
119,225	Hannover	APP	Hannover Arrival
119,250	Bonn-Hangelar	AFIS	Information
119,350	Braunschweig	TWR	Tower

119,400	Düsseldorf	APP	Düsseldorf Arrival
119,425	Berlin	UAC	Berlin Radar
119,450	Altenburg-Nobitz	AFIS	Information
119,450	Bremen	APP	Bremen Radar
119,475	Nürnberg	APP	Nürnberg Radar Arrival
119,500	Berlin	APP	Berlin Departure
119,525	Nürnberg	APP	Nürnberg Radar Arrival
119,550	Oberpfaffenhofen	TWR	Oberpfaffenhofen Tower
119,575	Berlin	TWR	Tempelhof Tower
119,600	Hannover	APP	Hannover Arrival
119,625	Berlin	APP	Berlin Arrival
119,650	Hahn	TWR	Hahn Tower
119,650	Ramstein	APP	Approach (U.S. Air Force)
119,650	Saarbrücken	APP	Ramstein Approach
119,650	Seedorf	AFIS	Information
119,700	Brüggen	ACC	Brüggen Radar (Royal Air Force)
119,700	Cottbus	ACC	Cottbus Control
119,700	Dresden	TWR	Dresden Tower
119,700	Erfurt	TWR	Erfurt Ground
119,700	Friedland	ACC	Friedland Radar
119,700	Heringsdorf	TWR	Heringsdorf Tower (Ausweichfrequenz)
119,700	Laarbruch	APP	Approach (Royal Air Force)
119,700	Leipzig/Halle	APP	Leipzig Radar (Ausweichfrequenz)
119,700	Regionale Wachfrequenz		EUM-Region
119,700	Wildenrath	TWR	Tower
119,750	Essen-Mülheim	AFIS	Information
119,750	Lahr	TWR	Tower
119,750	Westerland/Sylt	TWR	Sylt Tower
119,775	Mühldorf	AFIS	Information
119,800	Hassfurt	AFIS	Information
119,825	Bremen	FIS	Bremen Information
119,850	Stuttgart	APP	Stuttgart Arrival
119,900	Frankfurt	TWR	Frankfurt Tower1
119,900	Konstanz	AFIS	Information
119,900	Münster/Osnabrück	TWR	Münster Tower (Reserve)
119,900	Schwandorf	AFIS	Information
119,975	Kiel-Holtenau	TWR	Kiel Tower
119,975	Korbach	AFIS	Information
119,975	Neumarkt/Oberpfalz	AFIS	Information
119,975	Pfarrkirchen	AFIS	Information
119,975	Schweinfurt-Süd	AFIS	Schweinfurt Information
119,975	Weissenhorn	AFIS	Information
120,000	Parchim	AFIS	Information
120,025	Berlin-Schönefeld	TWR	Schönefeld Tower 1
120,050	Düsseldorf	ACC	Düsseldorf Radar
120,075	Rottweil-Zepfenhahn	AFIS	Information
120,150	Frankfurt	APP	Frankfurt Radar Departure
120,175	Bamberg Army Airfield	TWR	Tower (U.S. Army)
120,175	Bamberg-Breitenau	AFIS	Information

120,175	Hannover	TWR	Hannover Tower
120,200	München	TWR	München Tower (Reserve)
120,225	Hannover	APP	Hannover Radar
120,250	Düsseldorf	APP	Düsseldorf Arrival (APP Köln/Bonn)
120,250	Köln/Bonn	APP	Düsseldorf Arrival
120,275	Berlin	UAC	Berlin Radar
120,350	Bremen	ACC	Bremen Radar
120,375	Nabern/Teck	AFIS	Information
120,425	Frankfurt	APP	Frankfurt Radar Departure
120,450	Frankfurt	ACC	Frankfurt Radar
120,500	Essen-Mülheim	AFIS	Information (Reserve)
120,500	Juist	AFIS	Information
120,500	Köln/Bonn	TWR	Köln/Bonn Tower
120,500	München	TWR	München Tower 1-S
120,525	Leipzig/Halle	ATIS	Leipzig ATIS
120,575	Frankfurt	ACC	Frankfurt Radar
120,600	Hamburg	APP	Hamburg Radar Approach
120,600	Hoppstädten-Weiersbach	AFIS	Information
120,625	Berlin	APP	Berlin Departure
120,650	München	FIS	München Information
120,775	München	APP	München Arrival
120,800	Frankfurt	APP	Frankfurt Radar Approach
120,900	Düsseldorf	APP	Düsseldorf Radar (Köln/Bonn)
120,900	Köln/Bonn	APP	Düsseldorf Radar
120,925	Karlsruhe BKS	UAC	Rhein Radar/Control (Söllingen Sector)
120,975	Ultraleicht-Flugverkehr		
121,000	Baden-Baden-Oos	AFIS	Baden-Baden Information
121,025	Anspach/Taunus	AFIS	Information
121,025	Mengeringhausen	AFIS	Information
121,025	Nordholz-Spieka	AFIS	Spieka Information
121,025	Vogtareuth	AFIS	Information
121,025	Wahlstedt	AFIS	Information
121,050	Berlin-Tempelhof	APP	Berlin Radar
121,050	Köln/Bonn	APP	Köln/Bonn Arrival
121,100	Leipzig/Halle	TWR	Leipzig Tower
121,150	Erfurt	TWR	Erfurt Tower
121,175	Münster/Osnabrück	ATIS	Münster/Osnabrück ATIS
121,275	Hamburg	APP	Hamburg Arrival
121,350	Bremen	ACC	Bremen Radar
121,375	Berlin	APP	Berlin Arrival
121,400	Attendorn	AFIS	Information
121,500	Internationale Notruffrequenz		
121,600	Berlin-Schönefeld	TWR	Schönefeld Ground
121,600	Frankfurt	MIL	Frankfurt Ramp (U.S. Air Force)
121,600	Leipzig/Halle	TWR	Leipzig Ground
121,600	München	TWR	München De-Icing-Coordinator
121,650	München	TWR	München De-Icing
121,700	Frankfurt	TWR	Frankfurt Apron 1
121,700	Hamburg	TWR	Hamburg Apron

121,700	Münster	RTC	SAR Münster (Training)
121,700	Stuttgart	TWR	Stuttgart Apron
121,725	Köln/Bonn	TWR	Köln/Bonn Tower (Reserve)
121,725	München	TWR	München Delivery
121,750	Berlin	TWR	Tegel Ground
121,750	Bremen	TWR	Bremen Ground
121,750	Dresden	TWR	Dresden Apron
121,750	Egelsbach	TWR	Apron
121,750	Erfurt	TWR	Erfurt Ground
121,750	Frankfurt	ACC	Frankfurt Radar (Wachfrequenz)
121,775	Düsseldorf	TWR	Düsseldorf Delivery (Start-up)
121,775	München	TWR	München Apron
121,775	Stuttgart	TWR	Stuttgart Apron
121,800	Berlin-Schönefeld	TWR	Schönefeld Ground
121,800	Frankfurt	TWR	Frankfurt Ground 2
121,800	Hamburg	TWR	Hamburg Ground (Start-Up)
121,825	München	TWR	München Ground
121,825	Westerland/Sylt	TWR	Sylt Apron
121,850	Frankfurt	TWR	Frankfurt Apron
121,850	Köln/Bonn	TWR	Köln/Bonn Ground
121,875	München	TWR	München De-Icing
121,900	Dresden	TWR	Dresden Ground
121,900	Düsseldorf	TWR	Düsseldorf Ground
121,900	Erfurt	TWR	Erfurt Apron
121,900	Frankfurt	TWR	Frankfurt Ground (Start-Up)
121,900	Kiel-Holtenau	TWR	Kiel Apron
121,900	Stuttgart	TWR	Stuttgart Ground
121,925	Berlin	TWR	Tegel Ground
121,925	Mönchengladbach	TWR	Mönchengladbach Ground
121,925	München	TWR	München Apron
121,950	Berlin	TWR	Tempelhof Ground
121,950	Frankfurt	TWR	Frankfurt Apron
121,950	Hannover	TWR	Hannover Ground
121,975	München	TWR	München Ground
122,000	Anklam	AFIS	Information
122,000	Bad Kissingen	AFIS	Information
122,000	Barssel	AFIS	Information
122,000	Brandenburg	AFIS	Information
122,000	Bronkow	AFIS	Information
122,000	Eisenhüttenstadt	AFIS	Information
122,000	Finow	AFIS	Information
122,000	Fürstenzell	AFIS	Information
122,000	Görlitz	AFIS	Information
122,000	Greiz-Obergrochlitz	AFIS	Information
122,000	Güstrow	AFIS	Information
122,000	Hölleberg	AFIS	Information
122,000	Kempten-Durach	AFIS	Kempten Information
122,000	Laucha	AFIS	Information
122,000	Lauf-Lillinghof	AFIS	Information

122,000	Marl-Loemühle	AFIS	Information
122,000	Nienburg-Holzbalge	AFIS	Information
122,000	Nordhausen	AFIS	Information
122,000	Oppenheim	AFIS	Information
122,000	Oschersleben	AFIS	Information
122,000	Pasewalk		Segelflug
122,000	Roitzschjora	AFIS	Information
122,000	Sierksdorf	AFIS	Information
122,000	Sömmerda-Dermsdorf	AFIS	Information
122,000	Taucha	AFIS	Information
122,000	Westerland/Sylt	AFIS	Information
122,000	Zweibrücken	AFIS	Information
122,025	Deggendorf	AFIS	Information
122,025	Hornberg		Segelflug
122,025	Langeoog	AFIS	Information
122,025	Schameder	AFIS	Information
122,025	Wesel-Römerwardt	AFIS	Information
122,050	Braunschweig-Waggum	FIS	Information
122,050	Burg bei Magdeburg	AFIS	Information
122,050	Frankfurt	TWR	Frankfurt Apron 1
122,050	Jena-Schöngleina	AFIS	Jena Information
122,050	Kamenz	AFIS	Information
122,050	Neubrandenburg	AFIS	Information
122,050	Neuhardenberg	AFIS	Information
122,050	Rheine-Eschendorf	AFIS	Information
122,050	Trier-Föhren	AFIS	Trier Information
122,100	Militärische Wachfrequenz		
122,100	Ahlhorn	TWR	Tower (Luftwaffe)
122,100	Altenstadt	TWR	Tower (Heeresflieger)
122,100	Ansbach Army Heliport	TWR	Tower (U.S. Army)
122,100	Bad Kreuznach Army Heliport	TWR	Tower (U.S. Army)
122,100	Bad Tölz/Baker Airfield	TWR	Baker Tower
122,100	Bad Windsheim	AFIS	Illesheim Tower
122,100	Berlin-Tempelhof	TWR	Tempelhof Tower
122,100	Bonames Maurice Rose	TWR	Tower
122,100	Bonn-Hangelar	TWR	Tower (Bundesgrenzschutz)
122,100	Bonn-Hardthöhe Heliport	TWR	Tower (Luftwaffe)
122,100	Bremen	TWR	Tower
122,100	Büchel	TWR	Tower (Luftwaffe)
122,100	Bückeburg	TWR	Tower (Heeresflieger)
122,100	Butzweilerhof	TWR	Tower (Belgium Army)
122,100	Celle	TWR	Tower (Heeresflieger)
122,100	Coleman Army Airfield	TWR	Tower (U.S. Army)
122,100	Cottbus	TWR	Cottbus Tower
122,100	Diepholz-Dümmerland	TWR	Tower (Luftwaffe)
122,100	Eggebek	TWR	Egmont Tower (Marineflieger)
122,100	Erding	TWR	Tower (Luftwaffe)
122,100	Faßberg	TWR	Tower (Luftwaffe)
122,100	Feucht	TWR	Tower (U.S. Army)

122,100	Fritzlar	TWR	Tower (Heeresflieger)
122,100	Fulda	TWR	MIL (U.S. Army)
122,100	Fürstenfeldbruck	TWR	Fürsty Tower (Luftwaffe)
122,100	Geilenkirchen	TWR	Frisbee Tower (NATO)
122,100	Giebelstadt Army Airfield	TWR	Tower (U.S. Army)
122,100	Grafenwöhr Army Airfield	TWR	Tower (U.S. Army)
122,100	Hanau Army Airfield	TWR	Tower (U.S. Army)
122,100	Heidelberg Army Airfield	TWR	Tower (U.S. Army)
122,100	Hohenfels Army Airfield	TWR	Tower (U.S. Army)
122,100	Hohn	TWR	Tower (Luftwaffe)
122,100	Holzdorf	TWR	Tower (Luftwaffe)
122,100	Hopsten	TWR	Tower (Luftwaffe)
122,100	Husum	TWR	MIL Tower (Luftwaffe)
122,100	Illesheim	TWR	MIL (U.S. Army)
122,100	Itzehoe Hungriger Wolf	TWR	Tower (Heeresflieger)
122,100	Jever	TWR	Tower (Luftwaffe)
122,100	Kaufbeuren	TWR	Tower (Luftwaffe)
122,100	Kitzingen Army Airfield	TWR	Giebelstadt Tower (U.S. Army)
122,100	Köln/Bonn	TWR	Köln/Bonn Tower (Luftwaffe)
122,100	Laage/Rostock	TWR	Tower (Luftwaffe)
122,100	Laarbruch	TWR	Tower (Royal Air Force)
122,100	Landsberg/Lech	TWR	Tower (Luftwaffe)
122,100	Laupheim	TWR	Lima Tower (Heeresflieger)
122,100	Lechfeld	TWR	Tower (Luftwaffe)
122,100	Leck	TWR	Tower (Luftwaffe)
122,100	Ludwigsburg	TWR	Tower (U.S. Army)
122,100	Manching/Ingolstadt	TWR	Ingo Tower (Luftwaffe)
122,100	Memmingen	TWR	Tower (Luftwaffe)
122,100	Mendig	TWR	Tower (Heeresflieger)
122,100	Meppen	TWR	Tower (Heeresflieger)
122,100	Neubiberg	TWR	Tower (Luftwaffe)
122,100	Neubrandenburg-Trollenhagen	TWR	Neubrandenburg Tower (Luftwaffe)
122,100	Neuburg	TWR	Donau Tower (Luftwaffe)
122,100	Neuhausen/Eck	TWR	Hausen Tower (Heeresflieger)
122,100	Niederstetten	TWR	Stetten Tower (Heeresflieger)
122,100	Nordholz	TWR	Tower (Marineflieger)
122,100	Nörvenich	TWR	Tower (Luftwaffe)
122,100	Oberpfaffenhofen	TWR	Oberpfaffenhofen Tower
122,100	Ochsenfurt	TWR	Giebelstadt Tower
122,100	Oldenburg	TWR	Oldy Tower (Luftwaffe)
122,100	Pferdsfeld	TWR	Tower (Luftwaffe)
122,100	Ramstein Airbase	TWR	Tower (U.S. Air Force)
122,100	Rheine-Bentlage	TWR	Bentlage Tower (Heeresflieger)
122,100	Rheine-Eschendorf	TWR	Hopsten Tower
122,100	Roth	TWR	Tower (Heeresflieger)
122,100	Schleswig-Jagel	TWR	Jagel Tower (Marineflieger)
122,100	Schwäbisch Hall-Weckrieden	TWR	Tower
122,100	Sembach	TWR	Tower
122,100	Straubing	TWR	Tower

122,100	Werl	TWR	Tower
122,100	Wertheim	TWR	Tower
122,100	Wiesbaden-Erbenheim	TWR	Tower (U.S. Army)
122,100	Wildenrath	TWR	Tower (Royal Air Force)
122,100	Wilhelmshaven.Mariensiel	TWR	Jever Tower
122,100	Wittmund-Hafen	TWR	Tower (Luftwaffe)
122,100	Wunstorf	TWR	Tower (Luftwaffe)
122,150	Mannheim-Neuostheim	AFIS	Mannheim Information
122,175	Klippeneck		Segelflug
122,175	Lauterbach	AFIS	Information
122,175	Oerlinghausen	AFIS	Information
122,175	Teck		Segelflug
122,175	Würzburg-Schenkenturm	AFIS	Information
122,200	Altena-Hegenscheid	AFIS	Information
122,200	Bad Frankenhausen		Segelflug
122,200	Bautzen-Klix	AFIS	Klix Information
122,200	Cochstedt	AFIS	Information
122,200	Eibau	AFIS	Information
122,200	Günterode		Segelflug
122,200	Jena-Schöngleina		Segelflug
122,200	Klein Gartz		Segelflug
122,200	Oschatz	AFIS	Information
122,200	Pirna	AFIS	Information
122,200	Renneritz	AFIS	Information
122,200	Schmoldow	AFIS	Information
122,200	Spangdahlem Airbase	TWR	Tower (U.S. Air Force)
122,200	Waren-Vielist	AFIS	Information
122,200	Wittstock-Berlinchen	AFIS	Start
122,250	bundesweit		Freiballon
122,300	Ausbildung Platz		
122,300	Barth	AFIS	Segelflug
122,300	Dessau	AFIS	Start
122,300	Diepholz	AFIS	Information
122,300	Drewitz	AFIS	Segelflug
122,300	Eisenach-Kindel	AFIS	Information
122,300	Eschenlohe		Segelflug
122,300	Garbenheim		Segelflug
122,300	Grünstadt		Segelflug
122,300	Ithwiesen		Segelflug
122,300	Johannesberg/Bad Hersfeld	AFIS	Bad Hersfeld Start
122,300	Johannisau		Segelflug
122,300	Juist		Segelflug
122,300	Kaufbeuren		Segelflug
122,300	Kempten-Durach		Segelflug
122,300	Kirchheim/Teck-Hahnweide		Segelflug
122,300	Kirn		Segelflug Start
122,300	Ludwigshafen-Dannstadt		Segelflug
122,300	Magdeburg	AFIS	Segelflug
122,300	Neuhausen	AFIS	Information

122,300	Oberhinkofen		Segelflug
122,300	Peenemünde	AFIS	Start
122,300	Quackenbrück		Segelflug
122,300	Schauendahl		Segelflug
122,300	Schwann-Connweiler		Segelflug
122,300	Stendal-Borstel	AFIS	Information
122,300	Unterwössen		Segelflug
122,300	Wershofen		Segelflug
122,300	Zellhausen		Segelflug
122,300	Zierenberg		Segelflug
122,350	Bad Ditzenbach	AFIS	Information
122,350	Bad Neuenahr-Ahrweiler	AFIS	Information
122,350	Giengen-Brenz	AFIS	Information
122,350	Lemwerder	TWR	Lemwerder Tower
122,350	Montabaur		Segelflug
122,350	Pirmasens-Zweibrücken	AFIS	Information
122,375	Bremerhaven/Luneort	AFIS	Information
122,375	Dahlemer Binz	AFIS	Information
122,375	Mainbullau	AFIS	Information
122,375	Mengen	AFIS	Information
122,375	Porta Westfalica	AFIS	Porta Information
122,400	Aalen/Elching	FIS	Aalen Information
122,400	Aventoft	AFIS	Information
122,400	Bad Dürkheim	AFIS	Information
122,400	Fulda-Jossa	AFIS	Information
122,400	Harle	AFIS	Information
122,400	Kiel-Holtenau	AFIS	Information
122,400	Verden-Scharnhorst	AFIS	Information
122,400	Wangerooge	AFIS	Information
122,400	Wipperfürth-Neye	AFIS	Information
122,425	Faßberg	GCA	Faßberg GCA (Luftwaffe)
122,425	Gera-Leumnitz	AFIS	Gera Information
122,425	Hettstadt	AFIS	Information
122,425	Iserlohn-Sümmern		Segelflug
122,425	Jesenwang	AFIS	Information
122,425	Leverkusen	AFIS	Information
122,425	Schmallenberg	AFIS	Information
122,450	Helgoland-Düne	AFIS	Information
122,450	Jessenwang	AFIS	Information
122,475	Esslingen-Jägerhaus		Segelflug
122,475	Helmstedt Rote Wiese	AFIS	Helmstedt Information
122,475	Heppenheim		Segelflug
122,475	Hoya		Segelflug
122,475	Kirchhain-Amöneburg		Segelflug
122,475	Kirchzarten		Segelflug
122,475	Langenfeld-Wiescheid		Segelflug
122,475	Laufenselden		Segelflug
122,475	Peine-Glindbruchkippe		Segelflug
122,475	Roßfeld		Segelflug

122,475	Saal Am Kreuzberg		Segelflug
122,475	Sinsheim		Segelflug
122,475	Wustweiler		Segelflug
122,500	Segelflug auf Verkehrsplätzen		
122,500	Aachen-Merzbrück	AFIS	Information (Reserve)
122,500	Aschersleben	AFIS	Information
122,500	Baden-Baden-Ost	AFIS	Baden-Baden Information (Reserve)
122,500	Bamberg	TWR	Tower
122,500	Bayreuth	FIS	Information
122,500	Bohmte-Bad Essen	AFIS	Information
122,500	Burbach/Siegerland	AFIS	Siegerland Information (Reserve)
122,500	Butzweilerhof	TWR	Tower (Belgium Army)
122,500	Chemnitz	AFIS	Information
122,500	Donaueschingen-Villingen	AFIS	Donaueschingen Information (Reserve)
122,500	Dortmund-Wickede	TWR	Dortmund Tower (Reserve)
122,500	Ebern-Sendelbach	AFIS	Information
122,500	Emden	AFIS	Information
122,500	Essen-Mülheim	AFIS	Information
122,500	Fehrbellin	AFIS	Information
122,500	Flensburg-Schäferhaus	TWR	Tower
122,500	Fürstenwalde	AFIS	Information
122,500	Gießen-Lützellinden	AFIS	Lützellinden Information
122,500	Gotha-Ost	AFIS	Gotha Information
122,500	Greding		Segelflug
122,500	Gundelfingen		Segelflug
122,500	Hof	AFIS	Information
122,500	Landsberg/Lech		Segelflug
122,500	Lübeck-Blankensee	TWR	Lübeck Tower (Reserve)
122,500	Lüchow-Rehbeck	AFIS	Lüchow Information
122,500	Mannheim-Neuostheim	AFIS	Mannheim Information
122,500	Mönchengladbach	AFIS	Information
122,500	Neuburg-Egweil	AFIS	Information
122,500	Nordenbeck	AFIS	Information
122,500	Oehna	AFIS	Information
122,500	Paderborn/Lippstadt	TWR	Tower
122,500	Porta Westfalica	AFIS	Porta Information (Reserve)
122,500	Rheine-Eschendorf	TWR	Tower
122,500	Schwabmünchen	AFIS	Information
122,500	Schwerin-Pinnow	AFIS	Pinnow Information
122,500	St. Michaelisdonn	AFIS	Information
122,500	Tannhausen	AFIS	Information
122,500	Trier-Föhren		Segelflug
122,550	Segelflug Überlandstreckenflug		
122,550	Neuhausen/Cottbus		Segelflug
122,600	Ahrenlohe	AFIS	Information
122,600	Backnang	AFIS	Information
122,600	Bad Frankenhausen	AFIS	Information
122,600	Bad Wörishofen	AFIS	Information
122,600	Boxberg-Unterschüpf	AFIS	Information

122,600	Breitscheid	AFIS	Information
122,600	Dedelow	AFIS	Information
122,600	Dessau	AFIS	Information
122,600	Donzdorf-Messelberg	AFIS	Information
122,600	Drewitz	AFIS	Information
122,600	Düren untere Saar	AFIS	Information
122,600	Emden	TWR	Tower (Bedarf)
122,600	Griesau	AFIS	Information
122,600	Grube	AFIS	Information
122,600	Heide-Büsum	AFIS	Information
122,600	Karlsruhe-Forchheim	TWR	Tower
122,600	Laage-Rostock	AFIS	Information
122,600	Lahr	AFIS	Information
122,600	Linkenheim	AFIS	Information
122,600	Norderney	AFIS	Information
122,600	Peine-Eddesse	AFIS	Information
122,600	Pritzwalk-Sommersberg	AFIS	Information
122,600	Riesa-Göhlis	AFIS	Riesa Information
122,600	Rudolstadt-Groschwitz	AFIS	Rudolstadt Information
122,600	Saarlouis-Düren	AFIS	Information
122,600	Soest-Bad Sassendorf	AFIS	Information
122,600	Treuchtlingen-Bubenheim	AFIS	Information
122,600	Werneuchen	AFIS	Information
122,600	Weser-Wümme	AFIS	Information
122,625	Hamm-Lippewiesen	AFIS	Hamm Information
122,625	Kührstett-Bederkesa	AFIS	Information
122,650	Koblenz-Winningen	AFIS	Information
122,650	Nordhorn-Klausheide	AFIS	Nordhorn Information
122,650	Pasewalk	AFIS	Information
122,675	Aschaffenburg	AFIS	Information
122,675	Werdohl-Küntrop	AFIS	Information
122,675	Werneuchen	AFIS	Information
122,700	Auerbach	AFIS	Information
122,700	Ballenstedt	AFIS	Information
122,700	Dinslaken Schwarze Heide	AFIS	Information
122,700	Großenhain	AFIS	Information
122,700	Rothenburg/Oberlausitz	AFIS	Information
122,700	Rothenburg/Tauber	AFIS	Information (Reserve)
122,700	Schönhagen	AFIS	Information
122,700	Uetersen	AFIS	Information
122,750	Betzdorf-Kirchen	AFIS	Information
122,750	Biberach/Riss	AFIS	Information
122,750	Detmold	TWR	Tower (Royal Army)
122,750	Kehl-Sundheim	AFIS	Information
122,750	Walldürn	AFIS	Information
122,800	Bord-Bord-Frequenz		
122,800	Frankfurt		(Technik)
122,825	Preschen	AFIS	Information
122,825	Tannheim	AFIS	Information

122,850	Bopfingen	AFIS	Information
122,850	Flensburg-Schäferhaus	AFIS	Information
122,850	Friedrichsdorf	AFIS	Information
122,850	Gardelegen	AFIS	Information
122,850	Herzogenaurach	AFIS	Information
122,850	Hüttenbusch/Worpswede	AFIS	Hüttenbusch Information
122,850	Idar-Oberstein-Göttschied	AFIS	Information
122,850	Krefeld-Egelsberg	AFIS	Information
122,850	Mauterndorf	AFIS	Information
122,850	Mosbach-Lohrbach	AFIS	Mosbach Information
122,850	Mühlhausen	AFIS	Information
122,850	Münster-Telgte	AFIS	Information
122,850	Nauen-Bienenfarm	AFIS	Bienenfarm Information
122,850	Ober-Mörlen	AFIS	Information
122,850	Purkshof	AFIS	Information
122,850	Reinsdorf	AFIS	Information
122,850	Salzgitter-Drütte	AFIS	Information
122,850	Schwenningen	AFIS	Information
122,850	Uelzen	AFIS	Information
122,875	Aachen-Merzbrück	AFIS	Information
122,875	Landshut-Ellermühle	AFIS	Information
122,875	Langenlonsheim	AFIS	Information
122,875	Leutkirch-Unterzeil	AFIS	Information
122,900	Karlsruhe BKS	ZÜ	Rhein Radar/Control (Technik)
122,900	Kyritz	AFIS	Information
122,900	Leipzig/Halle	TWR	Leipzig Tower (Militärfrequenz)
122,900	München	ZÜ	München Radar (Technik)
122,900	Neuhausen/Cottbus	AFIS	Neuhausen Information
122,900	Neustadt/Glewe	AFIS	Information
122,900	Suhl-Goldlauter	AFIS	Suhl Information
122,900	Zwickau	AFIS	Information
122,925	Borken-Hoxfeld	AFIS	Hoxfeld Information
122,925	Dresden	TWR	Dresden Tower
122,925	Herscheid	AFIS	Information
122,925	Mainz-Finthen	AFIS	Finthen Information
122,925	Plettenberg-Hüingshausen	AFIS	Information
122,925	Rinteln	AFIS	Information
122,975	Segelflug Ausbildung		
122,975	Mindelheim-Mattsies	AFIS	Information
123,000	Alkersleben	AFIS	Information
123,000	Bad Gandersheim	AFIS	Information
123,000	Bad Waldsee-Reute	AFIS	Information
123,000	Böhlen	AFIS	Information
123,000	Borkum	AFIS	Information
123,000	Eggersdorf-Müncheberg	AFIS	Information
123,000	Eichstätt	AFIS	Information
123,000	Emden	TWR	Tower (Bedarf)
123,000	Großrückerswalde	AFIS	Information
123,000	Güttin/Rügen	AFIS	Information

123,000	Kamp-Lintfort	AFIS	Information
123,000	Lichtenfels	AFIS	Information
123,000	Marburg-Schönstadt	AFIS	Information
123,000	Meschede-Schüren	AFIS	Information
123,000	Nardt	AFIS	Information
123,000	Nauen	AFIS	Information
123,000	Neumünster	AFIS	Information
123,000	Ochsenfurt	AFIS	Information
123,000	Ottengrüner Heide	AFIS	Information
123,000	Reiselfingen		Segelflug
123,000	Rerik-Zweedorf	AFIS	Information
123,000	Schmidgaden	AFIS	Information
123,000	Schönebeck	AFIS	Information
123,000	Schweighofen	AFIS	Information
123,000	Schweinfurt	AFIS	Information
123,000	Stade	AFIS	Information
123,000	Stadtlohn-Wennigfeld		Segelflug
123,000	Traben-Trarbach	AFIS	Information
123,000	Varrelbusch/Cloppenburg	AFIS	Varrelbusch Information
123,000	Vilsbiburg	AFIS	Information
123,025	Arnsberg	AFIS	Information
123,025	Heubach	AFIS	Information
123,050	Achmer	AFIS	Information
123,050	Ailertchen	AFIS	Information
123,050	Baltrum	AFIS	Information
123,050	Bautzen-Litten	AFIS	Bautzen Information
123,050	Blumberg	AFIS	Information
123,050	Magdeburg	AFIS	Information
123,050	Mosenberg	AFIS	Information
123,050	Neunkirchen-Bexbach		Segelflug
123,050	Oberschleißheim		Segelflug
123,050	Paderborn-Haxterberg	AFIS	Information
123,050	Pennewitz	AFIS	Information
123,050	Poltringen		Segelflug
123,050	Rechlin-Lärz	AFIS	Lärz Information
123,050	Straubing-Wallmühle	TWR	Tower
123,050	Strausberg	AFIS	Information
123,050	Wissmar-Müggenburg	AFIS	Information
123,050	Wülzburg		Segelflug
123,075	Gelnhausen	AFIS	Information
123,075	Nürnberg	ATIS	Nürnberg ATIS
123,100	NATO-Intern		
123,100	Such- und Rettungseinsätze	SAR	
123,125	Hamburg	ATIS	Hamburg ATIS
123,125	München	ATIS	München ATIS
123,125	Neresheim	AFIS	Information
123,150	Segelflug Ausbildung Bord		
123,150	Babenhausen		Segelflug
123,150	Bad Buchau-Egelsee	AFIS	Egelsee Information

123,150	Baumerlenbach		Segelflug
123,150	Bisperode		Segelflug
123,150	Bollrich		Segelflug
123,150	Borkenberge		Segelflug
123,150	Braunfels		Segelflug
123,150	Düsseldorf-Wolfsaap		Segelflug
123,150	Ellwangen		Segelflug
123,150	Emmerich-Palmersward		Segelflug
123,150	Große Wiese		Segelflug
123,150	Hagensteinerhof		Segelflug
123,150	Hamburg-Bergedorf		Boberg Segelflug
123,150	Hangensteiner Hof		Segelflug
123,150	Hellenhagen		Segelflug
123,150	Herbrum/Ems		Segelflug
123,150	Hornberg		Segelflug
123,150	Hülben		Segelflug
123,150	Kell		Segelflug
123,150	Kyritz		Segelflug
123,150	Oppingen-Au		Segelflug
123,150	Pohlheim-Vierheide		Segelflug
123,150	Rothenberg		Segelflug
123,150	Singhofen		Segelflug
123,150	Stüde-Bernsteinsee		Segelflug
123,150	Sultmer Berg		Segelflug
123,150	Tarmstedt		Segelflug
123,150	Tauberbischofsheim		Segelflug
123,150	Übersberg		Segelflug
123,150	Vielbrunn		Segelflug
123,150	Waldeck		Segelflug
123,150	Welzheim		Segelflug
123,200	Bremen	FIS	Bremen Information
123,200	Düsseldorf	FIS	Düsseldorf Information
123,200	Frankfurt	FIS	Frankfurt Information
123,200	Hamburg	APP	Hamburg Radar
123,200	Hannover	APP	Hannover Radar
123,200	München	FIS	München Information
123,200	Nürnberg	FIS	Nürnberg Information
123,225	Berlin-Tempelhof	ACC	Berlin Radar
123,250	Hamburg-Finkenwerder	TWR	Finkenwerder Tower
123,250	Herten-Rheinfelden	AFIS	Information
123,250	Kirchheim/Teck-Hahnweide		Segelflug
123,250	Pfullendorf	AFIS	Information
123,30	Laage/Rostock	GCA	GCA (Luftwaffe)
123,300	Ahlhorn	GCA	Ahlhorn Radar (Luftwaffe)
123,300	Brüggen	TWR	Brüggen Tower (Royal Air Force)
123,300	Büchel	GCA	GCA (Luftwaffe)
123,300	Bückeburg	GCA	Radar (Heeresflieger)
123,300	Eggebek	GCA	Egmont GCA (Marineflieger)
123,300	Erding	GCA	GCA (Luftwaffe)

123,300	Fritzlar	GCA	Radar (Heeresflieger)
123,300	Fürstenfeldbruck	GCA	Fürsty GCA (Luftwaffe)
123,300	Geilenkirchen	GCA	Frisbee GCA (NATO)
123,300	Gütersloh	GCA	GCA (Royal Air Force)
123,300	Heidelberg Army Airfield	GCA	GCA (U.S. Army)
123,300	Hohn	GCA	Radar (Luftwaffe)
123,300	Holzdorf	GCA	Radar (Luftwaffe)
123,300	Hopsten	GCA	GCA (Luftwaffe)
123,300	Itzehoe Hungriger Wolf	GCA	GCA (Heeresflieger)
123,300	Jever	GCA	GCA (Luftwaffe)
123,300	Laarbruch	GCA	GCA (Royal Air Force)
123,300	Lahr	APP	Approach
123,300	Landsberg/Lech	GCA	GCA (Luftwaffe)
123,300	Laupheim	GCA	Lima GCA (Heeresflieger)
123,300	Lechfeld	GCA	GCA (Luftwaffe)
123,300	Manching/Ingolstadt	GCA	Ingo GCA (Luftwaffe)
123,300	Memmingen	GCA	GCA (Luftwaffe)
123,300	Mendig	GCA	GCA (Heeresflieger)
123,300	Neubrandenburg-Trollenhagen	GCA	Neubrandenburg Radar (Luftwaffe)
123,300	Neuburg	GCA	Donau GCA (Luftwaffe)
123,300	Niederstetten	GCA	Stetten GCA (Heeresflieger)
123,300	Nordholz	GCA	Radar (Marineflieger)
123,300	Nörvenich	GCA	GCA (Luftwaffe)
123,300	Pferdsfeld	GCA	GCA (Luftwaffe)
123,300	Rheine-Bentlage	GCA	Bentlage GCA (Heeresflieger)
123,300	Schleswig-Jagel	GCA	Jagel GCA (Marineflieger)
123,300	Wiesbaden-Erbenheim	GCA	GCA (U.S. Army)
123,300	Wilsche		Segelflug
123,300	Wittmund-Hafen	GCA	GCA (Luftwaffe)
123,300	Wunstorf	GCA	Radar (Luftwaffe)
123,325	Frankfurt	ACC	Frankfurt Radar
123,350	Segelflug (allgemein)		
123,350	Agathazeller Moos		Segelflug
123,350	Aichach		Segelflug
123,350	Aschendorf		Segelflug
123,350	Aukrug		Segelflug
123,350	Bad Brückenau		Segelflug
123,350	Bad Wildungen		Segelflug
123,350	Bad Wörishofen		Segelflug
123,350	Bartholomä-Amalienhof		Segelflug
123,350	Bischofsberg		Segelflug
123,350	Borkenberge		Segelflug
123,350	Büchel		Segelflug
123,350	Bunderthal-Rumbach		Segelflug
123,350	Büren		Segelflug
123,350	Burgheim		Segelflug
123,350	Cham-Janahof		Segelflug
123,350	Daun-Senheld		Segelflug
123,350	Dobenreuth		Segelflug

123,350	Dornsode		Segelflug
123,350	Dorsten		Segelflug
123,350	Düsseldorf-Wolfsaap		Segelflug
123,350	Ellwangen		Segelflug
123,350	Emmerich-Palmersward		Segelflug
123,350	Erbendorf-Schweißlohe		Segelflug
123,350	Frechen		Segelflug
123,350	Friesener Warte		Segelflug
123,350	Füssen		Segelflug
123,350	Gießen		Segelflug
123,350	Große Wiese		Segelflug
123,350	Großes Moor		Segelflug
123,350	Hagensteinerhof		Segelflug
123,350	Haiterbach-Nagold		Segelflug
123,350	Hallertau		Segelflug
123,350	Halver		Segelflug
123,350	Hangensteiner Hof		Segelflug
123,350	Haßloch		Segelflug
123,350	Hermuthausen		Segelflug
123,350	Hersbruck		Segelflug
123,350	Holtorfsloh		Segelflug
123,350	Hornberg		Segelflug
123,350	Kirchheim/Teck-Hahnweide		Segelflug
123,350	Kitzingen		Segelflug
123,350	Konz-Könen		Segelflug
123,350	Kreuzberg/Rhön		Segelflug
123,350	Kronach		Segelflug
123,350	Kusel		Segelflug
123,350	Leuzendorf		Segelflug
123,350	Ludwigshafen-Dannstadt		Segelflug
123,350	Lüsse		Segelflug
123,350	Malmsheim		Segelflug
123,350	Markdorf		Segelflug
123,350	Oberems		Segelflug
123,350	Ottenberg		Segelflug
123,350	Paterzell		Segelflug
123,350	Peißenberg		Segelflug
123,350	Pennewitz		Segelflug
123,350	Quackenbrück		Segelflug
123,350	Rammertshof		Segelflug
123,350	Schäferhalde		Segelflug
123,350	Soest	TWR	Salamanca Info (Royal Air Force)
123,350	Tröstau		Segelflug
123,350	Utscheid		Segelflug
123,350	Weipertshofen		Segelflug
123,350	Zell-Haidberg		Segelflug
123,375	Aschersleben	AFIS	Information
123,375	Bensheim		Segelflug
123,375	Büching		Segelflug

123,375	Delmenhorst		Segelflug
123,375	Hilden-Kesselsweier		Segelflug
123,375	Hilzingen		Segelflug
123,375	Ithwiesen		Segelflug
123,375	Kirn	AFIS	Information
123,375	Michelbach		Segelflug
123,375	Nidda		Segelflug
123,375	Schwalmstadt		Segelflug
123,375	Siegen-Eisernhardt		Segelflug
123,375	Vaihingen		Segelflug
123,375	Zell-Haidberg		Segelflug
123,400	Segelflug Begleitung und Rückholer		
123,400	Arnsberg-Ruhrwiese		Segelflug
123,400	Bad Königshofen		Segelflug
123,400	Borghorst-Füchten		Segelflug
123,400	Bückeburg-Weinberg		Segelflug
123,400	Geitau		Segelflug
123,400	Grambeker Heide		Segelflug
123,400	Hilden-Kesselsweier		Segelflug
123,400	Hoya		Segelflug
123,400	Mannheim-Neuostheim		Segelflug
123,400	Nordhorn-Klausheide		Segelflug
123,400	Oeventrop-Ruhrwiesen		Segelflug
123,400	Steinberg/Wesseln		Segelflug
123,400	Stüde-Bernsteinsee		Segelflug
123,400	Wilsche		Segelflug
123,425	Ultraleichtflugzeuge Ausbildung		
123,425	Haren-Dankern	AFIS	Dankern Information
123,450	Groß Kreutz	AFIS	Information
123,450	Hengsen-Opherdicke		Segelflug
123,450	Speyer	TWR	Tower
123,450	Wilhelmshaven-Mariensiel	OPS	Wiking
123,475	Bollrich	AFIS	Bollrich Information
123,475	Butzbach		Segelflug
123,475	Eßweiler		Segelflug
123,475	Fürth-Seckendorf		Segelflug
123,475	Gedern		Segelflug
123,475	Karlstadt-Saupurzel		Segelflug
123,475	Löchgau		Segelflug
123,475	Marpingen		Segelflug
123,475	Radevormwald-Leye		Segelflug
123,475	Reinheim		Segelflug
123,475	Schnuckenheide-Repke	AFIS	Schnuckenheide Information
123,475	Stillberghof		Segelflug
123,475	Wächtersberg-Hub		Segelflug
123,500	Segelflug Ausbildung Platz		
123,500	Aachen-Diepenlinchen		Segelflug
123,500	Alsfeld		Segelflug
123,500	Altenbachtal		Segelflug

123,500	Altfeld		Segelflug
123,500	Altötting		Segelflug
123,500	Asperden-Knobbenhof		Segelflug
123,500	Bad Brückenau		Segelflug
123,500	Bad Langensalza	AFIS	Information
123,500	Bad Zwischenahn-Rostrup		Segelflug
123,500	Baldenau		Segelflug
123,500	Bartholomä-Amalienhof		Segelflug
123,500	Benediktbeuren		Segelflug
123,500	Berneck		Segelflug
123,500	Biberach/Riss		Segelflug
123,500	Bischofsberg		Segelflug
123,500	Bisperode		Segelflug
123,500	Bohlenberger Feld		Segelflug
123,500	Borkenberge		Segelflug
123,500	Brannenburg		Segelflug
123,500	Brokzetel		Segelflug
123,500	Büching		Segelflug
123,500	Bückeberg-Weinberg		Segelflug
123,500	Burgheim		Segelflug
123,500	Daun-Senheld		Segelflug
123,500	Degmarn		Segelflug
123,500	Der Dingel		Segelflug
123,500	Diemelstadt		Segelflug
123,500	Dornberg-Sontra		Segelflug
123,500	Dürabuch		Segelflug
123,500	Düsseldorf-Wolfsaap		Segelflug
123,500	Edermünde-Grifte		Segelflug
123,500	Emden		Segelflug
123,500	Emmerich-Palmersward		Segelflug
123,500	Eßweiler		Segelflug
123,500	Etting-Adelmannsberg		Segelflug
123,500	Farrenberg		Segelflug
123,500	Finsterwalde	AFIS	Information
123,500	Freising Lange-Haken		Segelflug
123,500	Geilenkirchen-Teveren		Segelflug
123,500	Geratshof		Segelflug
123,500	Goch	AFIS	Information
123,500	Greding		Segelflug
123,500	Haßloch		Segelflug
123,500	Hattenbach		Segelflug
123,500	Hattorf/Aue		Segelflug
123,500	Hayingen		Segelflug
123,500	Heilbronn-Böckingen		Segelflug
123,500	Heiligenberg		Segelflug
123,500	Hellenhagen		Segelflug
123,500	Hengsen-Opherdicke		Segelflug
123,500	Hermuthausen		Segelflug
123,500	Hersbruck		Segelflug

123,500	Hessisch-Lichtenau		Segelflug
123,500	Hienheim		Segelflug
123,500	Hildesheim Sieben Bergen		Segelflug
123,500	Hoherodskopf		Segelflug
123,500	Homberg/Ohm		Segelflug
123,500	Höpen		Segelflug
123,500	Hornberg		Segelflug
123,500	Im Unteren Stadtteich		Segelflug
123,500	Iserlohn-Rheinermark		Segelflug
123,500	Isny-Rotmoos		Segelflug
123,500	Karlstadt-Saupurzel		Segelflug
123,500	Kirchheim/Teck-Hahnweide		Segelflug
123,500	Kitzingen		Segelflug
123,500	Klein Gartz		Segelflug
123,500	Kleve Wisseler Dünen		Segelflug
123,500	Konz-Könen		Segelflug
123,500	Kreuzberg/Rhön		Segelflug
123,500	Kronach		Segelflug
123,500	Laucha		Segelflug
123,500	Lechfeld		Segelflug
123,500	Leuzendorf		Segelflug
123,500	Lindlar		Segelflug
123,500	Lünen-Lippeweiden		Segelflug
123,500	Magdeburg		Segelflug
123,500	Memmingen		Segelflug
123,500	Menden-Barge		Segelflug
123,500	Metzingen		Segelflug
123,500	Münsingen-Eisberg		Segelflug
123,500	Neresheim		Segelflug
123,500	Nordenham-Blexen	AFIS	Information
123,500	Ochsenhausen		Segelflug
123,500	Oldenburg		Segelflug
123,500	Oppershausen		Segelflug
123,500	Ottenberg		Segelflug
123,500	Parchim	AFIS	Segelflug
123,500	Plätzer		Segelflug
123,500	Pleidelsheim		Segelflug
123,500	Pritzwalk		Segelflug
123,500	Rammertshof		Segelflug
123,500	Rüdesheim		Segelflug
123,500	Saal Am Kreuzberg		Segelflug
123,500	Salzgitter		Segelflug
123,500	Schäferhalde		Segelflug
123,500	Scheuen		Segelflug
123,500	Schlechtenfeld		Segelflug
123,500	Schnuckenheide-Repke		Segelflug
123,500	Schotten		Segelflug
123,500	Schreckhof		Segelflug
123,500	Segeletz	AFIS	Start

123,500	Sevelen		Segelflug
123,500	St. Michaelisdonn		Segelflug
123,500	Stauffenbühl		Segelflug
123,500	Steinberg/Surwold		Segelflug
123,500	Stolberg-Diepenlinchen		Segelflug
123,500	Stölln-Rhinow	AFIS	Start
123,500	Stralsund	AFIS	Start
123,500	Stüde-Bernsteinsee		Segelflug
123,500	Sultmer Berg		Segelflug
123,500	Sundern-Seidfeld		Segelflug
123,500	Treuchtlingen-Bubenheim		Segelflug
123,500	Tröstau		Segelflug
123,500	Ummern		Segelflug
123,500	Uslar		Segelflug
123,500	Vinsebeck-Frankenberg		Segelflug
123,500	Walsrode-Luisenhöhe		Segelflug
123,500	Wangen-Kißleg		Segelflug
123,500	Warburg		Segelflug
123,500	Weipertshofen		Segelflug
123,500	Wenzendorf		Segelflug
123,500	Wershofen		Segelflug
123,500	Witzenhausen		Segelflug
123,500	Wülzburg		Segelflug
123,525	Frankfurt	ACC	Frankfurt Radar
123,550	Hannover	TWR	Hannover Tower
123,550	Ramstein	TWR	Tower (U.S. Air Force)
123,600	Ampfing-Waldkraiburg	AFIS	Ampfing Information
123,600	Bremen	ACC	Bremen Radar
123,600	Dingolfing	AFIS	Information
123,600	Eggebek	APP	Bremen Radar
123,600	Elz	AFIS	Information
123,600	Gerstetten	AFIS	Information
123,600	Hetzleser Berg	AFIS	Information
123,600	Saulgau	AFIS	Information
123,600	Weinheim	AFIS	Information
123,625	Grefrath-Niershorst	AFIS	Information
123,625	Hoppstädten-Weiersbach	TWR	Tower
123,625	Höxter/Holzminden	AFIS	Information
123,625	Laichlingen	AFIS	Information
123,650	Aalen-Heidenheim	AFIS	Information
123,650	Ansbach-Petersdorf	AFIS	Information
123,650	Bad Berka	AFIS	Information
123,650	Bad Neustadt-Grasberg	AFIS	Information
123,650	Bergneustadt/Dümpel	AFIS	Information
123,650	Celle-Arloh	AFIS	Information
123,650	Gießen-Reiskirchen	AFIS	Reiskirchen Information
123,650	Hockenheim	AFIS	Information
123,650	Köthen	AFIS	Information
123,650	Lauenbrück	AFIS	Information

123,650	Melle-Grönegau	AFIS	Information
123,650	Michelstadt	AFIS	Information
123,650	Moosburg	AFIS	Information
123,650	Rendsburg-Schachtholm	AFIS	Information
123,650	Saarmund	AFIS	Information
123,650	Thalmässing-Waizenhofen	AFIS	Thalmässing Information
123,650	Vilshofen	TWR	Tower
123,650	Westerstede-Felde	AFIS	Information
123,650	Winzeln-Schramberg	AFIS	Information
123,775	Düsseldorf	ATIS	ATIS
123,825	Bottenhorn	AFIS	Information
123,850	Gatow Klaydow	TWR	Tower
123,850	Saarmund	AFIS	Information
123,900	München	APP	München Departure
123,925	Bremen	ACC	Bremen Radar
123,950	Wasserkuppe	ATC	Berlin Control
124,000	Laage/Rostock	TWR	Tower (Luftwaffe)
124,025	Karlsruhe BKS	UAC	Rhein Radar/Control (Würzburg Sector)
124,050	München	ACC	München Radar
124,075	Bremen	ACC	Bremen Radar
124,125	Berlin	ACC	Berlin Radar (Ausweichfrequenz)
124,175	Leipzig/Halle	APP	Leipzig Radar
124,200	Frankfurt	APP	Frankfurt Radar Arrival/Director
124,225	Hamburg	APP	Hamburg Radar Approach
124,250	Donaueschingen-Villingen	AFIS	Donaueschingen Information
124,250	Holzdorf	GCA	Radar (Luftwaffe)
124,275	Burbach/Siegerland	AFIS	Siegerland Information
124,350	Düsseldorf	ACC	Düsseldorf Radar
124,350	Friedrichshafen	TWR	Friedrichshafen Tower
124,350	Hof	TWR	Hof Tower
124,375	Frankfurt	ACC	Frankfurt Radar
124,425	Frankfurt	ACC	Frankfurt Radar
124,450	Hopsten	GCA	Local Radar (Luftwaffe)
124,450	Münster/Osnabrück	MIL	Hopsten GCA
124,475	Frankfurt	ACC	Frankfurt Radar
124,475	Irsingen		Segelflug
124,500	Holzdorf	TWR	Tower (Luftwaffe)
124,525	Berlin-Tegel	TWR	Tegel Tower
124,575	Augsburg	ATIS	ATIS
124,600	Worms	AFIS	Information
124,625	Hamburg	APP	Hamburg Radar
124,650	Bremen	ACC	Bremen Radar
124,650	Straubing-Wallmühle	AFIS	Straubing Information
124,675	Düsseldorf	ACC	Düsseldorf Radar
124,725	Frankfurt	ACC	Frankfurt Radar
124,750	Halle-Oppin	AFIS	Oppin Information
124,750	Offenburg	AFIS	Information
124,800	Bremen	ACC	Bremen Radar
124,825	München	ACC	München Radar

124,850	Frankfurt	TWR	Frankfurt Tower
124,900	Frankfurt	ACC	Frankfurt Radar
124,950	Berlin-Schönefeld	ATIS	ATIS
124,975	Augsburg	TWR	Tower
124,975	Köln/Bonn	TWR	Köln/Bonn Tower
125,050	Stuttgart	APP	Stuttgart Radar Approach
125,100	Albstadt-Deggerfeld	AFIS	Information
125,200	Frankfurt	ACC	Frankfurt Radar
125,225	Düsseldorf	APP	Düsseldorf Radar (APP Paderborn)
125,225	Paderborn/Lippstadt	TWR	Paderborn Tower
125,350	Bremen	ACC	Bremen Radar
125,400	Frankfurt	ACC	Frankfurt Radar
125,575	Manching/Ingolstadt	GCA	Ingo GCA (Luftwaffe)
125,600	Frankfurt	ACC	Frankfurt Radar
125,600	Kiel-Holtenau	TWR	Kiel Tower (Reserve)
125,625	Berlin	APP	Berlin Radar (TRD Dresden)
125,625	Dresden	APP	Berlin Radar
125,650	Bremen	APP	Bremen Radar
125,675	Illertissen	AFIS	Information
125,700	Karlsruhe-Forchheim	AFIS	Forchheim Information
125,800	Berlin	FIS	Berlin Information
125,850	Bremen	ACC	Bremen Radar
125,875	Borkenberge	AFIS	Information
125,900	Berlin-Tegel	ATIS	Tegel ATIS
126,025	Berlin-Tempelhof	ATIS	ATIS
126,075	Berlin	ACC	Berlin Radar (Ausweichfrequenz)
126,125	Stuttgart	ATIS	Stuttgart ATIS
126,150	Düsseldorf	ACC	Düsseldorf Radar
126,350	Berlin	FIS	Berlin Information
126,425	Berlin	ACC	Berlin Radar
126,450	München	ACC	München (Ausweichfrequenz)
126,550	Berlin	UAC	Berlin Radar
126,650	Bremen	ACC	Bremen Radar
126,700	Cottbus	ACC	Cottbus Radar
126,725	Gransee	AFIS	Information
126,725	Kassel-Calden	TWR	Kassel Tower (Fallschirm)
126,750	Koblenz-Winningen	AFIS	Information (Fallschirm)
126,850	Hamburg	TWR	Hamburg Tower
126,950	München	FIS	München Information
127,050	Frankfurt	ACC	Frankfurt Radar
127,100	Hartenholm	AFIS	Information
127,125	Berlin	APP	Berlin Arrival
127,150	Altdorf-Wallburg	AFIS	Information
127,175	Münster/Osnabrück	ATIS	Münster/Osnabrück ATIS
127,275	Frankfurt	APP	Frankfurt Radar (Reserve)
127,325	Frankfurt	TWR	Frankfurt Tower (Reserve)
127,375	München	UAC	München Radar
127,400	Bremen	VOLMET	Bremen Volmet
127,450	Rosenthal-Plössen	AFIS	Information

127,450	Wolfhagen-Granerberg	AFIS	Information
127,500	Frankfurt	ACC	Frankfurt Radar
127,600	Frankfurt	VOLMET	Frankfurt Volmet 1
127,625	Maastricht Eurocontrol	UAC	Maastricht Control
127,700	Laichingen	AFIS	Information
127,725	Frankfurt	ACC	Frankfurt Radar
127,875	Berlin-Schönefeld	TWR	Schönefeld Tower 2 Reserve
127,925	Frankfurt	ACC	Frankfurt Radar (Ausweichfrequenz)
127,950	München	APP	München Departure
127,975	Nürnberg	FIS	Nürnberg Information
128,025	Erding	APP	München Radar (Luftwaffe)
128,025	München	APP	München Arrival
128,075	Berlin	UAC	Berlin Radar (Ausweichfrequenz)
128,225	Karlsruhe BKS	UAC	Rhein Radar/Control (UH Fulda/Erlangen)
128,250	München	APP	München Departure
128,300	Friedland	ACC	Friedland Radar
128,375	Bruchsal	AFIS	Information
128,400	Berlin-Schönefeld	VOLMET	Schönefeld Volmet
128,550	Düsseldorf	ACC	Düsseldorf Radar
128,650	Düsseldorf	ACC	Düsseldorf Radar
128,700	Lübeck-Blankensee	TWR	Lübeck Tower
128,775	Bremen	ACC	Bremen Radar
128,800	Laage/Rostock	PAR2	Final Radar (Luftwaffe)
128,825	Karlsruhe BKS	UAC	Rhein Radar/Control (UH Frankfurt)
128,850	Düsseldorf	APP	Düsseldorf Arrival
128,925	Dierdorf-Wienau	AFIS	Information
128,950	Stuttgart	FIS	Stuttgart Information
128,975	München	UAC	München Radar (Ausweichfrequenz)
129,000	Neubrandenburg-Trollenhagen	GCA	Neubrandenburg Radar (Luftwaffe)
129,000	Söllingen	TWR	Tower
129,050	Pferdsfeld	APP	Lauter Radar (Luftwaffe)
129,050	Ramstein	APP	Approach (U.S. Air Force)
129,050	Saarbrücken	APP	Ramstein Approach
129,100	München	ACC	München Radar
129,175	Düsseldorf	ACC	Düsseldorf Radar
129,225	Schwäbisch Hall-Hessental	AFIS	Information
129,225	Schwäbisch Hall-Weckrieden	AFIS	Information
129,250	Brandis	AFIS	Information
129,250	Donauwörth-Genderkingen	AFIS	Donauwörth Information
129,250	Wilhelmshaven-Mariensiel	AFIS	Information
129,350	Frankfurt	ACC	Frankfurt Radar
129,375	Brilon	AFIS	Information
129,450	München	ACC	München Radar
129,475	Frankfurt	ACC	Frankfurt Radar
129,500	Laage/Rostock	PAR	Final Radar (Luftwaffe)
129,600	Friedrichshafen	ATIS	Friedrichshafen ATIS
129,675	Frankfurt	ACC	Frankfurt Radar
129,675	Saarbrücken	APP	Frankfurt Radar
129,700	Hamburg	TWR	Tower (Prüffrequenz)

129,750	Berlin-Schönefeld	OPS	Ogden-Aviation
129,750	Bremen	OPS	Intair
129,750	Düsseldorf	OPS	Aerolloyd
129,750	Düsseldorf	OPS	Istanbul Airlines
129,750	Düsseldorf	OPS	Ogden Aviation
129,750	Hamburg	OPS	Services Inter
129,750	Hannover	OPS	
129,750	Köln/Bonn	OPS	Ogden Aviation
129,750	Stuttgart	OPS	Stuttgart Operations
129,800	Coburg-Steinrücken	AFIS	Information
129,800	Münster/Osnabrück	TWR	Münster Tower
129,850	Holzdorf	PAR	Final Radar (Luftwaffe)
129,850	Manching/Ingolstadt	TWR	Ingo Tower (Luftwaffe)
129,850	Neuburg	TWR	Donau Tower (Luftwaffe)
129,850	Nörvenich	PAR	Final Radar (Luftwaffe)
129,875	Düsseldorf	FIS	Düsseldorf Information
129,900	Frankfurt	OPS	Tyrolean
129,900	Reichelsheim	OPS	Heli-Flight
129,900	Stuttgart	OPS	Deutsche Rettungsflugwacht
129,950	Nürnberg	OPS	
129,975	Altdorf-Hagenhausen		Segelflug
129,975	Asslar		Segelflug
129,975	Bad Marienberg/Oberroßbach		Segelflug
129,975	Bohlhof		Segelflug
129,975	Bückeburg-Weinberg		Segelflug
129,975	Ernzen		Segelflug
129,975	Eutingen		Segelflug
129,975	Gammelsdorf		Segelflug
129,975	Geilenkirchen-Teveren		Segelflug
129,975	Gruibingen-Nortel		Segelflug
129,975	Hamburg-Neugraben		Fischbeck Segelflug
129,975	Kamen-Heeren		Segelflug
129,975	Langenpreising		Segelflug
129,975	Langenselbold		Segelflug
129,975	Leibertingen		Segelflug
129,975	Lüsse	AFIS	Information
129,975	Malsch		Segelflug
129,975	Mockmühl-Korb		Segelflug
129,975	Mönchsheide		Segelflug
129,975	Müllheim		Segelflug
129,975	Riedlingen		Segelflug
129,975	Schwarzheide-Schipkau	AFIS	Information
129,975	Uslar	AFIS	Information
129,975	Wilsche	AFIS	Wilsche Information
130,000	Frankfurt/Oberursel	OPS	Aero Lloyd Dispatch
130,000	Nürnberg	OPS	Aero Lloyd
130,000	Stuttgart	OPS	Contact Air
130,025	Berlin-Tegel	OPS	Condor
130,025	Hirzenhain		Segelflug

130,025	Köln	OPS	Germania
130,050	DFS-Flugvermessung		
130,050	Düsseldorf	TWR	Düsseldorf Tower (Technik)
130,050	Frankfurt	ACC	Frankfurt Radar (Technik)
130,050	Hamburg	TWR	Hamburg Tower (Technik)
130,050	Köln/Bonn	TWR	Köln/Bonn Tower (Technik)
130,050	München	ACC	München Radar (Technik)
130,075	Köln/Bonn	OPS	Germania
130,075	Meppen Flugvermessung	TWR	Tower (Heeresflieger)
130,100	Frankfurt	OPS	FRAGAS/FAG
130,100	Mannheim-Neuostheim	OPS	Argus
130,125	Altfeld		Segelflug
130,125	Bad Königshofen		Segelflug
130,125	Bergheim		Segelflug
130,125	Deckenpfronn-Egelsee		Segelflug
130,125	Dillingen		Segelflug
130,125	Frechen		Segelflug
130,125	Grabenstetten		Segelflug
130,125	Hörbach		Segelflug
130,125	Hünsborn	AFIS	Information
130,125	Hütten/Hotzenwald		Segelflug
130,125	Landau-Ebenberg		Segelflug
130,125	Lebenstedt		Segelflug
130,125	Meiersberg		Segelflug
130,125	Mülben		Segelflug
130,125	Musbach		Segelflug
130,125	Nastätten		Segelflug
130,125	Neresheim		Segelflug
130,125	Osterholz-Scharmbeck		Segelflug
130,125	Riedelbach		Segelflug
130,125	Stahringen-Wahlwies		Segelflug
130,125	Völkleshoven-Lichtenberg		Segelflug
130,150	Frankfurt	OPS	Lufthansa Station/Catering LSG/Ground
130,150	Köln/Bonn	OPS	Lufthansa Station
130,150	Maastricht Eurocontrol	UAC	Lippe Radar (Militärfrequenz)
130,175	Frankfurt	OPS	Lufthansa Cityline
130,175	München	OPS	Lufthansa Cityline
130,175	Münster/Osnabrück	OPS	Air Berlin/Deutsche BA
130,175	Münster/Osnabrück	OPS	Lufthansa Cityline/Hansaline
130,175	Saarbrücken	OPS	DLT
130,200	Düsseldorf	OPS	Travelair
130,200	Harle	OPS	Information
130,200	Kassel-Calden	OPS	HFS
130,200	Westerland/Sylt		Westerland Dispatch
130,250	Dortmund	OPS	RFG Operations
130,250	Ganderkesee	OPS	Atlas Air-Service
130,250	Hamburg	OPS	Delta Airlines
130,250	München	OPS	Delta Airlines
130,250	Salzgitter	AFIS	Lebenstedt Information

130,250	Untermusbach		Segelflug
130,250	Westerland/Sylt	OPS	Friesen-Flug
130,400	DFS-Flugvermessung		
130,400	Frankfurt	ACC	Frankfurt Radar (Technik)
130,400	Hamburg	TWR	Hamburg Tower (Technik)
130,400	Köln/Bonn	TWR	Köln/Bonn Tower (Technik)
130,425	Berlin-Tegel	OPS	Air Berlin
130,425	Frankfurt	OPS	Swissair Dispatch
130,450	Allendorf/Eder	OPS	Vissmann-Werke
130,450	Düsseldorf	OPS	Hapag Lloyd
130,450	Frankfurt	OPS	Hapag Lloyd
130,450	Hahn	OPS	Dispatch
130,450	Hannover	OPS	Hapag Lloyd
130,450	Mannheim-Neuostheim	OPS	EAS
130,500	Brüggen	ACC	Brüggen Radar/Tower (Royal Air Force)
130,500	Laarbruch	GCA	GCA (Royal Air Force)
130,500	Rester Coordination Centre	CTR	Rester Center
130,550	Bremen	OPS	Air Services
130,550	Düsseldorf	OPS	Pegasus
130,550	Düsseldorf	OPS	WK/ALB
130,550	Hamburg	OPS	Aviation Handling Service
130,550	Hannover	OPS	Air Services
130,550	Köln/Bonn	OPS	Air Services (HAPAG/BATMAN)
130,575	Segelflug Schulbetrieb		
130,575	Oerlinghausen		Segelflug
130,600	Binningen	AFIS	Information
130,600	Blaubeuren	AFIS	Information
130,600	Dresden	OPS	Dresden Dispatch
130,600	Emden	OPS	OLT Emden
130,600	Ingelfingen-Bühlhof	AFIS	Information
130,600	Lübeck-Blankensee	OPS	Holsten Air
130,600	Meinerzhagen	AFIS	Information
130,600	Nannhausen	AFIS	Information
130,600	Westerland/Sylt	OPS	Aeroline
130,650	Düsseldorf	OPS	LTU Operations
130,650	Erfurt	OPS	Erfurt Operation Ground Handling
130,650	Friedrichshafen	OPS	Deutsche BA
130,650	München	OPS	Avitrans MTM-Aviation
130,650	München	OPS	LTU Operations
130,650	München	OPS	München Air Services
130,700	Berlin	TWR	Tower (Bundesgrenzschutz)
130,700	Bonn-Hangelar	TWR	Tower (Bundesgrenzschutz)
130,750	Frankfurt	OPS	Condor OZ
130,775	Burg Feuerstein	AFIS	Feuerstein Information
130,775	Leer-Nüttermoor	AFIS	Leer Information
130,800	Bord-Bord Rettungshubschrauber		
130,800	Bielefeld-Windelsbleiche	TWR	Gütersloh Tower
130,800	Düsseldorf	APP	Clutch Radar
130,800	Gütersloh	TWR	Tower (Royal Air Force)

130,800	Laarbruch	APP	Approach (Royal Air Force)
130,850	Düsseldorf	OPS	Adria/ Interrot
130,850	Hamburg	OPS	Groundair
130,850	Köln/Bonn	OPS	Groundair
130,850	Nürnberg	OPS	Air France
130,900	Bundesgrenzschutz Tower-Frequenz		
130,975	Frankfurt	ACC	Frankfurt Radar (Ausweichfrequenz)
131,050	Berlin	ACC	Berlin Radar
131,075	Maastricht Eurocontrol	UAC	Lippe Radar (Militärfrequenz)
131,225	Koordinierungsfrequenz		
131,225	Koblenz	OPS	Sperber
131,225	München	APP	München Radar
131,300	Frankfurt	ACC	Frankfurt Radar
131,325	Hannover	APP	Hannover Radar Approach
131,400	Berlin-Tegel	OPS	Delta Airlines
131,400	Berlin-Tempelhof	OPS	Air Tempelhof
131,450	Berlin-Tegel	OPS	Aero Lloyd/Tegel Aircraft Handling
131,450	Frankfurt	OPS	Alitalia
131,475	Frankfurt	OPS	CALEY OPS Caledonian
131,475	Frankfurt	OPS	Crossair/Austrian/KLM
131,475	Frankfurt	OPS	Lufthansa Station Operations
131,500	Frankfurt	OPS	Air France
131,500	Frankfurt	OPS	Saudia
131,500	München	OPS	Air France
131,525	Frankfurt	OPS	Monarch Air
131,550	Frankfurt	OPS	Lufthansa Maintenance
131,550	Hannover	OPS	Lufthansa Maintenance
131,550	Köln	OPS	Lufthansa Maintenance
131,550	München	OPS	Lufthansa Maintenance
131,575	Frankfurt/Kelsterbach	OPS	Condor Flugdienst
131,650	Frankfurt	OPS	Japan Airlines
131,675	Frankfurt	OPS	Alitalia
131,700	Düsseldorf	OPS	Scandinavian/Iberia
131,700	Frankfurt	OPS	VIASA
131,725	Frankfurt	OPS	Lufthansa ACARS-Data
131,750	Berlin-Schönefeld	OPS	Lufthansa
131,750	Frankfurt	OPS	Lufthansa Operations
131,775	Berlin-Tempelhof	OPS	Flamingo Eurowings
131,775	Hannover	OPS	Flamingo Eurowings
131,775	München	OPS	Flamingo Eurowings
131,800	Bord-Bord-Frequenz		
131,800	Berlin-Tegel	OPS	Speedway Deutsche BA
131,800	Düsseldorf	OPS	LTU
131,800	Düsseldorf	OPS	Speedway Deutsche BA
131,800	Köln/Bonn	OPS	Speedway Deutsche BA
131,800	München	OPS	Speedway Deutsche BA
131,800	Stuttgart	OPS	Speedway Deutsche BA
131,825	Frankfurt	OPS	TAP Air Portugal
131,850	Berlin-Schönefeld	OPS	Condor Flugdienst/BLAS

131,850	Berlin-Schönefeld	OPS	Lufthansa
131,850	Frankfurt	OPS	Delta Airlines
131,875	Frankfurt	OPS	Lufthansa Dispatch/Flight Plan/Slot
131,875	Köln/Bonn	OPS	Lufthansa Station
131,900	Frankfurt	OPS	Lufthansa
131,900	Frankfurt	OPS	Speedbird British Airways
131,925	Berlin-Tegel	OPS	Lufthansa Station
131,925	Bremen	OPS	Lufthansa Station
131,925	Dresden	OPS	Lufthansa Station
131,925	Düsseldorf	OPS	Lufthansa Station
131,925	Frankfurt	OPS	Lufthansa B747 Maintenance
131,925	Friedrichshafen	OPS	Lufthansa Station
131,925	Hamburg	OPS	Lufthansa Station
131,925	Leipzig	OPS	Lufthansa Station
131,925	München	OPS	Lufthansa Station
131,925	Nürnberg	OPS	Lufthansa Station
131,925	Stuttgart	OPS	Lufthansa Station
132,025	Helgoland	ACC	See Radar
132,025	Pegnitz Zipser Berg	AFIS	Information
132,050	Herrenteich	AFIS	Information
132,075	Karlsruhe BKS	UAC	Rhein Radar/Control (Nattenheim Sector)
132,125	Hannover	ATIS	Hannover ATIS
132,150	Karlsruhe BKS	UAC	Rhein Radar/Control (Erlangen Sector)
132,250	Fürstenwalde	RTC	SAR
132,250	Münster	RTC	SAR Münster
132,300	Erfurt	APP	Berlin Radar
132,325	Karlsruhe BKS	UAC	Rhein Radar/Control (Frankfurt Sector)
132,375	Bad Pyrmont	AFIS	Information
132,400	Karlsruhe BKS	UAC	Rhein Radar/Control (Tango Sector)
132,425	Mönchengladbach	TWR	Tower (Reserve)
132,500	Fürstenwalde	RTC	SAR
132,550	München	ACC	München Radar
132,575	Cottbus	TWR	Cottbus Tower
132,700	Berlin	APP	Berlin Arrival
132,725	München	UAC	München Radar
132,825	Heringsdorf	TWR	Heringsdorf Tower
132,850	Maastricht Eurocontrol	UAC	Maastricht Control (Olno Sector)
132,875	München	UAC	München Radar
132,925	Bremen	ACC	Bremen Radar
133,075	Nördlingen	AFIS	Information
133,250	Maastricht Eurocontrol	UAC	Maastricht Control (Ruhr Sector)
133,275	Karlsruhe BKS	UAC	Rhein Radar/Control (UH Söllingen/Tango)
133,300	Damme	AFIS	Information
133,325	Schwabach-Heidenberg	AFIS	Information
133,425	Wasserkuppe		Segelflug
133,550	Bremen	FIS	Bremen Information
133,575	Berlin	ACC	Berlin Radar
133,650	Karlsruhe BKS	UAC	Rhein Radar/Control (Fulda Sector)
133,675	München	ACC	München Radar

133,725	Bremen	ACC	Bremen Radar (Ausweichfrequenz)
133,750	München	UAC	München Radar
133,775	Paderborn/Lippstadt	TWR	Paderborn Tower (Reserve)
133,850	Maastricht Eurocontrol	UAC	Maastricht Control (Münster Sector)
133,950	Maastricht Eurocontrol	UAC	Maastricht Control (Reserve)
134,150	München	UAC	München Radar
134,175	Dortmund-Wickede	TWR	Dortmund Tower
134,200	Frankfurt	ACC	Frankfurt Radar
134,650	Berlin	ACC	Berlin Radar
134,850	Welzow	AFIS	Information
134,900	Coburg-Brandenstein.	AFIS	Information
134,950	Karlsruhe BKS	UAC	Rhein Radar/Control (Nattenheim Sector)
135,025	Karlsruhe BKS	UAC	Rhein Radar/Control (Militärfrequenz)
135,150	Maastricht Eurocontrol	UAC	Maastricht Control (Hamburg Sector)
135,350	Düsseldorf	FIS	Düsseldorf Information
135,450	Maastricht Eurocontrol	UAC	Maastricht Control
135,600	Fürstenfeldbruck	TWR	Fürsty Tower (Luftwaffe)
135,650	Maastricht Eurocontrol	UAC	Maastricht Control (Solling Sector)
135,700	Bremen	FIS	Bremen Information
135,725	Frankfurt	ACC	Frankfurt Radar
135,750	Berlin	UAC	Berlin Radar
135,775	Frankfurt	VOLMET	Frankfurt Volmet 2
135,825	Maastricht Eurocontrol	UAC	Lippe Radar (Militärfrequenz)
135,950	Karlsruhe BKS	UAC	Rhein Radar/Control (Wachfrequenz)
135,975	Maastricht Eurocontrol	UAC	Maastricht Control (Reserve)
136,000	Berlin-Tegel	TWR	Berlin Militär (Militärfrequenz)
136,025	Karlsruhe BKS	UAC	Rhein Radar/Control (Backup)
136,050	Berlin	ACC	Berlin Radar
136,175	Erfurt	ATIS	Erfurt ATIS
136,450	Berlin	ACC	Berlin Radar
136,525	Karlsruhe BKS	UAC	Rhein Radar/Control (UH Würzburg)
136,625	Düsseldorf	ACC	Düsseldorf Radar (Ausweichfrequenz)
136,700	Düsseldorf	ACC	Düsseldorf Radar
136,700	Münster/Osnabrück	APP	Düsseldorf Radar
136,725	Karlsruhe BKS	UAC	Rhein Radar/Control (UH Nattenheim)
136,825	Dresden	OPS	Lufthansa Station (B737-Flotte)
136,825	Düsseldorf	OPS	Lufthansa Station (B737-Flotte)
136,825	Hannover	OPS	Lufthansa Station (B737-Flotte)
136,825	Köln	OPS	Lufthansa Station
136,825	München	OPS	Lufthansa Station (B737-Flotte)
136,825	Stuttgart	TWR	Stuttgart Tower (Enteisung)
136,850	Frankfurt	OPS	ANA
136,850	Köln	OPS	Lufthansa CityLine
136,875	Frankfurt	OPS	Lufthansa Station
138,100	Staffelführung		
138,150	Jever	TWR	Tower (Luftwaffe)
138,150	Pferdsfeld	GCA	GCA (Luftwaffe)
138,200	Landsberg/Lech	GCA	Radar (Luftwaffe)
138,200	Nörvenich	GCA	Nörvenich GCA (Luftwaffe)

138,250	Fulda	APP	Approach
138,250	Grafenwöhr Army Airfield	APP	Approach (U.S. Army)
138,250	Schwäbisch Hall	APP	Approach
138,250	Sembach	TWR	Tower
138,400	Landsberg/Lech	TWR	Tower (Luftwaffe)
138,450	Büdingen Army Heliport	TWR	Tower (U.S. Army)
138,450	Laupheim	PAR	Lima Final Radar (Heeresflieger)
138,450	Mendig	GCA	Mendig Radar (Heeresflieger)
138,500	Fürstenfeldbruck	GCA	Fürsty Radar (Luftwaffe)
138,500	Wiesbaden	TWR	(U.S. Air Force)
138,550	Wittmund-Hafen	GCA	Local Radar (Luftwaffe)
138,575	Maastricht Eurocontrol	UAC	Lippe Radar (Militärfrequenz)
138,600	Darmstadt	TWR	Tower
138,600	Gießen	TWR	Tower
138,600	Landstuhl Army Heliport	ADV	Advisory (U.S. Army)
138,600	Nellingen	TWR	Tower
138,600	Schleswig-Jagel	GCA	Radar (Luftwaffe)
138,600	Schwäbisch Gmünd	TWR	Tower
138,600	Wunstorf	TWR	Tower (Luftwaffe)
138,700	NATO-Intern 2		
138,700	Landsberg/Lech	TWR	(Technik/Luftwaffe)
138,750	Giebelstadt Army Airfield	TWR	Tower (U.S. Army)
138,850	Schweinfurt	TWR	Tower
138,900	Eggebek	GCA	Radar (Marineflieger)
138,900	Ramstein	APP	Approach (U.S. Air Force)
139,050	Ansbach Army Heliport	TWR	Tower (U.S. Army)
139,050	Schleswig-Jagel	TWR	Tower (Luftwaffe)
139,150	Jever	GCA	Local Radar (Luftwaffe)
139,150	Werl	TWR	Tower
139,200	Bückeburg	GCA	Radar (Heeresflieger)
139,300	Butzweilerhof	TWR	Tower (Belgium Army)
139,300	Niederstetten	GCA	Stetten Radar (Heeresflieger)
139,350	Wittmund-Hafen		Flugsportgruppe
139,500	Coleman Army Airfield	TWR	FLT FLW (U.S. Army)
139,500	Lechfeld	TWR	Tower (Luftwaffe)
139,525	Wiesbaden	TWR	ATIS (U.S. Army)
139,750	Gütersloh	APP	Radar (Royal Air Force)
139,875	Geilenkirchen	COM	Magic Command (NATO)
140,000	Staffelführung		
140,050	Itzehoe Hungriger Wolf	GCA	Radar (Heeresflieger)
140,075	Geilenkirchen	TWR	Frisbee Tower (NATO AWACS)
140,300	Coleman Army Airfield	TWR	METRO (U.S. Army)
140,300	Feucht	TWR	METRO (U.S. Army)
140,300	Giebelstadt Army Airfield	TWR	METRO (U.S. Army)
140,300	Grafenwöhr Army Airfield	TWR	METRO (U.S. Army)
140,300	Hanau Army Airfield	TWR	METRO (U.S. Army)
140,300	Heidelberg Army Airfield	TWR	METRO (U.S. Army)
140,300	Schwäbisch Hall	TWR	METRO (U.S. Army)
140,300	Stuttgart	METRO	Stuttgart Metro (U.S. Army)

140,400	Wittmund-Hafen	TWR	Tower (Luftwaffe)
140,450	Büchel	TWR	Tower (Luftwaffe)
140,500	Eggebek	TWR	Egmont Tower (Marineflieger)
140,600	Diepholz-Dümmerland	TWR	Tower (Luftwaffe)
140,600	Memmingen	TWR	Tower (Luftwaffe)
140,750	Rheine-Bentlage	GCA	Bentlage Radar (Heeresflieger)
140,950	Memmingen	GCA	Radar (Luftwaffe)
140,950	Wiesbaden	TWR	(U.S. Air Force)
141,100	Eifel Control	APP	Approach
141,100	Hohn	GCA	Radar (Luftwaffe)
141,100	Spangdahlem	ADV	(U.S. Air Force)
141,300	Ansbach Army Heliport	TWR	Ground (U.S. Army)
141,300	Coleman Army Airfield	TWR	Ground (U.S. Army)
141,300	Feucht	TWR	Ground
141,300	Giebelstadt Army Airfield	TWR	Ground (U.S. Army)
141,300	Grafenwöhr Army Airfield	TWR	Ground (U.S. Army)
141,300	Hanau Army Airfield	TWR	Ground (U.S. Army)
141,300	Heidelberg Army Airfield	TWR	Tower (U.S. Army)
141,300	Kitzingen Army Airfield	TWR	Ground (U.S. Army)
141,300	Schwäbisch Hall	TWR	Ground
141,350	Bückeburg	TWR	Tower (Heeresflieger)
141,350	Sembach	TWR	METRO (U.S. Army)
141,400	Ahlhorn	TWR	Tower (Luftwaffe)
141,450	Kaufbeuren	TWR	Tower
141,600	Nordholz	GCA	Radar (Marineflieger)
141,650	Stuttgart	OPS	Army Operations
141,700	Faßberg	TWR	Tower (Luftwaffe)
141,700	Hohn	TWR	Tower (Luftwaffe)
141,700	Pferdsfeld	TWR	Tower (Luftwaffe)
141,700	Rheine-Bentlage	TWR	Tower (Heeresflieger)
141,800	Augsburg	TWR	Gablingen Operations
141,950	Bad Kreuznach Army Heliport	TWR	Tower (U.S. Army)
141,950	Bad Tölz/Baker Airfield	TWR	Tower (U.S. Army)
141,950	Hohenfels Army Airfield	TWR	Tower (U.S. Army)
141,950	Wertheim	TWR	Tower (U.S. Army)
142,050	Giebelstadt Army Airfield	TWR	Tower (U.S. Army)
142,200	Feucht	TWR	Tower (U.S. Army)
142,200	Heidelberg Army Airfield	TWR	Tower (U.S. Army)
142,350	Wiesbaden-Erbenheim	TWR	Tower (U.S. Army)
142,450	Grafenwöhr Army Airfield	TWR	Tower (U.S. Army)
142,450	Hanau Army Airfield	TWR	Tower (U.S. Army)
142,450	Schwäbisch Hall	TWR	Tower (U.S. Army)
142,500	Neubiberg	TWR	Tower (U.S. Army)
142,500	Wunstorf	GCA	Radar (Luftwaffe)
142,550	Rhein Radar	CTR	MUAC
142,650	Coleman Army Airfield	TWR	Tower (U.S. Army)
142,650	Kitzingen Army Airfield	TWR	Tower (U.S. Army)
142,850	Münster	TWR	LTK Münster (Luftwaffe)
142,900	Baumholder Army Airfield	TWR	Tower (U.S. Army)

142,900	Bonames Maurice Rose	TWR	Tower (U.S. Army)
142,900	Fulda	TWR	Tower (U.S. Army)
142,900	Illesheim Storck Bks	TWR	Tower (U.S. Army)
142,900	Nordholz	TWR	Tower (Marineflieger)
142,900	Nörvenich	TWR	Tower (Luftwaffe)
142,900	Pirmasens	TWR	Tower (U.S. Army)
143,350	Laupheim	GCA	Lima Radar (Heeresflieger)
143,350	Pferdsfeld	PAR	Final Radar (Luftwaffe)
143,400	Geilenkirchen	ACC	Frisbee Radar (NATO AWACS)
143,750	Heidelberg Army Airfield	APP	Approach (U.S. Army)
143,750	Neubrandenburg-Trollenhagen	GCA	Neubrandenburg Radar (Luftwaffe)
143,800	Sembach	COM	Command Post
143,925	Karlsruhe BKS	UAC	Rhein Radar/Control (Militärfrequenz)

UHF-Bereich

230,250	München	ACC	München Radar
230,400	Berlin	ACC	Berlin Radar (Militärfrequenz)
230,500	Hamburg	TWR	Tower (Prüffrequenz)
231,300	Berlin	ACC	Berlin Radar (Ausweichfrequenz)
231,300	Frankfurt	MIL	Frankfurt Ramp (U.S. Air Force)
231,650	Bremen	ACC	Bremen Radar (NATO Hamburg)
231,900	Eifel Control	APP	Arrival
231,900	Spangdahlem	ADV	(U.S. Air Force)
233,450	Frankfurt	ACC	Frankfurt Radar
233,750	Kiel-Holtenau	TWR	Kiel Tower
233,900	Berlin	FIS	Berlin Information
234,900	München	ACC	München Radar (Militärfrequenz)
235,200	Rhein UAC Karlsruhe	UAC	Radar
241,725	Berlin	ACC	Berlin Radar
241,775	Manching/Ingolstadt	SAPP	Ingo Radar (Luftwaffe)
241,950	München	FIS	München Information
242,000	Bremen	ACC	Bremen Radar
242,050	Karlsruhe BKS	UAC	Rhein Radar/Control (UH Nattenheim)
242,200	Düsseldorf	APP	Düsseldorf Radar (APP Münster/Osnabrück)
242,200	Greven	APP	Düsseldorf Radar (Militärfrequenz)
242,400	Bord-Bord (NATO)		
242,500	Celle	TWR	Tower (Heeresflieger)
242,700	Ramstein	APP	Approach (U.S. Air Force)
243,000	Internationale Notruffrequenz		
243,400	Bord-Bord (NATO Kanal E1)		
243,400	Neuburg	TWR	Donau Tower (Luftwaffe)
243,600	Frankfurt	TWR	Frankfurt Ramp (U.S. Air Force)
244,550	Büchel	OPS	Büchel Radar (Luftwaffe)
244,600	Wildenrath	TWR	Ground
244,850	Prüm	TWR	Morpha
244,900	Karlsruhe BKS	UAC	Rhein Radar/Control (Militärfrequenz)
245,100	SAR-Übungsfrequenz		

245,100	Nellingen	TWR	Tower
245,300	Spangdahlem	COM	Command Post (U.S. Air Force)
246,900	Detmold	TWR	Tower (Royal Army)
247,100	Münster	TWR	LTK Münster (Luftwaffe)
247,650	Geilenkirchen	TWR	Frisbee Tower (NATO)
248,700	Söllingen	TWR	Tower
249,450	Nordholz	GCA	Radar (Marineflieger)
249,500	Itzehoe Hungriger Wolf	ASR	Radar (Heeresflieger)
249,650	Bad Kreuznach Army Heliport	TWR	Tower (U.S. Army)
249,650	Bad Tölz/Baker Airfield	TWR	Tower
249,650	Hohenfels Army Airfield	TWR	Tower (U.S. Army)
249,650	Memmingen	TWR	Tower (Luftwaffe)
249,650	Wertheim	TWR	Tower
249,700	Ansbach Army Heliport	TWR	Tower (U.S. Army)
249,800	Dröverheide	CAC	Dröverheide (Luftwaffe)
249,800	Neuburg	Peiler	Donau Homer (Luftwaffe)
249,800	Vogelsang	CAC	Vogelsang (Luftwaffe)
249,850	München	ACC	München Radar (Militärfrequenz)
249,950	Maastricht Eurocontrol	UAC	Lippe Radar (Hannover Sector)
250,000	Hohn	TWR	Tower (Luftwaffe)
250,300	Düsseldorf	ACC	Düsseldorf Radar
251,500	Diepholz-Dümmerland	TWR	Tower (Luftwaffe)
251,500	Lahr	APP	Approach
252,100	Bremen	ACC	Bremen Radar
252,150	Feucht	TWR	Tower
252,150	Heidelberg Army Airfield	TWR	Tower (U.S. Army)
252,400	Karlsruhe BKS	UAC	Rhein Radar/Control
252,450	Frankfurt	APP	Frankfurt Radar
252,500	Büchel	ACC	Büchel Radar – Mendig Approach (Luftwaffe)
252,700	Hannover	APP	Hannover Radar Approach
252,800	SAR-Übungsfrequenz		
252,800	Leck	TWR	Tower
253,350	Geilenkirchen	TWR	Frisbee Ground Control (NATO)
253,450	Butzweilerhof	TWR	Tower (Belgium Army)
253,450	Lechfeld	TWR	Tower (Luftwaffe)
253,500	Büdingen Army Heliport	TWR	Tower (U.S. Army)
253,500	Frankfurt	ACC	Frankfurt Radar
253,550	Heidelberg Army Airfield	APP	Approach (U.S. Army)
254,000	Grafenwöhr Army Airfield	APP	Approach (U.S. Army)
254,200	Düsseldorf	ACC	Düsseldorf Radar
254,250	Neuburg	PAR	Donau Final Radar (Luftwaffe)
254,250	Zweibrücken	TWR	Tower
254,425	Berlin	ACC	Berlin Radar
254,650	Fürstenfeldbruck	ASR	Fürsty Radar (Luftwaffe)
254,650	Itzehoe Hungriger Wolf	TWR	Tower (Heeresflieger)
254,700	Düsseldorf	ACC	Düsseldorf Radar
255,400	Karlsruhe BKS	UAC	Rhein Radar/Control (Söllingen Sector)
255,650	Bückeburg	TWR	Tower (Heeresflieger)
255,650	NATO-Heeresflieger		

255,650	Cottbus	TWR	Cottbus Tower
255,650	Itzehoe Hungriger Wolf	TWR	Tower (Heeresflieger)
255,650	Mendig	ACC	Mendig Radar (Luftwaffe)
255,650	Rheine-Bentlage	TWR	Bentlage Tower (Heeresflieger)
255,650	Roth	TWR	Tower (Heeresflieger)
255,700	Meppen	TWR	Tower (Heeresflieger)
255,775	Berlin	UAC	Berlin Radar
255,800	Giebelstadt Army Airfield	TWR	Tower (U.S. Army)
256,600	Lahr	APP	Approach
256,800	Straubing	TWR	Tower
256,900	Soest	TWR	Salamanca Info
257,000	Bückeburg	PAR	Final Radar (Heeresflieger)
257,000	München	TWR	München Tower
257,100	Landsberg/Lech	ASR	Radar (Luftwaffe)
257,100	Maastricht Eurocontrol	UAC	Lippe Radar (Militärfrequenz)
257,250	Düsseldorf	TWR	Düsseldorf Radar (Militärfrequenz)
257,300	Hildesheim	FIS	Information
257,500	Freising	CAC	Tower (Luftwaffe)
257,650	Giebelstadt Army Airfield	TWR	Ground (U.S. Army)
257,650	Oldenburg	TWR	Oldy Tower
257,800	NATO Kanal 2		
257,800	Ahlhorn	TWR	Tower (Luftwaffe)
257,800	Altenstadt	TWR	Tower (Heeresflieger)
257,800	Bonn-Hardthöhe Heliport	TWR	Tower (Luftwaffe)
257,800	Brüggen	TWR	Brüggen Tower (Royal Air Force)
257,800	Büchel	TWR	Tower (Luftwaffe)
257,800	Bückeburg	TWR	Tower (Heeresflieger)
257,800	Celle	TWR	Tower (Heeresflieger)
257,800	Detmold	TWR	Tower (Royal Army)
257,800	Diepholz-Dümmerland	TWR	Tower (Luftwaffe)
257,800	Eggebek	TWR	Egmont Tower (Marineflieger)
257,800	Erding	TWR	Tower (Luftwaffe)
257,800	Faßberg	TWR	Tower (Luftwaffe)
257,800	Fritzlar	TWR	Tower (Heeresflieger)
257,800	Fürstenfeldbruck	TWR	Fürsty Tower (Luftwaffe)
257,800	Gatow Klaydow	TWR	Tower
257,800	Geilenkirchen	TWR	Frisbee Tower (NATO)
257,800	Gütersloh	TWR	Tower (Royal Air Force)
257,800	Heidelberg Army Airfield	TWR	Tower (U.S. Army)
257,800	Hohn	TWR	Tower (Luftwaffe)
257,800	Holzdorf	TWR	Tower (Luftwaffe)
257,800	Hopsten	TWR	Tower (Luftwaffe)
257,800	Husum	TWR	Tower
257,800	Itzehoe Hungriger Wolf	TWR	Tower
257,800	Jever	TWR	Tower (Luftwaffe)
257,800	Kaufbeuren	TWR	Tower
257,800	Laage/Rostock	TWR	Tower (Luftwaffe)
257,800	Laarbruch	TWR	Tower (Royal Air Force)
257,800	Lahr	TWR	Tower

257,800	Landsberg/Lech	TWR	Tower (Luftwaffe)
257,800	Laupheim	TWR	Lima Tower (Heeresflieger)
257,800	Lechfeld	TWR	Tower (Luftwaffe)
257,800	Leck	TWR	Tower
257,800	Manching/Ingolstadt	TWR	Ingo Tower (Luftwaffe)
257,800	Memmingen	TWR	Tower (Luftwaffe)
257,800	Mendig	TWR	Mendig Tower (Heeresflieger)
257,800	Meppen	TWR	Tower (Heeresflieger)
257,800	Münster/Osnabrück	TWR	Münster Tower
257,800	Neubiberg	TWR	Tower
257,800	Neubrandenburg-Trollenhagen	TWR	Neubrandenburg Tower (Luftwaffe)
257,800	Neuburg	TWR	Donau Tower (Luftwaffe)
257,800	Neuhausen/Eck	TWR	Hausen Tower (Heeresflieger)
257,800	Niederstetten	TWR	Stetten Tower (Heeresflieger)
257,800	Nordholz	TWR	Tower (Marineflieger)
257,800	Nörvenich	TWR	Tower (Luftwaffe)
257,800	Oberpfaffenhofen	TWR	Oberpfaffenhofen Tower
257,800	Oldenburg	TWR	Oldy Tower
257,800	Paderborn/Lippstadt	TWR	Paderborn Tower
257,800	Pferdsfeld	TWR	Tower (Luftwaffe)
257,800	Ramstein	TWR	Tower (U.S. Air Force)
257,800	Rheine-Bentlage	TWR	Bentlage Tower (Heeresflieger)
257,800	Roth	TWR	Tower (Heeresflieger)
257,800	Schleswig-Jagel	TWR	Jagel Tower (Marineflieger)
257,800	Sembach	TWR	Tower
257,800	Söllingen	TWR	Tower
257,800	Straubing	TWR	Tower
257,800	Wildenrath	TWR	Tower
257,800	Wittmund-Hafen	TWR	Tower (Luftwaffe)
257,800	Wunstorf	TWR	Tower (Luftwaffe)
257,800	Zweibrücken	TWR	Tower
258,100	Brekendorf	CAC	Brekendorf (Luftwaffe)
258,100	Delmenhorst	CAC	Delmenhorst (Luftwaffe)
258,100	Visselhövede	CAC	Visselhövede (Luftwaffe)
258,825	Berlin	APP	Berlin Radar
258,850	Frankfurt	ACC	Frankfurt Radar
258,900	Bremen	ACC	Bremen Radar
258,950	Karlsruhe BKS	UAC	Rhein Radar/Control (Erlangen Sector)
259,050	Bonn-Hardthöhe Heliport	TWR	Tower (Luftwaffe)
259,150	Hamburg-Finkenwerder	TWR	Finkenwerder Tower
259,400	Frankfurt	METRO	Frankfurt Metro (U.S. Air Force)
259,650	München	ACC	München Radar (Militärfrequenz)
259,700	Köln/Bonn	TWR	Köln/Bonn Tower
259,850	Frankfurt	ACC	Frankfurt Radar
259,950	Wittmund-Hafen		Gefechtsstand (Luftwaffe)
260,000	Bremen	ACC	Bremen Radar
260,000	Landsberg/Lech	PAR	Final Radar (Luftwaffe)
260,125	Berlin	ACC	Berlin Radar
260,900	Frankfurt	R/M	COMD Post (U.S. Air Force)

261,050	Hopsten	HOMER	Hopsten Homer (Luftwaffe)
261,350	Pferdsfeld	TWR	Tower (Luftwaffe)
261,350	Wunstorf	TWR	Tower (Luftwaffe)
262,600	Rester Coordination Centre	CTR	Rester Center
262,700	Memmingen	Peiler	Memmingen Homer (Luftwaffe)
262,875	Brüggen	TWR	Brüggen Tower (Royal Air Force)
262,900	Bremen	ACC	Bremen Radar
264,675	Karlsruhe BKS	UAC	Rhein Radar/Control (UH Fulda/Erlangen)
266,100	Wunstorf	GCA	Radar (Luftwaffe)
268,400	Laage/Rostock	PAR	Final Radar (Luftwaffe)
268,600	Ramstein	ATIS	ATIS (U.S. Air Force)
269,150	Fritzlar	PAR	Final Radar (Heeresflieger)
269,550	Wiesbaden-Erbenheim	TWR	Tower (U.S. Army)
269,700	Maastricht Eurocontrol	UAC	Lippe Radar (Militärfrequenz)
269,700	Neuburg	TWR	Donau Tower (Luftwaffe)
270,000	Bückeburg	TWR	Tower (Heeresflieger)
270,000	München	ACC	München Radar (Militärfrequenz)
270,050	Frankfurt	ACC	Frankfurt Radar
270,100	Bremen	ACC	Bremen Radar (NATO Bremen)
275,400	Jever	GCA	Local Radar (Luftwaffe)
275,400	Neuburg – Kanal 16	ASR	Donau Radar (Luftwaffe)
275,450	Geilenkirchen	ATIS	Geilenkirchen ATIS (NATO AWACS)
275,550	Düsseldorf	ACC	Düsseldorf Radar
275,650	Frankfurt	ACC	Frankfurt Radar
275,750	Karlsruhe BKS	UAC	Rhein Radar/Control (Militärfrequenz)
275,850	Bremen	ACC	Bremen Radar
275,900	Laupheim	TWR	Lima Tower (Heeresflieger)
275,900	Maastricht Eurocontrol	UAC	Lippe Radar (Militärfrequenz)
275,950	Ahlhorn	TWR	Tower (Luftwaffe)
275,950	Neubiberg	TWR	Tower
276,000	Leck	TWR	Tower
276,000	Ramstein	APP	Approach (U.S. Air Force)
276,150	Düsseldorf	ACC	Düsseldorf Radar (Militärfrequenz)
276,350	Frankfurt	ACC	Frankfurt Radar
276,600	Holzdorf	Peiler	(Luftwaffe)
276,800	Prüm	TWR	Jeremiah
276,800	Wittmund-Hafen	TWR	Tower (Luftwaffe)
276,900	Bremen	ACC	Bremen Radar
276,950	Fritzlar	ASR	Radar (Heeresflieger)
277,050	Hopsten	GCA	Local Radar (Luftwaffe)
277,050	Laupheim	PAR	Lima Final Radar (Heeresflieger)
277,200	Cottbus	TWR	Cottbus Tower
277,200	Eifel Control	APP	Approach
277,200	Leck	TWR	Tower
277,200	Ramstein	TWR	Tower (U.S. Air Force)
277,200	Zweibrücken	TWR	Tower
277,210	Spangdahlem	TWR	Tower (U.S. Air Force)
277,350	Düsseldorf	ACC	Düsseldorf Radar (Militärfrequenz)
277,450	Bonn-Hangelar	TWR	Tower (Bundesgrenzschutz)

277,500	Frankfurt	TWR	Frankfurt Radar (Militärfrequenz)
277,550	Faßberg	TWR	Tower (Luftwaffe)
277,550	München	UAC	München Radar
277,600	Hohn	GCA	Radar (Luftwaffe)
277,600	Nürnberg	FIS	Nürnberg Information
277,600	Sembach	COM	Command Post
277,650	Eifel Control	APP	Approach
277,650	Mendig	ACC	Mendig Radar (Heeresflieger)
277,700	Bremen	APP	Bremen Radar
277,950	Maastricht Eurocontrol	UAC	Lippe Radar (Militärfrequenz)
278,000	Düsseldorf	ACC	Düsseldorf Radar (Militärfrequenz)
278,000	Gütersloh	TWR	Düsseldorf Radar (Militärfrequenz)
278,000	Paderborn	TWR	Düsseldorf Radar (Militärfrequenz)
278,050	Stuttgart	APP	Stuttgart Radar
278,150	Eggebek – Kanal 14	TWR	Egmont Tower (Marineflieger)
278,800	Lahr	APP	Approach
278,950	Heidelberg Army Airfield	TWR	Tower (U.S. Army)
279,150	Maastricht Eurocontrol	UAC	Lippe Radar (Militärfrequenz)
279,250	Nörvenich	ASR	Local Radar (Luftwaffe)
279,300	Niederstetten	ASR	Stetten Radar (Heeresflieger)
279,350	Stuttgart	APP	Stuttgart Arrival
279,600	Bremen	ACC	Bremen Radar (Luftwaffe) Hopsten
279,600	München	APP	München Director
279,750	Büchel	ACC	Büchel Radar (Luftwaffe)
279,950	Aachen-Merzbrück	TWR	Tower (Belgium Army)
281,400	Frankfurt	ACC	Frankfurt Radar
282,050	Bremen	ACC	Bremen Monitor
282,350	Lemwerder	TWR	Lemwerder Tower
282,350	München	ACC	München Radar (Militärfrequenz)
282,400	Wunstorf	GCA	Radar (Luftwaffe)
282,450	Karlsruhe BKS	UAC	Rhein Radar/Control (Fulda Sector)
282,650	Manching/Ingolstadt	TRAMON	Ingo Radar (Luftwaffe)
282,800	SAR-Frequenz		
282,800	Köln/Bonn	TWR	Köln/Bonn Tower (Militärfrequenz)
283,000	Spangdahlem	ATIS	ATIS (U.S. Air Force)
283,500	Fritzlar	TWR	Tower (Heeresflieger)
283,550	Frankfurt	ACC	Frankfurt Radar
283,700	Schleswig-Jagel	Peiler	(Luftwaffe)
283,950	Karlsruhe BKS	UAC	Rhein Radar/Control (Militärfrequenz)
284,900	Hopsten	GCA	Local Radar (Luftwaffe)
285,100	Bremen	ACC	Bremen Radar
290,400	Landstuhl Army Heliport	ADV	Advisory (U.S. Army)
290,400	Schwäbisch Gmünd	TWR	Tower
290,400	Schweinfurt	TWR	Tower
290,500	Karlsruhe	UAC	Rhein Radar/Control
290,600	Bremen	ACC	Bremen Radar
290,650	Wittmund-Hafen	PAR	Final Radar (Luftwaffe)
290,725	Berlin	ACC	Berlin Radar (Ausweichfrequenz)
290,800	Düsseldorf	TWR	Düsseldorf Tower (Militärfrequenz)

290,800	Gütersloh	TWR	Düsseldorf Tower (Militärfrequenz)
290,800	Landsberg/Lech	TWR	Tower (Luftwaffe)
290,800	Paderborn	TWR	Düsseldorf Radar (Militärfrequenz)
290,850	Rheine-Bentlage	APP	Local Radar (Heeresflieger)
291,050	Geilenkirchen	TWR	Frisbee Tower (NATO AWACS)
291,050	Niederstetten	TWR	Stetten Tower (Heeresflieger)
291,150	Mendig	TWR	Mendig Tower (Heeresflieger)
291,200	Köln/Bonn	TWR	Köln/Bonn Tower
291,650	Düsseldorf	APP	Düsseldorf Arrival
292,550	Düsseldorf	APP	Düsseldorf Arrival (APP Köln/Bonn)
292,550	Köln/Bonn	APP	Düsseldorf Arrival
292,600	Geilenkirchen	ACC	Frisbee Radar (NATO AWACS)
292,600	Manching/Ingolstadt	TWR	Ingo Tower (Luftwaffe)
292,700	Roth	TWR	Tower (Heeresflieger)
292,800	Oberpfaffenhofen	TWR	Oberpfaffenhofen Tower
293,100	Karlsruhe BKS	UAC	Rhein Radar/Control
293,600	Karlsruhe BKS	UAC	Rhein Radar/Control (Militärfrequenz)
293,800	Faßberg	GCA	Radar (Luftwaffe)
293,800	Memmingen	ASR	Radar (Luftwaffe)
294,700	Karlsruhe BKS	UAC	Rhein Radar/Control (Backup)
294,850	Bremen	ACC	Bremen Radar (OATS Deister)
296,725	Berlin	APP	Berlin Arrival
296,800	Köln/Bonn	TWR	Köln/Bonn Tower (Militärfrequenz)
297,350	Wildenrath	TWR	Tower
297,900	Maastricht Eurocontrol	UAC	Lippe Radar (Militärfrequenz)
299,000	Holzdorf	ASR	Radar (Luftwaffe)
299,100	Fürstenfeldbruck	APR2	Final Radar (Luftwaffe)
299,400	München	ACC	München Radar (Militärfrequenz)
299,850	Bremen	ACC	Bremen Radar
299,950	Hannover	TWR	Hannover Tower/Radar
300,225	Berlin	UAC	Berlin Radar
300,550	Düsseldorf	ACC	Düsseldorf Radar (Militärfrequenz)
300,650	München	ACC	München Radar (Militärfrequenz)
300,650	Paderborn	ACC	Düsseldorf Radar (Militärfrequenz)
300,700	Karlsruhe BKS	UAC	Rhein Radar/Control (Tango Sector)
306,550	Grafenwöhr Army Airfield	TWR	Tower (U.S. Army)
306,800	Bonames Maurice Rose	TWR	Tower
307,650	Bord-Bord-Frequenz		
307,650	Frankfurt	ACC	Frankfurt Radar (Technik)
307,650	Karlsruhe BKS	ZÜ	Rhein Radar/Control (Technik)
307,650	Leipzig/Halle	TWR	Leipzig/Halle Tower (Technik)
307,800	Manching/Ingolstadt	TEST	Ingo Radar (Luftwaffe)
309,300	Maastricht Eurocontrol	UAC	Lippe Radar (Militärfrequenz)
309,600	Altenstadt	TWR	Tower (Heeresflieger)
309,750	Laage/Rostock	ASR	Radar (Luftwaffe)
309,900	Faßberg	PAR	Final Radar (Luftwaffe)
310,300	Karlsruhe BKS	UAC	Rhein Radar/Control (Söllingen Sector)
310,300	Laarbruch	TWR	Tower (Royal Air Force)
311,400	Karlsruhe BKS	UAC	Rhein Radar/Control (Würzburg Sector)

311,950	Wittmund-Hafen	GCA	Local Radar (Luftwaffe)
312,000	Maastricht Eurocontrol	UAC	Lippe Radar (Militärfrequenz)
312,050	München	ACC	München Radar
312,100	Berlin-Tegel	TWR	Berlin Militär (Militärfrequenz)
312,200	Hannover	APP	Hannover Radar Approach/Arrival
312,250	Karlsruhe BKS	UAC	Rhein Radar/Control (Backup)
312,300	Bückeburg	ASR	Radar (Heeresflieger)
312,350	Geilenkirchen	TWR	Frisbee Ground Control (NATO)
312,450	Wiesbaden-Erbenheim	TWR	Ground (U.S. Army)
312,500	Zweibrücken	TWR	Ground
312,575	Berlin	UAC	Berlin Radar
312,800	Hohn	PAR	Final Radar (Luftwaffe)
312,825	Berlin	TWR	Tegel Tower
313,350	Coleman Army Airfield	TWR	Tower (U.S. Army)
313,600	Wittmund-Hafen – Kanal 16	GCA	Local Radar (Luftwaffe)
313,650	Pferdsfeld	PAR	Final Radar (Luftwaffe)
314,500	Heidelberg	TWR	Heidelberg Tower (Heeresflieger)
314,500	Paderborn	TWR	Düsseldorf Radar (Militärfrequenz)
314,750	Büchel	ACC	Büchel Radar (Luftwaffe)
315,100	Eifel Control	APP	Approach
315,400	Karlsruhe BKS	UAC	Rhein Radar/Control (UH Frankfurt)
315,450	Augsburg	TWR	Gablingen Operations
315,450	Manching/Ingolstadt	ASR	Ingo Radar (Luftwaffe)
315,450	Nordholz	Peiler	Nordholz Homer (Marineflieger)
315,500	Rheine-Bentlage	GCA	Bentlage Radar (Heeresflieger)
315,550	Eggebek – Kanal 16	GCA	Eggebek Radar (Marineflieger)
315,550	Frankfurt	ACC	Frankfurt Radar
315,600	Hopsten	GCA	Local Radar (Luftwaffe)
315,650	Düsseldorf	FIS	Düsseldorf Information (Militärfrequenz)
315,700	Berlin	UAC	Berlin Radar
316,000	Geilenkirchen	ACC	Frisbee Radar (NATO AWACS)
316,200	Wasserkuppe	ATC	Berlin Control
316,500	Ramstein	PTD	(U.S. Air Force)
316,900	Düsseldorf	ACC	Düsseldorf Radar
316,900	Lüdenscheid	ACC	Düsseldorf Radar
317,500	NATO Kanal 1		
317,500	Borfink	TWR	Erwin Complex
317,500	Büchel	Peiler	Büchel Homer (Luftwaffe)
317,500	Holzdorf	Peiler	Holzdorf Homer (Luftwaffe)
317,500	Nordholz	Peiler	Nordholz Homer (Marineflieger)
317,750	Bremen	TWR	Bremen Tower (Militärfrequenz)
317,750	Frankfurt	TWR	Frankfurt Tower 1 MIL
317,750	München	TWR	München Tower (Militärfrequenz)
317,750	Nürnberg	TWR	Nürnberg Tower (Militärfrequenz)
317,750	Stuttgart	TWR	Stuttgart Tower (U.S. Air Force)
318,100	Karlsruhe BKS	UAC	Rhein Radar/Control (Militärfrequenz)
318,200	Maastricht Eurocontrol	UAC	Lippe Radar (Militärfrequenz)
336,200	Holzdorf	TWR	Tower (Luftwaffe)
336,300	Erfurt	APP	Berlin Radar

336,350	Fürstenfeldbruck	TWR	Fürsty Tower (Luftwaffe)
336,400	Friedrichshafen	TWR	Friedrichshafen Tower
336,400	Laage/Rostock	TWR	Tower (Luftwaffe)
336,450	Frankfurt	ACC	Frankfurt Radar
336,450	Wunstorf	Peiler	(Luftwaffe)
336,500	Berlin	ACC	Berlin Radar
337,000	Spangdahlem	TWR	Ground (U.S. Air Force)
337,450	Hahn	TWR	Hahn Tower
337,500	Geilenkirchen	COM	Magic Command (NATO)
337,725	Dresden	TWR	Dresden Tower
337,750	Bremen	TWR	Bremen Tower (Militärfrequenz)
337,750	Düsseldorf	TWR	Düsseldorf Tower (Militärfrequenz)
337,750	Frankfurt	TWR	Frankfurt Tower (Militärfrequenz)
337,750	Hannover	TWR	Hannover Tower (Militärfrequenz)
337,750	München	TWR	München Delivery
337,750	Nürnberg	TWR	Nürnberg Tower (Militärfrequenz)
337,750	Stuttgart	TWR	Stuttgart Tower (Militärfrequenz)
337,800	Berlin	APP	Berlin Radar (Militärfrequenz)
337,800	Leipzig/Halle	TWR	Leipzig Tower/Radar
338,000	Berlin	TWR	Tempelhof Tower
338,550	Frankfurt	ACC	Frankfurt Radar
338,550	Ramstein	TWR	(U.S. Air Force)
338,650	Stuttgart	APP	Stuttgart Radar Approach
338,700	Geilenkirchen	COM	Magic Command (NATO)
338,700	Schwetzingen	TWR	Heidelberg Tower
338,800	Bremen	ACC	Bremen Radar
338,800	Memmingen	PAR	Final Radar (Luftwaffe)
338,975	Augsburg	TWR	Augsburg Tower (Militärfrequenz)
338,975	Berlin	ACC	Berlin Radar
339,350	Neubrandenburg-Trollenhagen	GCA	Neubrandenburg Radar (Luftwaffe)
339,950	München	ACC	München Radar
340,125	Frankfurt	ACC	Frankfurt Radar
340,250	Meppen Flugvermessung	TWR	Tower (Heeresflieger)
340,300	Dröverheide	TWR	Dröverheide (Luftwaffe)
340,300	Grafenwöhr Army Airfield	TWR	Tower (U.S. Army)
340,300	Ramstein	TWR	Tower (U.S. Air Force)
340,300	Vogelsang	TWR	Tower (Luftwaffe)
340,550	Pferdsfeld	PAR2	Final Radar (Luftwaffe)
340,600	Frankfurt	APP	Frankfurt Radar Arrival
340,700	Laupheim	ASR	Lima Radar (Heeresflieger)
340,775	Maastricht Eurocontrol	UAC	Maastricht Control
340,850	Bremen	ACC	Bremen Radar
340,900	Ansbach Army Heliport	APP	Approach (U.S. Army)
340,900	Feucht	APP	Approach
341,000	Karlsruhe BKS	UAC	Rhein Radar/Control (Militärfrequenz)
341,750	Geilenkirchen	TWR	Frisbee Tower (NATO AWACS)
341,800	Nörvenich – Kanal 18	PAR	Final Radar (Luftwaffe)
341,850	Frankfurt	ACC	Frankfurt Radar
341,925	Berlin	UAC	Berlin Radar

342,100	Fürstenfeldbruck	PAR	Final Radar (Luftwaffe)
342,250	Karlsruhe BKS	UAC	Rhein Radar/Control (UH Söllingen/Tango)
342,950	Kaufbeuren	TWR	Tower
343,000	Straubing	TWR	Tower
343,300	Grafenwöhr	TWR	Grafenwöhr Tower (Luftwaffe)
343,300	Ramstein	CAC	Ramstein (U.S. Air Force)
343,400	Nordholz	TWR	Tower (Marineflieger)
343,550	Düsseldorf	ACC	Düsseldorf Radar
343,900	Büchel	ACC	Büchel Radar (Luftwaffe)
344,000	NATO Kanal 4		
344,000	Bückeburg	GCA	Radar (Heeresflieger)
344,000	Eggebek	TWR	Egmont Tower (Marineflieger)
344,000	Faßberg	GCA	Radar (Luftwaffe)
344,000	Hohn	GCA	Radar (Luftwaffe)
344,000	Holzdorf	GCA	Radar (Luftwaffe)
344,000	Hopsten	GCA	Hopsten Radar (Luftwaffe)
344,000	Laage/Rostock	GCA	Radar (Luftwaffe)
344,000	Landsberg/Lech	GCA	Radar (Luftwaffe)
344,000	Manching/Ingolstadt	GCA	Ingo Radar (Luftwaffe)
344,000	Neuburg	GCA	Donau Radar (Luftwaffe)
344,000	Niederstetten	GCA	Stetten Radar (Heeresflieger)
344,000	Nordholz	GCA	Radar (Marineflieger)
344,000	Nörvenich	GCA	Nörvenich Radar (Luftwaffe)
344,000	Rheine-Bentlage	GCA	Bentlage Radar (Heeresflieger)
344,000	Schleswig-Jagel	GCA	Local Radar (Marineflieger)
344,000	Wunstorf	GCA	Radar (Luftwaffe)
344,150	Sembach	TWR	Ground
344,200	Hannover	APP	Approach
344,225	Brüggen	APP	Brüggen Director (Royal Air Force)
344,300	Berlin	UAC	Berlin Radar
344,350	Jever	TWR	Tower (Luftwaffe)
344,500	Nürnberg	APP	Nürnberg Radar Approach/Arrival
344,600	Karlsruhe BKS	UAC	Rhein Radar/Control (Nattenheim Sector)
344,700	Düsseldorf	ACC	Düsseldorf Radar
344,750	Karlsruhe BKS	UAC	Rhein Radar/Control (Militärfrequenz)
344,900	Niederstetten	PAR	Stetten Final Radar (Heeresflieger)
345,100	Karlsruhe BKS	UAC	Rhein Radar/Control (Backup)
345,200	Mendig	GCA	Local Radar (Heeresflieger)
346,650	Giebelstadt Army Airfield	TWR	Tower (U.S. Army)
355,100	Gatow Klaydow	TWR	Tower
356,250	Erding	TWR	Tower (Luftwaffe)
356,300	Frankfurt	APP	Frankfurt Radar
356,375	Schleswig-Jagel	GCA	Local Radar (Marineflieger)
356,725	Berlin	UAC	Berlin Radar
356,925	Berlin	UAC	Berlin Radar (Ausweichfrequenz)
357,000	Werl	TWR	Tower
357,350	Manching/Ingolstadt	PAR	Ingo Final Radar (Luftwaffe)
358,000	Berlin-Tempelhof	TWR	Tempelhof Tower
358,475	Frankfurt	ACC	Frankfurt Radar

358,550	Manching/Ingolstadt	TEST	Ingo Radar (Luftwaffe)
358,575	Erfurt	TWR	Erfurt Tower
358,575	Frankfurt	ACC	Frankfurt Radar (Notfälle)
358,600	Berlin-Schönefeld	TWR	Schönefeld Tower 1
359,500	Berlin	UAC	Berlin Radar (Ausweichfrequenz)
359,525	Nordholz	GCA	Radar (Marineflieger)
359,800	Düsseldorf	TWR	Düsseldorf Radar (Militärfrequenz)
360,450	Frankfurt	ACC	Frankfurt Radar
360,450	Wittmund-Hafen	Peiler	(Luftwaffe)
360,550	Karlsruhe BKS	UAC	Rhein Radar/Control (Backup)
360,750	Büchel	TWR	Büchel Tower (Luftwaffe)
360,750	Itzehoe Hungriger Wolf	PAR	Final Radar (Heeresflieger)
360,800	Bremen	ACC	Bremen Radar (Tanker Bremen)
360,800	Manching/Ingolstadt	TEST	Ingo Radar (Luftwaffe)
361,900	Brüggen	TWR	Ground (Royal Air Force)
362,000	Bremen	ACC	Bremen Radar
362,300	NATO Kanal 6		
362,300	Berlin	ACC	Berlin/Spree Radar
362,300	Bremen	ACC	Bremen Radar
362,300	Düsseldorf	APP	Clutch Radar
362,300	Frankfurt	ACC	Frankfurt Radar
362,300	Gütersloh	TWR	Tower (Royal Air Force)
362,300	Hamburg	TWR	Hamburg Tower
362,300	Karlsruhe BKS	UAC	Rhein Radar/Control (Wachfrequenz)
362,300	Laarbruch	APP	Approach (Royal Air Force)
362,300	Lahr	APP	Approach
362,300	Maastricht Eurocontrol	UAC	Lippe Radar (Militärfrequenz)
362,300	Mendig	TWR	Mendig Tower (Heeresflieger)
362,300	München	ACC	München(Wachfrequenz)
362,300	Wunstorf	GCA	Radar (Luftwaffe)
362,400	Frankfurt	APP	Frankfurt Radar Departure
362,425	Berlin	UAC	Berlin Radar
362,500	Spangdahlem		(U.S. Air Force)
362,575	Eggebek – Kanal 15	PAR	Final Radar (Marineflieger)
362,700	Bremen	FIR	Bremen Radar
363,625	Brüggen	GCA	Brüggen GCA (Royal Air Force)
364,000	Kitzingen Army Airfield	TWR	Tower (U.S. Army)
364,000	Spangdahlem	TWR	Tower (U.S. Air Force)
364,200	NATO Kanal 2		
364,200	Borfink	TWR	Erwin Complex
364,200	Glücksburg Heliport	TWR	Helitower (Luftwaffe)
364,200	Westerland Heiliprt Sylt-Ost	TWR	Helitower (Luftwaffe)
364,850	Hopsten	TWR	Tower (Luftwaffe)
364,850	Wittmund-Hafen	GCA	Local Radar (Luftwaffe)
366,000	Braunschweig	TWR	Tower
366,000	Kassel-Calden	TWR	Kassel Tower
367,200	Fulda	APP	Approach
367,200	Schwäbisch Hall	APP	Approach
367,850	Hanau Army Airfield	TWR	Ground (U.S. Army)

368,350	Karlsruhe BKS	UAC	Rhein Radar/Control (Backup)
368,800	Schleswig-Jagel	TWR	Jagel Tower (Marineflieger)
369,150	Maastricht Eurocontrol	UAC	Maastricht Control (Olno Sector)
369,300	Nörvenich – Kanal 14	TWR	Tower (Luftwaffe)
369,750	Dortmund-Wickede	TWR	Dortmund Tower (Militärfrequenz)
369,950	München	UAC	München Radar
370,100	Bremen	FIS	Bremen Information
370,100	Fürstenfeldbruck	TWR	Fursty Ground Control (Luftwaffe)
370,800	Lahr	TWR	Tower
371,050	Frankfurt	TWR	Frankfurt Radar (Militärfrequenz)
371,250	Düsseldorf	ACC	Düsseldorf Radar (Militärfrequenz)
371,800	Laarbruch	APP	Approach (Royal Air Force)
372,250	Erding	DF	Erding Homer (Luftwaffe)
372,400	Karlsruhe BKS	UAC	Rhein Radar/Control (Würzburg Sector)
372,500	München	ACC	München Radar (Militärfrequenz)
372,525	Berlin	ACC	Berlin Radar
372,650	Hamburg	TWR	Hamburg Tower/Radar
372,750	Baumholder Army Airfield	TWR	Tower (U.S. Army)
372,750	Bonames Maurice Rose	TWR	Tower
372,750	Fulda	TWR	Tower
372,750	Illesheim Storck Bks	TWR	Tower
373,500	Ramstein	COM	Command Post (U.S. Air Force)
373,800	Frankfurt	ACC	Frankfurt Radar
374,200	Stuttgart	OPS	Army Operations
374,300	Stuttgart	OPS	Army Operations
374,400	Büchel	TWR	Tower (Luftwaffe)
374,700	Nörvenich – Kanal 19	GCA	GCA (Luftwaffe)
375,000	Ramstein	TWR	Ground (U.S. Air Force)
375,050	Darmstadt	TWR	Tower
375,050	Gießen	TWR	Tower
375,050	Wiesbaden Airforce Hospital	ADV	Advisory (U.S. Army)
375,150	Bremen	ACC	Bremen Radar (OATS Deister)
375,250	Celle	TWR	Tower (Heeresflieger)
375,250	München	UAC	München Radar
375,325	Berlin	FIS	Berlin Information
375,450	Büchel	Peiler	(Luftwaffe)
375,550	Pferdsfeld	ASR	Radar (Luftwaffe)
375,900	Maastricht Eurocontrol	UAC	Lippe Radar (Militärfrequenz)
376,600	München	ACC	München Radar (Militärfrequenz)
376,600	Zweibrücken	COM	Command Post
376,700	Bremen	FIS	Bremen Information
376,750	Ramstein	APP	Approach (U.S. Air Force)
376,850	Ansbach Army Heliport	TWR	Ground (U.S. Army)
376,850	Coleman Army Airfield	TWR	Ground (U.S. Army)
376,850	Feucht	TWR	Ground
376,850	Grafenwöhr Army Airfield	TWR	Ground (U.S. Army)
376,850	Kitzingen Army Airfield	TWR	Ground (U.S. Army)
376,850	Schwäbisch Hall	TWR	Ground
377,400	Söllingen	ATIS	ATIS

377,800	Ramstein		MAC Airlift Comd (U.S. Air Force)
378,300	Karlsruhe BKS	UAC	Rhein Radar/Control (Militärfrequenz)
378,450	Köln/Bonn	TWR	Köln/Bonn Ramp (Militärfrequenz)
378,700	Eifel Control	CON	Departure
379,000	Karlsruhe BKS	UAC	Rhein Radar/Control
379,000	Ramstein	METRO	(U.S. Air Force)
379,000	Stuttgart	METRO	Stuttgart Metro (U.S. Army)
379,300	Bremen	ACC	Bremen Monitor
379,750	Karlsruhe BKS	UAC	Rhein Radar/Control (Frankfurt Sector)
379,800	München	ACC	München Radar (Militärfrequenz)
379,825	Gütersloh	APP	Approach (Royal Air Force)
379,850	Ramstein	TWR	Tower (U.S. Air Force)
379,925	Berlin	ACC	Berlin Radar
380,075	Nordholz		Gefechtsstand (Marineflieger)
380,750	Büchel	ACC	Büchel Radar (Luftwaffe)
381,100	Düsseldorf	FIS	Düsseldorf Information
381,100	Köln/Bonn	APP	Düsseldorf Radar
381,150	München	ACC	München Radar
381,150	Schleswig-Jagel	GCA	Local Radar (Marineflieger)
381,200	Bremen	ACC	Bremen Radar
381,250	Holzdorf	PAR	Final Radar (Luftwaffe)
382,400	Schwäbisch Hall	TWR	Tower
382,900	Brüggen	APP	Clutch Radar (Royal Air Force)
383,400	München	ACC	München Radar
383,450	Rheine-Bentlage	GCA	Bentlage Radar (Heeresflieger)
383,500	Neuburg – Kanal 18	PAR2	Donau Final Radar (Luftwaffe)
383,525	Berlin	ACC	Berlin Radar
384,225	Brüggen	APP	Brüggen Approach (Royal Air Force)
384,350	Köln/Bonn	TWR	Köln/Bonn Tower (Militärfrequenz)
384,650	Nörvenich	TWR	Tower
385,400	NATO Kanal 3		
385,400	Bückeburg	GCA	Radar (Heeresflieger)
385,400	Eggebek	TWR	Egmont Tower (Marineflieger)
385,400	Faßberg	GCA	Radar (Luftwaffe)
385,400	Hohn	GCA	Radar (Luftwaffe)
385,400	Holzdorf	GCA	Radar (Luftwaffe)
385,400	Hopsten	GCA	Hopsten Radar (Luftwaffe)
385,400	Laage/Rostock	GCA	Radar (Luftwaffe)
385,400	Landsberg/Lech	GCA	Radar (Luftwaffe)
385,400	Manching/Ingolstadt	GCA	Ingo Radar (Luftwaffe)
385,400	Mendig	TWR	Mendig Tower (Heeresflieger)
385,400	Neuburg	GCA	Donau Radar (Luftwaffe)
385,400	Niederstetten	GCA	Stetten Radar (Heeresflieger)
385,400	Nordholz	GCA	Radar (Marineflieger)
385,400	Nörvenich	GCA	Nörvenich Radar (Luftwaffe)
385,400	Rheine-Bentlage	GCA	Bentlage Radar (Heeresflieger)
385,400	Schleswig-Jagel	GCA	Jagel Radar (Marineflieger)
385,400	Wunstorf	GCA	Radar (Luftwaffe)
386,250	München	ACC	München Radar (Militärfrequenz)

386,600	München	ACC	München Radar (Militärfrequenz)
386,700	Gütersloh	TWR	Tower (Royal Air Force) Reserve
386,725	Berlin	APP	Berlin Radar (TRD Dresden)
386,725	Dresden	APP	Berlin Radar
386,725	Frankfurt	ACC	Frankfurt Radar
386,800	Frankfurt	ACC	Frankfurt Radar
386,900	Berlin	ACC	Berlin Radar
387,200	Lahr	DEP	Departure
388,800	Frankfurt	ACC	Frankfurt Radar
395,100	Hanau Army Airfield	TWR	Tower (U.S. Army)
395,950	Eggebek	APP	Weser Radar APP
396,550	Gütersloh	TWR	Ground (Royal Air Force)
397,600	Neubrandenburg-Trollenhagen	TWR	Neubrandenburg Tower (Luftwaffe)
398,400	Neubrandenburg-Trollenhagen	GCA	Neubrandenburg Radar (Luftwaffe)
398,450	Hamburg	TWR	Hamburg Tower (Prüffrequenz)
399,550	Frankfurt	APP	Frankfurt Radar Approach

Fluglotsen an den Arbeitsplätzen der An- und Abflugkontrolle in Frankfurt. (Foto: DFS, H.-J. Koch)

ABKÜRZUNGEN, die in der Flugfunkliste verwendet wurden.

ACARS	Datenfunksystem Bord-Boden-Bord
ACC	Area Control Centre (Bezirkskontrollstelle)
ADV	Advisory (Beratungsdienst)
AFIS	Aerodrome Flight Information Service (Flugplatz-Fluginformationsdienst)
APP	Approach Control (Anflugkontrollstelle)
APR	Apron (Flugplatz-Vorfeld)
ATC	Air Traffic Control (Flugverkehrskontrolle)
ATIS	Automatic Terminal Information Service (automatische Ausstrahlung von Lande- und Startinformationen)
AWACS	(luftgestütztes Radar-Frühwarnsystem)
BAR	British Army (britisches Heer in Deutschland)
CC	Communications Centre (Kommunikationszentrum)
Ch	Channel (Funkkanal)
CLR	Clearance (Freigabe)
COM	Communications (Funkverkehr)
CR	Centre Route
CTR	Centre (Kommunikationszentrum)
CTR	Control Zone (Kontrollzone)
CVFR	Controlled VFR-Flight (Kontrollierter Flug nach Sichtflugregeln)
DASA	Deutsche Aerospace AG
DME	Distance Measuring Equipment (Entfernungsmeßgerät)
DVD	DVORDME (Entfernungsmessung)
DVOR	Doppler VOR
DVT	DVOR-TACAN (Doppler-VOR mit TACAN)
E	East (Ost)
FAG	Flughafen Frankfurt/Main AG
FIR	Flight Information Region (Fluginformationsgebiet)
FIS	Flight Information Service (Fluginformationsdienst)
GAF	German Airforce (Bundesluftwaffe)
GAR	Germany Army (Bundesheer)

GCA	Ground Controlled Approach System (bodengelenktes Radar-Anflugverfahren)
GNY	Germany Navy (Bundesmarine)
GP	Glidepath (Gleitpfadfunkfeuer im Dezimeterwellenbereich)
GS	Glideslope (Gleitwinkel)
ILS	Instrument Landing System (Instrumentenlandesystem im Meter- und Zentimeterwellenbereich)
LLZ	Localizer (Landekurssender)
MET	Meteorologie (Wetterkunde, Wetterberatung)
MIL	militärisch
N	North (Nord)
NATO	North Atlantic Treaty Organisation (Nordatlantisches Verteidigungsbündnis)
NR	North Route
OPS	Operations (Betriebszentrale)
OR	East Route
OZ	Operationszentrale (Verkehrsleitung der Lufthansa in Frankfurt)
RAF	Royal Air Force (Luftwaffe von Großbritannien)
RDO	Radio (Funkstation)
RWY	Runway (Start- und Landebahn)
S	South (Süd)
Sec	Sektor
SR	South Route
TAC	TACAN Tactical Air Navigation Aid
TFIS	Terminal Flight Information Service (Flugplatz-Fluginformationsdienst)
TMA	Terminal Control Area (Nahverkehrsbereich)
TR	Terminal Route
TVD	TVOR-DME Terminal-VOR mit Entfernungsmessung
TVOR	Terminal VOR (UKW-Flugplatzfunkfeuer)
TWR	Tower (Flugplatzkontrollstelle)
U	Upper
UAC	Upper Area Control (Bezirkskontrollstelle für oberen Luftraum)
UH	Upper High Route

UIR	Upper Flight Information Region (oberes Fluginformations-gebiet)
UR	Upper Route
USAF	U.S. Air Force (Luftwaffe der USA)
USAR	U.S. Army (Landstreitkräfte der USA)
VFR	Visual Flight Rules (Flug nach Sichtflugregeln)
VOD	VOR-DME – UKW-Drehfunkfeuer mit Entfernungsmessung
VOL	Volmet – Wetterinformationen für Luftfahrzeuge im Fluge
VOR	VHF Omnidirectional Radio Range (UKW-Drehfunkfeuer)
VOT	VORTAC – VOR- und TACAN-Kombination
W	West
WR	West Route

Bedeutung der Funkrufnamen der Bodenstationen:

Air Services	Bodenfunkstelle eines Flughafenbetreibers
Approach	Anflugkontrollstelle ohne Radar
Apron	Bewegungslenkungsstelle auf dem Vorfeld
Arrival	Anflugkontrollstelle mit Rundsichtradar
Delivery	Streckenfreigabe-Übermittlung
Departure	Abflugkontrollstelle mit Rundsichtradar
Dispatch	Flugbetriebsmeldestelle der Fluggesellschaften
Ground	Bewegungslenkung am Boden
Info	Fluginformationsdienst durch Flugleiter/Luftaufsicht
Information	Fluginformationsdienst durch Deutsche Flugsicherungs AG
Metro	militärischer Wetterinformationsdienst
Operations	Bodenfunkstelle einer Fluggesellschaft
Precision	Endanflugkontrolle mit Präzisionsradar
Radar	Kontrollstelle mit Rundsichtradar
Ramp	Kontrollstelle der Abstellposition am Terminal
Start-Up	Freigabestelle zum Anlassen der Triebwerke auf dem Vorfeld

Schnurlose Telefone

Für bequeme Zeitgenossen, die gern überall im Haus telefonieren möchten, aber dazu nicht das Telefon am Kabel hinter sich herziehen wollen, wurden die schnurlosen Telefone erfunden. Das sind zwar auch kleine Funkgeräte, trotzdem zählen sie nicht zum Mobilfunk. Ein schnurloses Telefon gehört zu einer ganz bestimmten Basisstation, die die Verbindung zum herkömmlichen Telefonnetz herstellt. Außerhalb des Radius der Basisstation kann man mit dem schnurlosen Telefon nichts anfangen.

Die ersten schnurlosen Telefone kamen aus Amerika und wurden hier illegal in den Bereichen von 30, 31, 39, 40 und 41 MHz betrieben.

Ende der 70er-Jahre kamen schnurlose Telefone (Cordless Telephones – CT) nach dem Standard CT0 in den USA auf den Markt und schon kurze Zeit später gab es diese Telefone auch in Europa, allerdings illegal, zu kaufen. Noch heute sind relativ viele dieser Schnurlosen im Bereich von 46 bzw. 49 MHz in Betrieb – immer noch illegal und sehr leicht abzuhören.

Der Boom der Schnurlosen begann aber erst, als die Post und spätere Telekom die schnurlosen Telefone ganz offiziell anbot, nachdem europaweit der Standard CT1 geschaffen wurde. Diese Schnurlosen arbeiten auf 40 Duplex-Kanälen im Bereich von 914 bzw. 959 MHz.

Im Jahr 1987 wurde ein neuer Frequenzbereich zugeteilt, um Platz zu schaffen für das D1/D2-Mobilfunknetz und um mehr Kanäle für die schnurlosen Telefone zur Verfügung zu stellen. Nach dem Standard CT1+ gibt es jetzt 80 Kanäle im Bereich von 885 bzw. 930 MHz. Welchen Kanal das Schnurlose benutzt, ist unterschiedlich und zum Teil zufallsabhängig. Und damit ein Schnurloses nur mit der eigenen Basisstation arbeiten kann, werden spezielle Kennungscodes benutzt.

Nachteil all dieser schnurlosen Telefone ist deren leichte Abhörbarkeit, über die sich kaum ein Telefonierer Gedanken macht (oder gemacht hat). Dann ging es eine zeitlang durch alle Medien, wie leicht jedermann mit einem Scanner die Telefone seiner Nachbarn abhören kann. Ein gängiger Scanner hat den betreffenden Kanal eines schnurlosen Telefons innerhalb von ein bis zwei Sekunden gefunden, noch bevor man so recht angefangen hat zu sprechen. Und auch wenn bei einigen Modellen eine Sprachverschleierung (Invertierung) Sicherheit vortäuscht, so kann man mit entsprechenden Zusatzgeräten diese Invertierung leicht wieder rückgängig machen. Manche Scanner haben diese Funktion sogar schon fest eingebaut!

Da bleibt im Prinzip kein Geheimnis unbelauscht und ans Portemonnaie geht's eventuell auch. Wer nämlich Telefon-Banking macht und mit seiner Bank den Zahlungsverkehr per Telefon abwickelt, kann leicht zu einem ungewünschten

Teilhaber kommen, der einfach Kontonummer und Codewort mithört oder sich eingetippte Ziffernfolgen mit einer kleinen Software auf dem Bildschirm eines an den Scanner angeschlossenen Computers anzeigen läßt. Deshalb ist Vorsicht geboten!

(Noch) sicher sind die neuen, digitalen schnurlosen Telefone nach dem DECT-Standard, die 1993 in Deutschland eingeführt wurden (DECT steht für Digital European Cordless Telephone). DECT-Telefone arbeiten auf 120 Duplexkanälen im 1,9-GHz-Bereich. Wie lange die DECT-Technik abhörsicher ist, wird sich zeigen.

SCANNER-INFO:

Frequenzbereich: siehe Tabellen

Einstellung auf die Frequenz der Feststation, da hier technisch bedingt beide Stationen (also Fest- und Mobilteil) gehört werden können!

Kanalraster:
25 kHz (evtl. 12,5 kHz schalten) für CT1 und CT1+

Modulationsart: FM-schmal

Abhörsicherheit: nicht gegeben (außer bei DECT)

Frequenztabelle:
Schnurlose Telefone, „CT0"-Standard

Mobilteil	Feststation
46,610 MHz	49,670 MHz
46,630 MHz	49,845 MHz
46,670 MHz	49,860 MHz
46,710 MHz	49,770 MHz
46,730 MHz	49,875 MHz
46,770 MHz	49,830 MHz
46,830 MHz	49,890 MHz
46,870 MHz	49,930 MHz
46,930 MHz	49,990 MHz
46,970 MHz	49,970 MHz

Frequenztabelle:
Schnurlose Telefone, „CT1"-Standard

Mobilteil	Feststation	Mobilteil	Feststation
914,0125 MHz	959,0125 MHz	914,5125 MHz	959,5125 MHz
914,0375 MHz	959,0375 MHz	914,5375 MHz	959,5375 MHz
914,0625 MHz	959,0625 MHz	914,5625 MHz	959,5625 MHz
914,0875 MHz	959,0875 MHz	914,5875 MHz	959,5875 MHz
914,1125 MHz	959,1125 MHz	914,6125 MHz	959,6125 MHz
914,1375 MHz	959,1375 MHz	914,6375 MHz	959,6375 MHz
914,1625 MHz	959,1625 MHz	914,6625 MHz	959,6625 MHz
914,1875 MHz	959,1875 MHz	914,6875 MHz	959,6875 MHz
914,2125 MHz	959,2125 MHz	914,7125 MHz	959,7125 MHz
914,2375 MHz	959,2375 MHz	914,7375 MHz	959,7375 MHz
914,2625 MHz	959,2625 MHz	914,7625 MHz	959,7625 MHz
914,2875 MHz	959,2875 MHz	914,7875 MHz	959,7875 MHz
914,3125 MHz	959,3125 MHz	914,8125 MHz	959,8125 MHz
914,3375 MHz	959,3375 MHz	914,8375 MHz	959,8375 MHz
914,3625 MHz	959,3625 MHz	914,8625 MHz	959,8625 MHz
914,3875 MHz	959,3875 MHz	914,8875 MHz	959,8875 MHz
914,4125 MHz	959,4125 MHz	914,9125 MHz	959,9125 MHz
914,4375 MHz	959,4375 MHz	914,9375 MHz	959,9375 MHz
914,4625 MHz	959,4625 MHz	914,9625 MHz	959,9625 MHz
914,4875 MHz	959,4875 MHz	914,9875 MHz	959,9875 MHz

Frequenztabelle:
Schnurlose Telefone, „CT1+"-Standard

Mobilteil	Feststation	Mobilteil	Feststation
885,0125 MHz	930,0125 MHz	885,2625 MHz	930,2625 MHz
885,0375 MHz	930,0375 MHz	885,2875 MHz	930,2875 MHz
885,0625 MHz	930,0625 MHz	885,3125 MHz	930,3125 MHz
885,0875 MHz	930,0875 MHz	885,3375 MHz	930,3375 MHz
885,1125 MHz	930,1125 MHz	885,3625 MHz	930,3625 MHz
885,1375 MHz	930,1375 MHz	885,3875 MHz	930,3875 MHz
885,1625 MHz	930,1625 MHz	885,4125 MHz	930,4125 MHz
885,1875 MHz	930,1875 MHz	885,4375 MHz	930,4375 MHz
885,2125 MHz	930,2125 MHz	885,4625 MHz	930,4625 MHz
885,2375 MHz	930,2375 MHz	885,4875 MHz	930,4875 MHz

Mobilteil	Feststation	Mobilteil	Feststation
885,5125 MHz	930,5125 MHz	886,2625 MHz	931,2625 MHz
885,5375 MHz	930,5375 MHz	886,2875 MHz	931,2875 MHz
885,5625 MHz	930,5625 MHz	886,3125 MHz	931,3125 MHz
885,5875 MHz	930,5875 MHz	886,3375 MHz	931,3375 MHz
885,6125 MHz	930,6125 MHz	886,3625 MHz	931,3625 MHz
885,6375 MHz	930,6375 MHz	886,3875 MHz	931,3875 MHz
885,6625 MHz	930,6625 MHz	886,4125 MHz	931,4125 MHz
885,6875 MHz	930,6875 MHz	886,4375 MHz	931,4375 MHz
885,7125 MHz	930,7125 MHz	886,4625 MHz	931,4625 MHz
885,7375 MHz	930,7375 MHz	886,4875 MHz	931,4875 MHz
885,7625 MHz	930,7625 MHz	886,5125 MHz	931,5125 MHz
885,7875 MHz	930,7875 MHz	886,5375 MHz	931,5375 MHz
885,8125 MHz	930,8125 MHz	886,5625 MHz	931,5625 MHz
885,8375 MHz	930,8375 MHz	886,5875 MHz	931,5875 MHz
885,8625 MHz	930,8625 MHz	886,6125 MHz	931,6125 MHz
885,8875 MHz	930,8875 MHz	886,6375 MHz	931,6375 MHz
885,9125 MHz	930,9125 MHz	886,6625 MHz	931,6625 MHz
885,9375 MHz	930,9375 MHz	886,6875 MHz	931,6875 MHz
885,9625 MHz	930,9625 MHz	886,7125 MHz	931,7125 MHz
885,9875 MHz	930,9875 MHz	886,7375 MHz	931,7375 MHz
886,0125 MHz	931,0125 MHz	886,7625 MHz	931,7625 MHz
886,0375 MHz	931,0375 MHz	886,7875 MHz	931,7875 MHz
886,0625 MHz	931,0625 MHz	886,8125 MHz	931,8125 MHz
886,0875 MHz	931,0875 MHz	886,8375 MHz	931,8375 MHz
886,1125 MHz	931,1125 MHz	886,8625 MHz	931,8625 MHz
886,1375 MHz	931,1375 MHz	886,8875 MHz	931,8875 MHz
886,1625 MHz	931,1625 MHz	886,9125 MHz	931,9125 MHz
886,1875 MHz	931,1875 MHz	886,9375 MHz	931,9375 MHz
886,2125 MHz	931,2125 MHz	886,9625 MHz	931,9625 MHz
886,2375 MHz	931,2375 MHz	886,9875 MHz	931,9875 MHz

Mobilfunk
(C-Netz, D1/D2, E-Plus)

Eine stürmische Entwicklung, deren Ende noch nicht absehbar ist, hat der Mobilfunk in Deutschland erlebt. War vor wenigen Jahren noch das Autotelefon ein teures Statussymbol für Politiker und wichtige Führungskräfte, so spazieren heute schon viele Jugendliche mit ihrem Handy zur Disco. Kein Wunder, denn Geräte zum Niedrigpreis und günstige Fun-Tarife sollen möglichst viele Kunden anlocken, um die mittlerweile ausgebaute Infrastruktur der D-Netze auszulasten.

Angefangen hat der Mobilfunk mit den Funktelefongeräten des B-Netzes. Die waren so groß und schwer, daß sie nur in Autos und anderen Fahrzeugen fest eingebaut werden konnten. Daher auch der ursprüngliche Name Autotelefon. In besten Zeiten gab es knapp 30.000 Nutzer. Obwohl der Autotelefondienst im B/B2-Netz (Frequenzbereich bei 150 MHz) alles andere als komfortabel war und zudem problemlos abgehört werden konnte, gab es bis zur Einstellung dieses Dienstes Ende 1994 noch einige Tausend Nutzer.

Rundum zufrieden mit C-Tel ist auch der ehemalige Fußball-Nationalspieler Uwe Seeler. (Foto: T-Mobil)

Auch das Ende der 80er-Jahre in Betrieb genommene C-Netz (Frequenzbereich bei etwa 460 MHz) bedient sich noch analoger Übertragungsverfahren und ist trotz einfacher Verschleierungstechniken leicht abzuhören. Doch gegenüber dem B-Netz waren die Funktelefone schon viel handlicher. Und auch die Übertragungsqualität und der Komfort waren deutlich besser. Doch schon Anfang der 90er-Jahre platzte das überlastete C-Netz aus allen Fugen. Das Kanalraster mußte verkleinert werden, um mehr Sprechkanäle zu bieten.

Mitte 1992 ging dann endlich das neue, digitale D-Netz in Betrieb. Der Frequenzbereich liegt bei etwa 900 MHz. Erstmalig mußte die damals noch staatliche Telekom (D1) mit einem privaten Anbieter (D2) konkurrieren. Der Aufbau der D-Netze war zudem schwieriger als erwartet und ist erst jetzt (1997) nahezu abgeschlossen.

Mittlerweile wird der Markt mit D-Mobiltelefonen überschwemmt. Damit ist das Funktelefon ein Gebrauchsgegenstand für jedermann geworden und mittlerweile gibt es einige Millionen Anwender in Deutschland.

Das D-Netz bietet dem Nutzer zahlreiche Komfortfunktionen. Außerdem haben sich die europäischen und darüber hinaus viele andere Länder auf einen gemeinsamen Standard geeinigt, nämlich auf GSM (Global System for Mobile Communications). Damit ist es möglich, daß man ein D-Netz-Telefon in vielen europäischen Ländern und sogar in wichtigen außereuropäischen Gebieten erreichen kann – immer unter der gleichen Telefonnummer!

Nachdem das Abhören des B-Netzes leicht möglich war und auch das C-Netz für moderne Scanner kein Problem darstellte, ist die Abhörsicherheit des D-Netzes aufgrund der Technik praktisch garantiert. Nur die Sicherheitsbehörden können sich direkt in die Netze einschalten ...

Kaum war der bundesweite Mobilfunk mit D1/D2 so richtig in Schwung gekommen, ging auch schon ein weiteres Mobilfunknetz mit mehr regionalem Charakter an den Start, nämlich E-Plus. Auch damit ist das Thema Mobilfunk noch nicht ausgereizt; weitere Dienste im Bereich von 1,8 GHz sind in Vorbereitung.

Und wer wirklich überall auf der Welt, und sei es mitten in der Sahara oder auf dem Stillen Ozean, jederzeit telefonieren möchte, für den stehen die INMARSAT-Telefone zur Verfügung, die nicht den nächsten Antennenmast ansprechen, sondern über ein weltumspannendes Satellitensystem Kommunikationsverbindungen aufbauen.

Frequenzbereiche für den Mobilfunk, C-Netz:

Kanal	Mobilstation	Basisstation
1	450,0125 MHz	460,0125 MHz
2	450,0250 MHz	460,0250 MHz
...	...	...
458	455,7250 MHz	465,7250 MHz
459	455,7375 MHz	465,7375 MHz

Modulationsart: Phasenmodulation mit Invertierung
Frequenzraster: 12,5 kHz
Kanalzahl: 459

SCANNER-INFO:

Daten: siehe Tabellen

Abhörsicherheit: Das C-Netz ist nicht abhörsicher
                      (Invertierungsdecoder, siehe
                      Erläuterungen). Die digitalen D-
                      und E-Netze können mit Scanner-
                      Mitteln nicht abgehört werden.

Frequenzbereiche für den Mobilfunk, D1/D2-Netz:

Kanal	Mobilstation	Basisstation
1	890,000 MHz	935,000 MHz
2	890,200 MHz	935,200 MHz
...	...	...
125	914,800 MHz	959,800 MHz
126	915,000 MHz	960,000 MHz

Modulationsart: Phasenmodulation mit Invertierung
Frequenzraster: 200 kHz
Kanalzahl: 126 Digitalkanäle für GSM-Standard GMSK

Frequenzbereiche für den Mobilfunk, E1/E2-Netz (E-Plus):

1710 – 1880 MHz   nach DCS 1800-Standard

Weltweite Mobilkommunikation per Satellit

Ein Mobiltelefon (Handy), wie es sie überall zu kaufen gibt, ist ja schön und gut, und bietet in Deutschland und vielerorts im europäischen Ausland, und sogar mancherorts in Übersee auf Knopfdruck Telefonkontakt. Bei einer Offroad-Tour quer durch die Sahara und Schwarzafrika, oder bei einem Montageauftrag in Sibirien bekommen Sie mit einem normalen Mobilfunkgerät keinen Funkkontakt. Hier hilft nur der Mobilfunkdienst über Satellit – und zwar als Direktverbindung! Waren früher „Bodenstationen" für Satellitenfunk noch Container-groß, so paßt heute eine solche Funkanlage, mit der man eine direkte Funkverbindung zu einem Satelliten herstellen kann, in einen kleinen Koffer! Und man kann damit von jedem beliebigen Standort auf der Erde auf einfache Weise eine Telefon- und Datenverbindung aufbauen, unabhängig davon, wie das Mobilfunknetz auf dem betreffenden Kontinent oder in dem betreffenden Land/Ort ausgebaut ist. Dieser Mobilfunkdienst im Rahmen von INMARSAT wird jetzt auch von T-Mobil angeboten.

Ob am Nordkap, am Amazonas oder in der Sahara: Der Satellitendienst INMARSAT hält Kontakt, wo sonst keine Kommunikation möglich ist. (Foto: T-Mobil)

Mit dem neuen INMARSAT-PHONE bietet T-Mobil den einzigen weltweit einsetzbaren Satelliten-Mobilfunkdienst, der Gespräche mit kleinen Telefonen ermöglicht. Die neue Endgerätegeneration ist so groß wie ein Laptop: Das Satelliten-Telefon bringt nur noch etwas mehr als zwei Kilogramm auf die Waage. Mit der Einführung des neuen Dienstes sinken auch die Preise: Das Inmarsat-Phone-Gerät gibt es ab etwa 6.000 DM; die Gesprächsminute kostet um die fünf DM und die Grundgebühren liegen bei etwa 100 DM im Monat. (Foto: T-Mobil)

INMARSAT (International Maritime Satellite Organization) ist ein Zusammenschluß zahlreicher internationaler Mobilfunk-Betreiber und bis heute der einzige Anbieter weltweiter, mobiler Telefon- und Datenübertragungsdienste. Der INMARSAT-Nutzer kann die in 36.000 Kilometern Höhe stehenden Satelliten mit einer mobilen Funkstation von jedem Punkt der Erde aus anpeilen und Verbindungen mit anderen Telekommunikationsnetzen herstellen.

Über den ursprünglichen Gründungszweck, satellitengestütze Funkverbindungen zu Schiffen auf hoher See zu ermöglichen, ist INMARSAT längst hinaus. Heute werden über eigene Satelliten Direktwahlverbindungen zu Schiffen, Flugzeugen, Notruf- und Kurierdiensten sowie Speditionen angeboten. Auch weltweit operierende Geschäftsleute, Journalisten oder Expeditionen greifen auf INMARSAT zurück.

In Vorbereitung: Iridium, Odyssey und GlobalStar

INMARSAT hat zwar einen großen Vorsprung, aber die weltweite Mobilkommunikation scheint so zukunfts- und gewinnträchtig zu sein, daß gleich mehrere internationale Konsortien den raschen Aufbau weltumspannender Kommunikationssysteme vorbereiten. Schon die Namen dieser Projekte sind vielversprechend: Iridium, Odyssey und GlobalStar.

Die Dimensionen dieser Mobilfunksysteme sind enorm. Arbeitet man bei INMARSAT mit nur 12 Satelliten, werden es bei GlobalStar 56 und bei Iridium über 60 Satelliten sein! Die Geräte dieser Mobilfunkdienste werden ähnlich aussehen und auch nicht viel größer sein als die heutigen Handys, aber noch vielfältigere Möglichkeiten bieten. So wird ein solches Handy beim Einschalten erst einmal prüfen, ob ein naheliegendes (terrestrisches) Mobilfunknetz erreichbar ist (z.B. D1/D2), über das eine preiswertere Verbindung hergestellt werden kann, bevor ein Satellitenkontakt aufgebaut wird. Für den Anwender bleibt die Bedienung immer gleich. Bereits 1998 sollen diese Dienste in Betrieb gehen ...

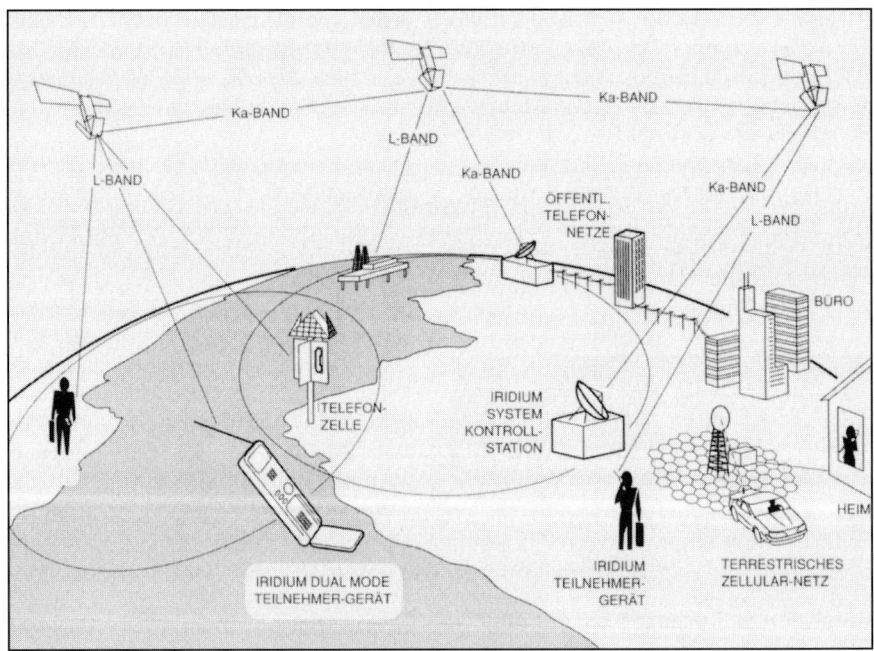

Diese Systemübersicht des in Aufbau befindlichen, satellitengestützten Mobilfunksystems Iridium zeigt dessen Einbindung in die gesamten, weltweiten mobilen und leitungsgebundenen terrestrischen Kommunikationsnetze. (Grafik: Iridium)

Funkrufdienste

Was in den 70er-Jahren und lange vor dem Mobilfunk noch ganz amtlich-bieder mit dem Eurosignal begann, hat sich in den letzten Jahren stürmisch entwickelt. Funkrufdienste wie Scall und Skyper sind einfach in Mode und haben durchaus auch praktischen Nutzen. Und was früher einfach nur ein „Piepser" war, bietet sich heute in vielen Varianten und Komfortstufen an und dient nicht nur der Nachrichtenübertragung, sondern ist auch Ausdruck des Lebensstils.

Das Prinzip aller Funkrufdienste, die jetzt neudeutsch auch „Pager" genannt werden, ist einfach. Die Empfänger sind auf einer festen Frequenz empfangsbereit und werden durch eine bestimmte Kennung angesprochen. Im einfachsten Fall fängt der Empfänger an zu piepen (Eurosignal), je nach Art des Dienstes können aber auch Ziffernfolgen, kurze Codes oder alphanumerische Zeichenfolgen, also lesbare Nachrichten, übertragen werden.

Um einen Funkruf zu übermitteln, wählt man per Telefon eine bestimmte Servicenummer an und gibt dann die Nachricht durch, z.B. durch Eintippen einer Ziffernfolge. Die Funkrufe werden nur für eine bestimmte Region ausgestrahlt (Ausnahme Eurosignal und Omniport). Abgesehen vom Eurosignal und Omniport bedient man sich zur Nachrichtenübermittlung des sogenannten POCSAG-Codes, eines relativ einfachen Datenübertragungsverfahrens.

Eurosignal

Der Eurosignaldienst benutzt vier Frequenzen knapp unterhalb des UKW-Rundfunkbereichs zwischen 87,340 und 87,415 MHz. Mit dem Eurosignal kann eine Person „angepiepst" werden und die muß dann wissen, was das Piepsen bedeuten soll, denn eine Übermittlung von Informationen irgendwelcher Art ist bei Eurosignal nicht möglich.

Cityruf – die modernen Funkrufdienste

Ende der 80er-Jahre wurde der Cityruf eingeführt. Der große Fortschritt dabei ist die Möglichkeit, daß man Nachrichten mit bis zu 80 alphanumerischen Zeichen übertragen kann, außerdem auch Tonfolgen (erkennen Sie Ihren Liebling an der Melodie ...). Für den Cityruf, amtlich Stadtfunkrufdienst genannt, stehen fünf Frequenzen zur Verfügung, nämlich 448,425 MHz, 448,475 MHz, 465,970 MHz, 466,075 MHz und 466,230 MHz. Die Reichweite des Cityrufes ist je nach Komfortstufe regional begrenzt; bundesweite Erreichbarkeit ist aber möglich. Für die Teilnahme am klassischen Cityruf ist eine relativ

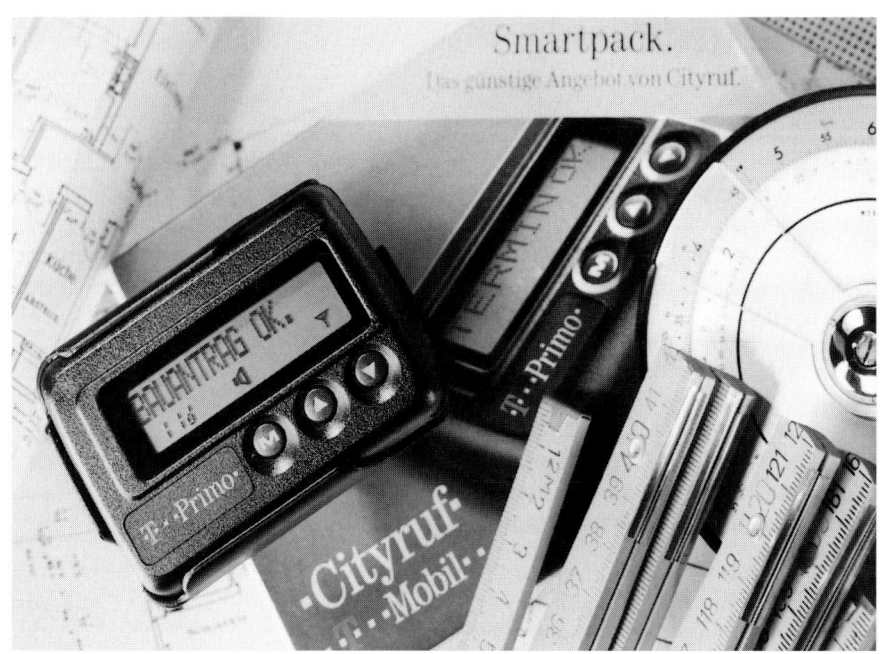

Nicht nur gut fürs Geschäft, sondern auch für Privatkunden – das neue Cityruf Smartpack von T-Mobil. (Foto: T-Mobil)

hohe monatliche Grundgebühr zu bezahlen, dafür sind die Kosten pro Nachricht aber gering.

Auf den fünf Cityruffrequenzen arbeiten auch die anderen, neueren Dienste wie zum Beispiel Scall und Skyper.

Scall

Im Gegensatz zum klassischen Cityruf ist bei Scall keine monatliche Grundgebühr zu bezahlen, sondern der „Anrufer" zahlt für die Aussendung der Nachricht. Damit wenden sich die Anbieter an ein breites Publikum, das es einfach schick findet, zum Beispiel eine Armbanduhr mit Scall-Empfänger zu tragen.

Mit einem Scall-Pager werden kurze numerische Informationen übertragen. Die Reichweite ist jeweils auf kleine Regionen begrenzt. Der Absender einer Nachricht muß wissen, in welcher Region sich der Scaller aufhält. Als Empfänger dienen zum Beispiel entsprechende Armbanduhren.

Skyper

Bezeichnend für die Zielrichtung des Skyper-Marketings ist der Begriff „Infotainment" – die Mischung aus Information und Unterhaltung. Auf dem großen Display eines Skyper-Empfängers kann man sich Sportergebnisse, Veranstaltungstips, Reiseangebote, natürlich das Wetter und aktuelle Nachrichten bis hin zu Börsenkursen anschauen. Alle diese Dienstleistungen werden als „Programme" angeboten. Außerdem können auch persönliche Nachrichten oder Mitteilungen speziell für einen bestimmten Empfänger übermittelt werden. Prinzipiell kann man mit Skyper Texte von maximal 80 alphanumerischen Zeichen Länge empfangen. Um eine Nachricht aufzugeben, bedient man sich entweder der Telefontastatur, nimmt einen Skyper-Operator zur Hilfe oder erledigt alles selbst per PC und Modem (online).

Quix

Privater Funkrufdienst ähnlich Scall und Skyper, der allerdings eine größere Region bedient und numerische oder alphanumerische Zeichen übertragen kann, je nach Komfortstufe. Ein interessanter Gag ist die Übermittlung der aktuellen dpa-Schlagzeilen.

TeLMi

Privater Funkrufdienst ähnlich Scall und Skyper.

Omniport-Pager

Der Omniport-Dienst nutzt das RDS-Signal (Radio Daten System) der UKW-Rundfunksender zur Übertragung. Wie Senderkennungen und andere Informationen, wie man sie vom (Auto)-Radio mit RDS kennt, werden hier Funkrufe unhörbar parallel zum Rundfunkprogramm mitübertragen.

ERMES

Ab Januar 1998 soll in Deutschland der neue Funkrufdienst ERMES (European Radio Messaging System) in Betrieb gehen. Dieser Dienst soll schon bald europaweit funktionieren. Für ERMES sind Frequenzen im Bereich von 169,400 bis 169,800 MHz vorgesehen. Lizenzen wurden 1997 an verschiedene Provider vergeben.

SCANNER-INFO:
„Abhören" von Funkrufdiensten

Die verschiedenen Funkrufdienste sind mit jedem Scanner zu empfangen. Um die hörbaren Geräusche und krächzenden Töne aber in lesbare Nachrichten umzuwandeln, braucht man Zusatzgeräte. Der sog. POCSAG-Code läßt sich mit einem entsprechenden Decoder oder einer Software auf dem PC entschlüsseln.

Übersicht Funkrufdienste

Eurosignal	87,340 MHz 87,365 MHz 87,390 MHz 87,415 MHz	AM-Selektivruf mit 15 Tönen
Cityruf	465,970 MHz 466,075 MHz 466,230 MHz	POCSAG
Scall	466,230 MHz	POCSAG
Skyper	465,970 MHz	POCSAG
Quix	448,475 MHz	POCSAG
TeLMi	448,425 MHz	POCSAG
Omniport	via UKW-Rundfunk	RDS
ERMES	169,425 MHz (1) 169,450 MHz (2) 169,475 MHz (3) 169,500 MHz (4) 169,525 MHz (5) 169,550 MHz (6) 169,575 MHz (7) 169,600 MHz (8) 169,625 MHz (9) 169,650 MHz (10) 169,675 MHz (11) 169,700 MHz (12) 169,725 MHz (13) 169,750 MHz (14) 169,775 MHz (15)	4-PAM/FM, neues Verfahren (Puls-Amplituden- modulation/Frequenz- modulation)

FreeNet – Kurzstreckenfunk mit Handsprechfunkgeräten

„Der Kurzstreckenfunk mit Handsprechfunkgeräten ist eine Anwendung des nichtöffentlichen mobilen Landfunks. Er dient der Sprachübertragung zwischen zwei oder mehreren vorher festgelegten Partnern über kurze Entfernungen und ist in erster Linie für den gewerblichen Gebrauch bestimmt. Anwendungen im privaten Bereich, z.b. innerhalb der Familie, unter Freunden und in Vereinen sind aber ebenfalls möglich. Die Reichweite ist von den jeweiligen örtlichen Gegebenheiten abhängig. Sie kann im offenen Gelände bei etwa 1 bis 2 km liegen und ist in bebauter Umgebung niedriger." Soweit der erstaunlich verständliche Amtsblatt-Text des BMPT in der Verfügung 156 des Jahres 1996.

Entstehen konnte dieser neue Funkdienst, nachdem Ende 1994 das alte B-Netz des Funktelefondienstes abgeschaltet wurde. Für die neue Nutzung dieses Bereiches gab es vielerlei Vorschläge. Generell soll das alte B-Netz-Frequenzspektrum als Startbereich für neue digitale Sprach- und Datenübertragungen dienen. Kurzfristig wurden aber drei Frequenzen zunächst befristet bis zum Jahr 2005 für den Kurzstreckensprechfunk zugeteilt, um der Industrie entgegenzukommen.

Für die Nutzung des Kurzstreckenfunks wurde eine Allgemeine Frequenzzuteilung erlassen, die es „der Allgemeinheit" erlaubt, auf diesen Frequenzen mit beliebig vielen Handsprechfunkgeräten zu beliebigen Zwecken zu senden. Die Nutzung dieses Dienstes ist anmelde- und gebührenfrei, daher auch die griffige, neudeutsche Bezeichnung „FreeNet". Falls hier einmal eine Gebühr erhoben werden sollte, würden vermutlich die Hersteller der Geräte diese Gebühr im Kaufpreis einrechnen, um die Hürden zum Kauf eines FreeNet-Sprechfunkgerätes so gering wie möglich zu halten. Schließlich verspricht man sich einen wahren FreeNet-Boom. So hofft Motorola als FreeNet-Pionier auf mehrere Millionen Teilnehmer bis zum Jahr 2000.

Die Verwendung sogenannter Rufcodes (Pilottöne) soll die Beeinträchtigung und Störung anderer Teilnehmer vermindern. Pro Frequenz sind fünf Pilottöne (zwischen 94,8 und 156,7 Hz) vorgesehen. Eine Verbindung kommt nur zustande, wenn Frequenz und Pilotton übereinstimmen.

Generell gilt, daß Störungen durch andere Teilnehmer hinzunehmen sind. Für sicherheitsempfindliche Anwender ist dieser Funkdienst weniger geeignet. Und im übrigen darf hier jeder mithören, was mit einem Scanner leicht möglich ist.

SCANNER-INFO:

Die Frequenzen:	149,0250 MHz
	149,0375 MHz
	149,0500 MHz
Modulationsart:	FM-schmal
Abhörsicherheit:	keine

Benutzt werden dürfen nur Handsprechfunkgeräte mit integrierter Antenne, deren Strahlungsleistung maximal 500 mW (Sendeleistung 1 Watt) betragen darf. Eine Kopplung mit anderen Einrichtungen oder Telekommunikationseinrichtungen ist unzulässig.

Je nach dem sich in den nächsten Jahren entwickelnden Interesse der Bevölkerung am FreeNet-Jedermannfunk ist es durchaus denkbar, daß mehr Frequenzen zugeteilt werden. Nützlich ist dieser einfache Funkdienst allemal.

Mit dem Motorola S 200 gebührenfrei im Nahbereich (bis zu 5 km) sprechen. Das moderne Handfunkgerät für den professionellen Funkservice FreeNet eignet sich für Freizeit, Sport und auch für die Arbeit. (Foto: Motorola GmbH)

Funkanlagen geringer Leistung (LPD) im ISM-Bereich

Schon seit einigen Jahrzehnten ist der Frequenzbereich von 433,05 bis 434,79 MHz zur Nutzung für sogenannte industrielle, wissenschaftliche (scientific) und medizinische Anwendungen, kurz ISM genannt, bestimmt. Dieser Bereich liegt, aus welchen Gründen auch immer, mitten im 70-cm-Amateurfunkband.

Mit Verfügung 120 aus dem Jahr 1995 wurde in diesem ISM-Bereich auch die Anwendung sogenannter Funkanlagen mit geringer Leistung für nichtöffentliche Funkanwendungen (Low Power Devices, LPD) zugelassen. Darunter fallen alle möglichen Anlagen zur Alarmierung, Identifizierung, Fernsteuerung, Übertragung von Audio- und Videosignalen und auch Sprachkommunikation. Beispiele: Kfz-Diebstahlsicherungs- und Zentralverriegelungsanlagen, Garagentoröffner, Einbruchsicherungs- und Alarmanlagen im industriellen und privaten Bereich, drahtlose Verbindungseinrichtungen für Audio- und Videoanlagen und Sprachkommunikationsanlagen. Diese Funkanlagen zeichnen sich durch eine sehr geringe Sendeleistung (low power) aus, die maximal 10 Milliwatt (0,01 Watt) betragen darf.

Nachdem ausdrücklich auch Sprachkommunikation (Sprechfunk) in diesem Bereich mit speziell dafür zugelassenen Sprechfunkgeräten für jedermann anmelde- und gebührenfrei zugelassen ist, kamen rasch eine ganze Reihe sogenannter LPD-Handys auf den Markt. Obwohl die Sendeleistung genauso hoch (bzw. gering) wie bei Schnurlosen Telefonen ist, kann man mit LPD-Funkgeräten dank besserer Technik, optimaler Antenne und höherer Empfindlichkeit deutlich größere Reichweiten erzielen, die im Bereich von zwei bis drei Kilometern liegen können, je nach Standort und Art der Umgebung.

Ob sich berufliche Anwender für LPD-Handys erwärmen, ist eher zweifelhaft. Ideal sind diese Sprechfunkgeräte sicherlich für den privaten Einsatz, zum Beispiel bei Wanderungen, Rad- oder Autotouren mit mehreren Fahrzeugen, oder bei Sport- und anderen Veranstaltungen.

Zweifellos handelt es sich hier neben dem ursprünglichen CB-Funk und dem ebenfalls neuen FreeNet-Kurzstreckenfunk um eine weitere Variante des sogenannten Jedermannfunks. Jeder darf sich ein solches Sprechfunkgerät kaufen und beliebig damit funken. Allerdings muß man Störungen durch andere Anwender in Kauf nehmen und hat keinen Anspruch auf alleinige Nutzung eines Kanals. Und man sollte sich auch überlegen, was man sagt, denn hier kann und darf jeder mithören.

Um den Sprechfunkverkehr auf den 69 möglichen Kanälen (bei 25 kHz-Raster) etwas zu ordnen, ist ein sogenannter CTCSS-Selektivruf vorgesehen.

Dank des Ton-Squelch-Verfahrens ist es mit unterschiedlichen Tonruffre-
quenzen möglich, einen oder mehrere bestimmte Teilnehmer gezielt anzu-
sprechen. Mit diesem Ton können übrigens auch andere Funktionen ausge-
löst werden, zum Beispiel Fernsteuerungen oder Alarmierungen.

SCANNER-INFO:

Frequenzen:	433,050 – 434,790 kHz (433,075 ... 434,775 im 25 kHz-Raster) (unverbindlich, andere Raster sind möglich, z.B. 12,5 kHz)
	69 Kanäle
Modulationsart:	FM-schmal

Das LPD-Gerät XP 500 von stabo. (Foto: stabo)

Frequenzen (in MHz) für Funkanlagen geringer Leistung

433,075	433,525	433,975	434,425
433,100	433,550	434,000	434,450
433,125	433,575	434,025	434,475
433,150	433,600	434,050	434,500
433,175	433,625	434,075	434,525
433,200	433,650	434,100	434,550
433,225	433,675	434,125	434,575
433,250	433,700	434,150	434,600
433,275	433,725	434,175	434,625
433,300	433,750	434,200	434,650
433,325	433,775	434,225	434,675
433,350	433,800	434,250	434,700
433,375	433,825	434,275	434,725
433,400	433,850	434,300	434,750
433,425	433,875	434,325	434,775
433,450	433,900	434,350	
433,475	433,925	434,375	
433,500	433,950	434,400	

(Hinweis: Der vom Deutschen Arbeitskreis für CB- und Notfunk (DAKf-CBNF) vorgelegte Entwurf eines Bandplans für den 70-cm-ISM-Bereich mit 12,5 kHz-Raster ist zunächst nur ein Vorschlag und hat keinen offiziellen Charakter.)

Frequenzzuteilung für ISM-Geräte

Der zuvor genannte Bereich im 70-cm-Band ist nicht der einzige Bereich für ISM-Anwendungen (industrielle, wissenschaftliche [scientific] und medizinische Anwendungen). Weitere Bereiche sind:

9	bis	10	kHz	
13553	bis	13567	kHz	
26957	bis	27283	kHz	
40,66	bis	40,70	MHz	
433,05	bis	434,79	MHz	*
2400	bis	2500	MHz	
5725	bis	5875	MHz	
24,000	bis	24,250	GHz	

In diesen Bereichen ist aber kein Sprechfunk zugelassen, bis auf eben den mit * gekennzeichneten Bereich im 70-cm-Band.

CB-Funk

Obwohl im Kurzwellenbereich bei 27 MHz angesiedelt, gehört der CB-Funk von seiner Ausprägung und Sprechfunkart her in dieses Sprechfunk-Handbuch.

Der CB-Funk ist ein privater Nahbereichsfunk und gehört zum nicht-öffentlichen mobilen Landfunk. Die Bezeichnung „CB" ist eine Abkürzung für „Citizenband", der englischsprachigen Bezeichnung für diese Art von Sprechfunk. Jedermann kann am CB-Funk teilnehmen, wobei alle Nutzer, die sogenannten CB-Funker, gleichberechtigt sind.

Bitte beachten Sie, daß der CB-Funk nicht zum Amateurfunk gehört. CB-Funken darf jeder, während man für den Betrieb einer Amateurfunkstation in einer Prüfung sehr umfangreiche Fachkenntnisse nachweisen muß und dann eine besondere Lizenz erhält.

Die Genehmigung zum Betreiben eines CB-Funkgerätes kann in Form einer Allgemein- oder Einzelgenehmigung erteilt werden. Die meisten CB-Funkgeräte darf man ohne Formalitäten, daß heißt anmelde- und gebührenfrei, kaufen und betreiben. Falls eine Einzelgenehmigung erforderlich ist, liegt ein entsprechender Antrag dem Gerät bei. Für solche Geräte müssen monatliche Gebühren entrichtet werden.

CB-Funkgeräte gibt es als normale Handsprechfunkgeräte, als Mobilfunkgeräte für den Einbau in Fahrzeuge und als Stationsgeräte. Je nach Gerät besteht auch die Möglichkeit zum Anschluß einer Außenantenne. Die Leistung von CB-Funkgeräten liegt bei 0,5/1,0 Watt (AM) bzw. 4,0 Watt (FM). Je nach Sendeleistung, Standort und Antenne können sehr unterschiedliche Reichweiten erzielt werden.

Rufnamen werden im CB-Funk nicht zugeteilt, es wird aber empfohlen, sich einen beliebigen, kurzen Rufnamen frei zu wählen und im Funkbetrieb regelmäßig zu benutzen.

Auskunft dazu gibt auch das Bundesamt für Post- und Telekommunikation (BAPT), Postfach 80 01, 55003 Mainz, Telefon (0 61 31) 18-70 12. Von dort kann auch ein Merkblatt über den CB-Funk angefordert werden.

Informationen über den CB-Funk gibt es auch beim Deutschen Arbeitskreis für CB- und Notfunk e.V. (DAKf-CBNF), Postfach 10 13 09, 40004 Düsseldorf, Telefon (02 11) 2 48 03 65.

Frequenzliste für den CB-Funk

Kanal-Nr.	Frequenz MHz	Bemerkungen
1	26,965	Anrufkanal FM
2	26,975	
3	26,985	
	26,995	nicht für CB-Funk freigegeben
4	27,005	Anrufkanal AM
5	27,015	
6	27,025	
7	27,035	
	27,045	nicht für CB-Funk freigegeben
8	27,055	
9	27,065	**Notfall- und Sicherheitskanal**
10	27,075	
11	27,085	
	27,095	nicht für CB-Funk freigegeben
12	27,105	
13	27,115	
14	27,125	
15	27,135	
	27,145	nicht für CB-Funk freigegeben
16	27,155	für Wasserfahrzeuge
17	27,165	
18	27,175	
19	27,185	Fernfahrerkanal
	27,195	nicht für CB-Funk freigegeben
20	27,205	
21	27,215	
22	27,225	
23	* 27,255	
24	* 27,235	digitale Datenübertragung erlaubt
25	* 27,245	digitale Datenübertragung erlaubt
26	27,265	
27	27,275	
28	27,285	

Kanal-Nr.	Frequenz MHz	Bemerkungen
29	27,295	
30	27,305	
31	27,315	
32	27,325	
33	27,335	
34	27,345	
35	27,355	
36	27,365	
37	27,375	
38	27,385	
39	27,395	
40	27,405	
41	26,565	vorgesehen für neue Technologien
42	26,575	vorgesehen für neue Technologien
43	26,585	vorgesehen für neue Technologien
44	26,595	vorgesehen für neue Technologien
45	26,605	vorgesehen für neue Technologien
46	26,615	vorgesehen für neue Technologien
47	26,625	vorgesehen für neue Technologien
48	26,635	vorgesehen für neue Technologien
49	26,645	vorgesehen für neue Technologien
50	26,655	vorgesehen für neue Technologien
51	26,665	
52	26,675	digitale Datenübertragung erlaubt
53	26,685	digitale Datenübertragung erlaubt
54	26,695	
55	26,705	
56	26,715	
57	26,725	
58	26,735	
59	26,745	
50	26,755	
61	26,765	

Kanal-Nr.	Frequenz MHz	Bemerkungen
62	26,775	
63	26,785	
64	26,795	
65	26,805	
66	26,815	
67	26,825	
68	26,835	
69	26,845	
70	26,855	
71	26,865	
72	26,875	
73	26,885	
74	26,895	
75	26,905	
76	26,915	digitale Datenübertragung erlaubt
77	26,925	digitale Datenübertragung erlaubt
78	26,935	
79	26,945	
80	26,955	

Für den CB-Funk waren zunächst nur 40 Kanäle im Bereich von 27 MHz zugeteilt. Ende 1995 kamen dann weitere 40 Kanäle hinzu, daher die nicht ganz logische Zuordnung von Kanalnummern und Frequenzen.

(* = Die Reihenfolge der Kanäle 23, 24, 25 ist aus historischen Gründen vertauscht. Die Frequenzzuteilung stimmt so wie hier angegeben!)

Die nicht für den CB-Funk freigegebenen Frequenzen innerhalb des CB-Funk-Bereiches werden für sog. ISM-Anwendungen (industrielle, wissenschaftliche und medizinische Zwecke) benutzt, zum Beispiel für Fernsteuerungen.

Kanalzuteilungen, die über die hier gemachten offiziellen Vorgaben hinausgehen, haben keinen verbindlichen Charakter. Vorschläge zur Zweckbindung gibt es in unterschiedlicher Form von verschiedenen Interessenverbänden. So ist beispielsweise auch im Gespräch, neben dem Kanal 9 die Kanäle 1, 16, 69, 71 und 80 als Notrufkanäle auszuweisen.

SCANNER-INFO:

Frequenzbereich:	26,565 – 27,405 MHz
Kanalraster:	10 kHz
Modulationsart:	FM-schmal, AM
Abhörsicherheit:	nicht vorgesehen

Modulationsarten/Betriebsart:

CB-Funkgeräte dürfen in der Sendeart F3E/G3E (FM-schmal) und auf den Kanälen 4 bis 15 in A3E (AM) betrieben werden. Als Betriebsart ist nur Simplex (Wechselsprechen auf einer Frequenz) zugelassen.

Auf den Kanälen 24, 25, 52, 53, 76, 77 ist digitale Datenübertragung (z.B. Packet-Radio) erlaubt. Die Kanäle 41 bis 50 sind für künftig zu erwartende neue Technologien (Übertragungsverfahren) vorgesehen. Es ist anzunehmen, daß in Zukunft digitale (Sprach-)Übertragungsverfahren die analogen Betriebsarten (AM und FM) ersetzen.

stabo xrc Twinstar – CB-Funkgerät und Radio mit Cassettenrecorder in einem. (Foto: stabo)

UKW-Amateurfunk

Der UKW-Amateurfunk erfreut sich schon seit Jahren einer wachsenden Beliebtheit unter den Funkamateuren. Einerseits hat man die Möglichkeit, mit der vereinfachten Amateurfunk-Lizenzprüfung der Klasse C (ohne Morsen) die Funklizenz für den UKW-Bereich zu bekommen. Viele Amateurfunk-Interessenten, die keine weltweiten Funkambitionen verspüren und/oder das Morsen scheuen, ergreifen diese Chance.

Andererseits bringt die Industrie eine solche Vielzahl von immer besseren und immer kleineren UKW-Funkgeräten auf den Markt, daß auch die Funkamateure mit der „großen" Lizenz den UKW-Funk nutzen, sei es mit einem „Mobil"-Funkgerät im Auto oder mit einem „Portable"-Handsprechfunkgerät in der Jackentasche.

Die legale Möglichkeit, privat UKW-Sprechfunk zu hören oder selbst am UKW-Sprechfunk teilzunehmen

Der UKW-Amateurfunk darf als einziger Funkdienst ohne Genehmigung abgehört werden (sieht man einmal vom Rundfunk und vom CB-Funk ab). Das Abhören aller anderen Funkdienste ist verboten, bzw. nur den betreffenden Teilnehmern mit entsprechender Genehmigung oder Lizenz gestattet. Auch wer selbst am UKW-Sprechfunk teilnehmen möchte, einfach aus Freude am Funken, hat nur innerhalb des Amateurfunkdienstes dazu die Möglichkeit. Es sei auch an dieser Stelle nochmals ausdrücklich vor dem unberechtigten Empfangen bzw. Senden gewarnt!

Wer privat Sprechfunk betreiben möchte, sollte sich um den Erwerb der Amateurfunk-C-Lizenz bemühen. Mit etwas Interesse an der Funktechnik müßte die Prüfung ohne große Mühe zu bestehen sein. Eine weitere, jedoch recht unbefriedigende Funk-Möglichkeit bietet der CB-Funk, an dem jeder teilnehmen darf.

Frequenzbereiche im UKW-Amateurfunk

Für den Amateurfunkdienst über 30 MHz sind verschiedene Bereiche vorgesehen. Der übliche UKW-Amateurfunk spielt sich hauptsächlich im 2-Meter-Band (VHF) und im 70-Zentimeter-Band (UHF) ab. Verstärkte Aktivitäten sind jetzt auch im 23-Zentimeter-Band (SHF) zu verzeichnen.

Die Frequenzen:

2-m-Band (VHF):	144 – 146	MHz
70-cm-Band (UHF):	430 – 440	MHz
23-cm-Band (SHF):	1240 – 1300	MHz

Hingewiesen sei hier auch auf die beiden Amateurfunkbereiche 50 und 70 MHz, für die es Einschränkungen gibt:

50-MHz-Bereich:	50 – 54	MHz
70-MHz-Bereich:	70 – 70,5	MHz

Darüber sind bis weit in den Gigahertzbereich hinein verschiedene Teilbereiche für den Amateurfunkdienst reserviert:

2320 – 2450 MHz	10,0 – 10,5 GHz
3400 – 3475 MHz	24,0 – 24,25 GHz
5650 – 5850 MHz	

Die Bereiche im Gigahertzspektrum spielen im Amateurfunk eine untergeordnete Rolle und dienen zur Zeit hauptsächlich zu Experimentierzwecken von ausgesprochenen UHF-Spezialisten.

Betriebsarten beim UKW-Amateurfunk

Im Amateurfunk werden sämtliche Betriebsarten ausprobiert und genutzt, von der Morsetelegraphie über Packet-Radio-Datenübertragung bis hin zum ATV-Fernsehen. Hauptsächlich wird aber auf UKW Sprechfunk in FM-schmal betrieben, seltener in SSB (z.B. im 6-m-Band oder bei Satellitenverbindungen).

Amateurfunk-Bandeinteilung 6-m-Band (50 MHz) und 70 MHz

Das 6-m-Band von 50 bis 54 MHz ist für den Amateurfunk zur Nutzung mit Sondergenehmigung bis auf weiteres gestattet. Zugelassen sind hier nur die Betriebsarten CW und SSB-Sprechfunk ohne Relais.

50,020 – 50,080	Baken
50,080 – 50,100	CW
50,100 – 50,400	CW/SSB
50,110	DX-Anruffrequenz
50,200	SSB-Anruffrequenz

Das in Großbritannien zugelassene 70-MHz-Band von 70 bis 70,5 MHz darf in Deutschland von Funkamateuren lediglich empfangen werden. Sendebetrieb ist hier nicht gestattet.

70,025 – 70,075	Baken
70,075 – 70,260	CW/SSB
70,200	SSB-Anruffrequenz
70,260 – 70,400	alle Betriebsarten
70,260	Anruffrequenz Mobil
70,400 – 70,500	FM Simplexverkehr
70,450	Anruffrequenz

CW	= Morse-Telegrafie	FM	= Frequenzmodulation
SSB	= Einseitenbandmodulation	DX	= Fernverkehr

Amateurfunk-Bandeinteilung 2 m / 70 cm / 23 cm

Die Amateurfunkbänder wurden in Teilbereiche eingeteilt, um die verschiedenen Betriebsarten, die im Amateurfunk möglich sind, zu trennen. Damit soll ein möglichst störungsfreier Betrieb gewährleistet werden. Sie finden nachfolgend die Bandeinteilung für das 2-m-Band, für das 70-cm-Band und für das 23-cm-Band, soweit diese für den Sprechfunk interessant ist. Die Funkamateure arbeiten im Sprechfunk üblicherweise auch mit einem Kanalraster (Kanalabstand 25 kHz).

144,000 – 144,150	CW
144,150	Funkbaken
144,150 – 144,500	SSB
144,300	SSB-Anruffrequenz
144,500 – 144,845	alle Betriebsarten
144,845 – 144,990	Funkbaken
145,000 – 145,200	FM / Relais-Ansprechfrequenzen
145,225 – 145,575	FM Simplexverkehr
145,500	FM-Mobil-Anruffrequenz
145,600 – 145,800	FM / Relais-Sendefrequenzen
145,800 – 146,000	Satellitenbetrieb

430,000 – 430,975	alle Betriebsarten
431,050 – 431,825	FM / Relais-Ansprechfrequenzen
432,000 – 432,150	CW (DX)
432,150 – 432,500	CW/SSB (DX)
433,000 – 435,000	alle Betriebsarten
433,500	FM-Anruffrequenz
435,000 – 438,000	Satellitenbetrieb
438,575 – 439,425	FM / Relais-Sendefrequenzen
439,425 – 440,000	alle Betriebsarten

1257,000 – 1260,000	alle Betriebsarten
1258,150 – 1259,350	FM / Relais-Sendefrequenzen

1293,150 – 1294,350	FM / Relais-Anruffrequenzen
1296,000 – 1297,000	DX (verschiedene Betriebsarten)
1297,500 – 1297,975	FM Simplexverkehr
1298,000 – 1300,000	alle Betriebsarten

UKW-Amateurfunk – nur für den Nahverkehr?

Wie bei allen anderen UKW-Funkdiensten ist die Reichweite eines UKW-Senders etwa auf die optische Ausbreitungszone beschränkt. Je nach Standort hat man eine Reichweite von einigen Kilometern bis hin zu vielleicht 30 bis 50 Kilometern (in der Ebene). Bei einem exponierten Standort, etwa von einer Bergspitze oder von einem hohen Gebäude, kann man natürlich größere Reichweiten erzielen.

Darüber hinaus gibt es die Möglichkeit, mit dem Umweg über einen Amateurfunk-Satelliten (OSCAR) wesentlich größere Reichweiten zu erzielen und sogar interkontinentale Verbindungen auf UKW herzustellen.

Immer wieder treten auch sogenannte troposphärische Überreichweiten auf, die beim Auf- und Abbau ausgedehnter Hochdruckgebiete entstehen können. In solchen Ausnahmesituationen lassen sich mit ganz normalen Funkgeräten Reichweiten von 1000 Kilometern und mehr ermöglichen. Es handelt sich dabei um den gleichen Effekt, der auch die Störungen durch Überreichweiten im Fernsehempfang entstehen läßt.

Relaissender für den UKW-Amateurfunk

Eine wesentliche Verbesserung der Reichweite im UKW-Amateurfunk läßt sich durch die Benutzung einer Relaisstation erreichen. Die Funkamateure haben in eigener Regie ein dichtes Netz von Amateurfunk-Relaisstationen errichtet. Diese Relaisstationen sind unbemannte, automatisch arbeitende Funkstationen, die Tag und Nacht in Betrieb sind. Sie werden auf besonders günstigen Standorten errichtet, z.B. auf Berggipfeln, hohen Gebäuden o.ä., um eine möglichst große Reichweite zu gewährleisten. Zudem arbeiten die Relaissender gegenüber den gängigen Hand- und Mobilfunkgeräten mit höheren Sendeleistungen, was sich ebenfalls auf die Reichweite auswirkt.

Eine Relaisstation besteht immer aus einer Empfänger-Sender-Kombination. Will nun ein Funkamateur über ein Relais arbeiten, muß er auf der Ansprechfrequenz des Relais senden und den Relaissender mittels Tonrufsignal aktivieren. Die Sendung wird dann vom Relais auf der einen Frequenz aufgenommen und auf einer anderen Sendefrequenz wieder abgestrahlt. Daher auch der Name „Umsetzer".

Mit Hilfe eines Relais ist der Funkamateur in der Lage, zum Beispiel einen Hobbykollegen auf der anderen Seite eines Berges zu erreichen, mit dem er auf direktem Weg keinen Funkkontakt bekommen könnte. Noch interessanter ist die Möglichkeit, daß man je nach Standort des benutzten Relaissenders mühelos Reichweiten von einigen Hundert Kilometern überbrücken kann.

Die Relaisstationen des Amateurfunkdienstes werden hauptsächlich im 2-m-Band und im 70-cm-Band betrieben, zunehmend aber auch im 23-cm-Band. Für die Ansprech- und Sendefrequenzen dieser Umsetzer sind bestimmte Kanalbereiche innerhalb der Bänder vorgesehen. Im Anschluß finden Sie eine Aufstellung dieser Relais-Frequenzen. Außerdem schließt sich ein Verzeichnis der Amateurfunk-Relaisstationen an.

Funkamateure treffen sich jedes Jahr in Friedrichshafen am Bodensee zur „Ham Radio", der großen Amateurfunkausstellung. (Foto: Messe Friedrichshafen)

Kanal- und Frequenztabelle für Amateurfunk-Relais im 2-m-Band (VHF)

Kanal	Ansprechfrequenz	Sendefrequenz
	der Relaisstation (MHz)	
R 0	145,000	145,600
R 1	145,025	145,625
R 2	145,050	145,650
R 3	145,075	145,675
R 4	145,100	145,700
R 5	145,125	145,725
R 6	145,150	145,750
R 7	145,175	145,775
R 8*	145,200	145,800

_____
* bis auf weiteres

Hinweis: Relaisfunkstellen, die mit einem ergänzenden X gekennzeichnet sind, arbeiten mit einem Frequenzoffset von 12,5 kHz (Beispiel: R0X: 145,0125/145,6125 MHz).

Erläuterung zu den Kanaltabellen

Bei den Relaisfrequenzen in den drei Tabellen ist jeweils die erste Frequenz die Ansprechfrequenz der Relaisfunkstelle und damit die Sendefrequenz der Mobil- oder Feststation.

Die zweite Frequenz ist die Sendefrequenz der Relaisfunkstelle und damit die Empfangsfrequenz der Mobil- oder Feststation.

Kanal- und Frequenztabelle für Amateurfunk-Relais im 70-cm-Band (UHF)

Kanal	Ansprechfrequenz	Sendefrequenz
	der Relaisstation (MHz)	
R 70	431,050	438,650
R 71	431,075	438,675
R 72	431,100	438,700
R 73	431,125	438,725
R 74	431,150	438,750
R 75	431,175	438,775
R 76	431,200	438,800
R 77	431,225	438,825
R 78	431,250	438,850
R 79	431,275	438,875
R 80	431,300	438,900
R 81	431,325	438,925
R 82	431,350	438,950
R 83	431,375	438,975
R 84	431,400	439,000
R 85	431,425	439,025
R 86	431,450	439,050
R 87	431,475	439,075
R 88	431,500	439,100
R 89	431,525	439,125
R 90	431,550	439,150
R 91	431,575	439,175
R 92	431,600	439,200
R 93	431,625	439,225
R 94	431,650	439,250*
R 95	431,675	439,275*
R 96	431,700	439,250*
R 97	431,725	439,325
R 98	431,750	439,350
R 99	431,775	439,375
R 100	431,800	439,400
R 101	431,825	439,425

Kanal- und Frequenztabelle für Amateurfunk-Relais im 23-cm-Band (SHF) nach alter Norm

Kanal	Ansprechfrequenz	Sendefrequenz
	der Relaisstation (MHz)	
R 20	1293,150	1258,150
R 21	1293,225	1258,225
R 22	1293,300	1258,300
R 23	1293,375	1258,375
R 24	1293,450	1258,450
R 25	1293,525	1258,525
R 26	1293,600	1258,600
R 27	1293,675	1258,675
R 28	1293,750	1258,750
R 29	1293,825	1258,825
R 30	1293,900	1258,900
R 31	1293,975	1258,975
R 32	1294,050	1259,050
R 33	1294,125	1259,125
R 34	1294,200	1259,200
R 35	1294,275	1259,275
R 36	1294,350	1259,350
R xxS	SONDERABLAGE TX:	-28 MHz

Kanal- und Frequenztabelle für Amateurfunk-Relais im 23-cm-Band (SHF) nach neuer Norm

Kanal	Ansprechfrequenz	Sendefrequenz
	der Relaisstation (MHz)	
RS 08	1270,200	1298,200 1242,200
RS 09	1270,225	1298,225 1242,225
RS 10	1270,250	1298,250 1242,250
RS 11	1270,275	1298,275 1242,275
RS 12	1270,300	1298,300 1242,300
RS 13	1270,325	1298,325 1242,325
RS 14	1270,350	1298,350 1242,350
RS 15	1270,375	1298,375 1242,375
RS 16	1270,400	1298,400 1242,400
RS 17	1270,425	1298,425 1242,425
RS 18	1270,450	1298,450 1242,450
RS 19	1270,475	1298,475 1242,475
RS 20	1270,500	1298,500 1242,500

Kanal	Ansprechfrequenz	Sendefrequenz der Relaisstation (MHz)
RS 21	1270,525	1298,525 1242,525
RS 22	1270,550	1298,550 1242,550
RS 23	1270,575	1298,575 1242,575
RS 24	1270,600	1298,600 1242,600
RS 25	1270,625	1298,625 1242,625
RS 26	1270,650	1298,650 1242,650
RS 27	1270,675	1298,675 1242,675
RS 28	1270,700	1298,700 1242,700

Hinweis: Welche der beiden jeweils möglichen Sendefrequenzen benutzt wird, hängt von der Koordination mit Digipeatern im gleichen Frequenzbereich ab.

Kanal	Ansprechfrequenz	Sendefrequenz der Relaisstation (MHz)
R 12	2321,400	2366,400
R 13	2321,450	2366,450
R 14	2321,500	2366,500
RG 3	10353,00	10383,00

Verzeichnis der Amateurfunk-Relaisstationen

Sortiert nach Kanälen finden Sie hier die Liste aller deutschen Amateurfunk-Relaisstationen. Neben der Kanalnummer finden Sie die dazugehörige Relais-Ausgabefrequenz. Außer dem Rufzeichen (es beginnt immer mit DB 0 ...) finden Sie auch die Angabe des Standorts als IARU-Locator. Auf einer IARU-Locator-Karte läßt sich damit jeder Standort sehr schnell finden. (Eine solche Karte gibt es zum Beispiel beim DARC-Verlag.)

Hier aufgeführt sind ausschließlich reine Sprechfunk-Relais. Relais für Fernschreiben (RTTY), Datenübertragungen, Amateurfunk-Fernsehen (ATV) u.ä. sind nicht aufgelistet. Mit aufgeführt sind auch solche Relaisstationen, die zeitweise außer Betrieb sind oder demnächst in Betrieb gehen sollen.

Wir danken dem VHF/UHF/SHF-Referat des DARC e.V. ausdrücklich für die Zurverfügungstellung der aktuellen Daten.

In Klammern (mit →) geben wir an, auf welchem Band das betreffende Relais zukünftig arbeiten soll.

Relais im 2-m-Band (VHF)

Kanal R0 (145,600 MHz)

R0	DB 0 SPA	Berlin	JO 62 ..
R0	DB 0 SP	Berlin-Spandau	JO 62 QM
R0	DB 0 WC	Bremerhaven	JO 43 GN
R0	DB 0 UF	Feldberg/Taunus	JO 40 FF
R0	DB 0 SH	Flensburg	JO 44 QS
R0	DB 0 GLZ	Görlitz	JO 71 LD
R0	DB 0 UH	Hagen	JO 31 RI
R0	DB 0 XF	Holledau	JN 58 TN
R0	DB 0 QB	Konstanz-Stadt	JN 47 OP
R0	DB 0 YN	Lindau-Northeim/Hann.	JO 51 AQ
R0	DB 0 YY	Ludwigsburg	JN 48 OV
R0	DB 0 NDS	Lüchow/Elbe	JO 53 KB
R0	DB 0 ZB	Ochsenkopf	JO 50 VA
R0	DB 0 SR	Saarbrücken/Holz	JN 39 MI
R0X	DB 0 YB	Bad Hersfeld	JO 40 VU

Kanal R1 (145,625 MHz)

R1	DB 0 ZA	Aschberg (Rendsburg)	JO 44 UK
R1	DB 0 UB	Bamberg	JN 59 MU
R1	DB 0 YL	Berlin-Tiergarten	JO 62 QM
R1	DB 0 WU	Bremen	JO 43 JB

R1	DB 0 WT	Detmold/Bielstein	JO 41 JV
R1	DB 0 MGG	Drei-Annen-Hohne	JO 51 IT
R1	DB 0 WW	Duisburg	JO 31 II
R1	DB 0 ZH	Heidelberg	JN 49 IJ
R1	DB 0 WV	Höchsten/Friedrichshafen	JN 47 QT
R1	DB 0 LOE	Kottmar/Ostsachsen	JO 71 HA
R1	DB 0 XS	Merzig/Saar	JN 39 FM
R1	DB 0 NBG	Neubrandenburg	JO 63 PN
R1	DB 0 ANA	Pöhlberg	JO 60 MN
R1	DB 0 WB	Trescherberg/Waldkraiburg	JN 68 EE
R1X	DB 0 UA	Augsburg	JN 58 LI

Kanal R2 (145,650 MHz)

R2	DB 0 XA	Cuxhaven	JO 43 HU
R2	DB 0 WE	Essen	JO 31 LJ
R2	DB 0 XM	Hoher Meißner	JO 41 WF
R2	DB 0 WY	Lübbecke	JO 42 FG
R2	DB 0 UN	Nürnberg-Stadt	JN 59 ML
R2	DB 0 WN	Ochsenwang	JN 48 SN
R2	DB 0 UP	Pforzheim	JN 48 JV
R2	DB 0 VP	Pirmasens	JN 39 TE
R2	DB 0 PCK	Schwedt/Oder	JO 73 BD
R2	DB 0 MVP	Schwerin	JO 53 QP
R2	DB 0 YS	Siegen	JO 40 AX
R2X	DB 0 EE	Emmerich-Elten	JO 31 CV

Kanal R3 (145,675 MHz)

R3	DB 0 XN	Bredstedt-Bordelum	JO 44 LP
R3	DB 0 YC	Cham	JN 69 JB
R3	DB 0 DD	Dresden-Hellerau	JO 61 VC
R3	DB 0 WEI	Ettersberg/Weimar	JO 51 PA
R3	DB 0 GSH	Goslar-Steinberg	JO 51 FV
R3	DB 0 HGW	Greifswald	JO 64 QC
R3	DB 0 YH	Höchenschwand/Schwarzwald	JN 47 CR
R3	DB 0 SD	Idar-Oberstein	JN 39 QQ
R3	DB 0 UK	Karlsruhe	JN 48 EX
R3	DB 0 VR	Nordhelle/Sauerland	JO 31 VD
R3	DB 0 UO	Oldenburg	JO 43 CE
R3	DB 0 PDM	Potsdam	JO 62 MI
R3	DB 0 TF	Ulm	JN 48 XJ
R3	DB 0 WZ	Würzburg	JN 49 WS
R3X	DB 0 LDB	Backnang	JN 49 SB
R3X	DB 0 ULR	München-Stadt (→R4X)	JN 58 TD

Kanal R4 (145,700 MHz)

R4	DB 0 MAR	Bäderstraße/Ostsee		JO 54 JA
R4	DB 0 RH	Bergen/Celle		JO 42 WU
R4	DB 0 UC	Coburg		JO 50 LG
R4	DB 0 JLF	Gehren		JO 61 TS
R4	DB 0 XK	Kalmit		JN 49 BH
R4	DB 0 SB	Königswinter/Drachenfels		JO 30 OQ
R4	DB 0 SL	Landau/Deggendorf		JN 68 MU
R4	DB 0 WO	Leer/Ostfriesland	(→R1X)	JO 33 RG
R4	DB 0 WM	Münster		JO 31 TX
R4	DB 0 XU	Rimberg		JO 40 ST
R4X	DB 0 XR	Dreiländereck/Lörrach		JN 37 WR
R4X	DB 0 MGD	Magdeburg		JO 52 TC
R4X	DB 0 MAL	Retzow		JO 63 IS
R4X	DB 0 ZW	Weiden		JN 69 EQ

Kanal R5 (145,725 MHz)

R5	DB 0 BRL	Berlin	JO 62 SM
R5	DB 0 XY	Bocksberg/Harz	JO 51 EU
R5	DB 0 QW	Hamburg-Ost	JO 53 DL
R5	DB 0 ZK	Koblenz	JO 30 SH
R5	DB 0 SM	Meppen	JO 32 QR
R5	DB 0 ZU	Zugspitze	JN 57 LK
R5X	DB 0 YK	Homburg-Höcherberg	JN 39 PJ
R5X	DB 0 WIT	Wittstock-Pritzwalk	JO 63 CD

Kanal R6 (145,750 MHz)

R6	DB 0 XO	Bergheim	JO 30 IX
R6	DB 0 VF	Frankfurt-Stadt	JO 40 ID
R6	DB 0 UE	Fulda	JO 40 UO
R6	DB 0 YJ	Göttingen	JO 41 XM
R6	DB 0 HAL	Halle/Saale/Petersberg	JO 51 XN
R6	DB 0 XH	Hamburg-Mitte	JO 43 XN
R6	DB 0 YI	Hannover	JO 42 XC
R6	DB 0 ZF	Kaiserstuhl/Freiburg	JN 38 UB
R6	DK 0 TEN	Konstanz/Sipplinger Berg	JN 47 NT
R6	DB 0 ZM	München-Stadt	JN 58 RE
R6	DF 0 ANN	Nürnberg-Moritzberg	JN 59 PL
R6	DB 0 ZO	Osnabrück/Döhrenberg	JO 42 AE
R6	DB 0 TK	Regensburg	JN 69 BB
R6	DB 0 HRO	Rostock	JO 64 AC
R6	DB 0 WR	Stuttgart	JN 48 QS
R6X	DB 0 WF	Berlin-Zentrum	JO 62 PM

| R6X | DB 0 ZR | Dortmund | | JO 31 SL |
| R6X | DB 0 SHL | Suhl/Ringberghaus | | JO 50 IO |

Kanal R7 (145,775 MHz)

R7	DB 0 VQ	Bad Bentheim		JO 32 OH
R7	DB 0 VB	Böllstein		JN 49 LR
R7	DB 0 XC	Elm		JO 52 JF
R7	DB 0 UT	Erbeskopf/Trier		JN 39 NR
R7	DB 0 FRO	Frankfurt/Oder		JO 72 GI
R7	DB 0 RIG	Göppingen/Messelberg		JN 48 WQ
R7	DB 0 XG	Greding		JN 59 QB
R7	DB 0 HEI	Heide/Holstein		JO 44 NE
R7	DB 0 XW	Hohenkirchen/Friesland		JO 33 WP
R7	DB 0 XE	Kassel		JO 41 QH
R7	DB 0 VK	Köln-Stadt		JO 30 LW
R7	DB 0 LHR	Lahr		JN 38 WI
R7	DB 0 LEI	Leipzig		JO 61 EI
R7	DB 0 MAK	Marktredwitz		JO 60 BA
R7X	DB 0 WA	Aachen		JO 30 BS
R7X	DB 0 BRB	Brandenburg		JO 62 GJ
R7X	DB 0 WD	Deister		JO 42 SG
R7X	DB 0 WX	Triberg		JN 48 DC

Kanal R8 (145,800 MHz)

| R8 | DB 0 VD | Melibokus/Darmstadt | (→R2X) | JN 49 HR |

Relais im 70-cm-Band (UHF)

Kanal R70 (438,650 MHz)

R70	DB 0 ISW	Blomberg/Bad Tölz		JN 57 RS
R70	DB 0 DS	Dortmund-Schnee		JO 31 RL
R70	DB 0 FFO	Eisenhüttenstadt		JO 72 GD
R70	DB 0 SS	Heilbronn		JN 49 OD
R70	DB 0 NDS	Lüchow/Elbe		JO 53 KB
R70	DB 0 MHL	Mühlhausen		JO 51 FF
R70	DB 0 VN	Nürnberg-Schmausenbruck		JN 59 NK
R70	DB 0 OO	Oldenburg		JO 43 CE
R70	DB 0 VKS	Völklingen		JN 39 KG
R70	DB 0 UJ	Wetzlar-Gießen		JO 40 GP
R70	DB 0 WLG	Wolgast/Usedom		JO 64 TA

Kanal R71 (438,675 MHz)

| R71 | DB 0 UA | Augsburg | | JN 58 LI |
| R71 | DB 0 OI | Braunschweig | | JO 52 FG |

R71	DB 0 RB	Bruchsal	JN 49 HC
R71	DB 0 EG	Coesfeld/Schöppingen	JO 32 OC
R71	DB 0 EDT	Edersee/Fritzlar	JO 41 MC
R71	DB 0 NU	Haßberge/Altenstein	JO 50 JE
R71	DB 0 KFA	Kiel-Stadt	JO 54 BH
R71	DB 0 MYK	Mayen/Bell	JO 30 OL
R71	DB 0 MSP	Neustrelitz	JO 63 MI
R71	DB 0 SAX	Oschatz/Collmberg	JO 61 MH
R71	DB 0 BW	Passau/Fürstenzell	JN 68 RN

Kanal R72 (438,700 MHz)

R72	DB 0 SBS	Bamberg	JN 59 KV
R72	DB 0 CSD	Chemnitz	JO 60 KT
R72	DB 0 UD	Duisburg	JO 31 JL
R72	DB 0 YG	Göttingen	JO 41 XN
R72	DB 0 XI	Hamburg-Mitte	JO 43 XN
R72	DK 0 TEN	Konstanz/Sipplinger Berg	JN 47 NT
R72	DB 0 XT	Merzig/Saar	JN 39 FM
R72	DB 0 OX	Norden	JO 33 OO
R72	DB 0 TR	Rosenheim/Samerberg	JN 67 CU
R72	DB 0 SZ	Schauinsland/Freiburg	JN 37 WW
R72	DB 0 WP	Stuttgart	JN 48 QS

Kanal R73 (438,725 MHz)

R73	DB 0 BC	Berlin-Charlottenburg	JO 62 PM
		(2. Ein- und Ausgabe auf 144.485 MHz in SSB)	
R73	DB 0 CY	Bocksberg/Harz	JO 51 EU
R73	DB 0 BNV	Bremen/Vegesack-Aumund	JO 43 HE
R73	DB 0 RZ	Donau-Bussen	JN 48 SE
R73	DB 0 ND	Donnersberg	JN 39 VP
R73	DB 0 KHC	Kronach	JO 50 PG
R73	DB 0 AK	Siegen	JO 40 AX

Kanal R74 (438,750 MHz)

R74	DB 0 DI	Bad Segeberg	JO 53 CX
R74	DB 0 DES	Dessau	JO 61 CU
R74	DB 0 VE	Feldberg/Ts.	JO 40 FF
R74	DB 0 REM	Fellbach/Stuttgart	JN 48 PT
R74	DB 0 ZV	Hagen	JO 31 SI
R74	DB 0 NBR	Neubrandenburg	JO 63 PN
R74	DF 0 ANN	Nürnberg-Moritzberg	JN 59 PL
R74	DB 0 WB	Trescherberg/Waldkraiburg	JN 68 EE
R74	DB 0 YP	Weserbergland/Bad Pyrmont	JO 41 PX
R74	DB 0 RW	Wilhelmshaven	JO 43 BN

Kanal R75 (438,775 MHz)

R75	DB 0 QL	Bebra	JO 41 WA
R75	DB 0 RUG	Bergen/Insel Rügen	JO 64 RK
R75	DB 0 TA	Berlin-Funkturm	JO 62 PM
R75	DB 0 CO	Döhrenberg/Osnabrück	JO 42 AE
R75	DB 0 BO	Eßlingen	JN 48 PR
R75	DB 0 MOT	Idstein/Taunus	JO 40 DF
R75	DB 0 NI	Lüneburg	JO 53 FG
R75	DB 0 MAK	Marktredwitz	JO 60 BA
R75	DB 0 NJ	München (Distr. Bay.-Süd)	JN 58 SC
R75	DB 0 ORT	Renchtal	JN 48 AN
R75	DB 0 QA	Würselen	JO 30 BT

Kanal R76 (438,800 MHz)

R76	DB 0 TFL	Baruth	JO 62 RB
R76	DB 0 TB	Bielefeld (Örlinghausen)	JO 42 FB
R76	DB 0 TD	Crailsheim	JN 59 BD
R76	DB 0 SJ	Düsseldorf	JO 31 LG
R76	DB 0 XX	Elm	JO 52 JF
R76	DB 0 RMV	Marlow	JO 64 GD
R76	DB 0 UU	Melibokus/Darmstadt	JN 49 HR
R76	DB 0 VO	Ochsenkopf	JO 50 VA
R76	DB 0 XJ	Stade	JO 43 RO

Kanal R77 (438,825 MHz)

R77	DB 0 HRB	Biedenkopf	JO 40 GW
R77	DB 0 BS	Bochum	JO 31 OM
R77	DB 0 OZ	Bremen/Utbremen	JO 43 JC
R77	DB 0 ODE	Fahrenbach/Odenwald	JN 49 NK
R77	DB 0 SH	Flensburg	JO 44 QT
R77	DB 0 REN	Lehesten/Rennsteig/Thür.	JO 50 RK
R77	DB 0 SR	Saarbrücken/Holz	JN 39 MI

Kanal R78 (438,850 MHz)

R78	DB 0 CBS	Cottbus		JO 71 DQ
R78	DB 0 WI	Hamburg-Mitte		JO 43 XN
R78	DB 0 VV	Idar-Oberstein	(→ JN 39 QQ)	JN 39 PQ
R78	DB 0 SF	Kaiserstuhl/Freiburg		JN 38 UB
R78	DB 0 TM	Kassel		JO 41 PH
R78	DB 0 WQ	Lübbecke (Wiehengebirge)		JO 42 HH
R78	DB 0 WOL	Magdeburg/Wolmirstedt		JO 52 TC
R78	DB 0 NW	Wesel		JO 31 HP
R78	DB 0 WZ	Würzburg		JN 49 WS
R78	DB 0 ZU	Zugspitze		JN 57 LK

Kanal R79 (438,875 MHz)

R79	DB 0 CJ	Amberg	JN 59 WK
R79	DB 0 QH	Arnsberger Wald	JO 41 DJ
R79	DB 0 BGL	Berchtesgaden	JN 67 LN
R79	DB 0 GL	Bergisch-Gladbach	JO 30 NX
R79	DB 0 QD	Bremen	JO 43 JC
R79	DB 0 TUD	Dresden	JO 61 UA
R79	DB 0 GBW	Grabow/Ruhner Berge	JO 53 XH
R79	DB 0 XQ	Karlsbad-Ittersbach	JN 48 HV
R79	DB 0 QX	Quedlinburg	JO 51 NS
R79	DB 0 NQ	Schlüchtern/Schoppenkopf	JO 40 SI

Kanal R80 (438,900 MHz)

R80	DB 0 VT	Bamberg	JN 59 KV
R80	DB 0 MEU	Elsterwerda/Winterberg	JO 61 SL
R80	DB 0 FB	Feldberg/Schwarzwald	JN 47 AU
R80	DB 0 GSH	Goslar/Steinberg	JO 51 FV
R80	DB 0 ZK	Koblenz	JO 30 SH
R80	DB 0 XL	Lübeck	JO 53 HX
R80	DB 0 HEB	Pasewalk/Helpterberg	JO 63 TL
R80	DB 0 OVG	Rechterfeld/Goldenstedt	JO 42 EU
R80	DB 0 UR	Recklinghausen/Haltern	JO 31 NS
R80	DB 0 RP	Regensburg	JN 69 BA
R80	DB 0 TE	Ulm-West	JN 48 VK

Kanal R81 (438,925 MHz)

R81	DB 0 ZE	Hamburg-Moorfleet	JO 53 BM
R81	DB 0 HEG	Hesselberg	JN 59 GB
R81	DB 0 CH	Hoher Meißner	JO 41 WF
R81	DB 0 QE	Kühnried/Cham	JN 69 IH
R81	DB 0 LBH	Löbenberg b. Hohburg/Wurzen	JO 61 JK
R81	DB 0 BP	Ludwigsburg	JN 48 OV
R81	DB 0 VX	Mönchengladbach	JO 31 FF
R81	DB 0 KX	Viersen	JO 31 EH

Kanal R82 (438,950 MHz)

R82	DB 0 BOR	Borken	JO 31 KU
R82	DB 0 XN	Bredstedt-Bordelum	JO 44 LP
R82	DB 0 UX	Durlach	JN 48 FX
R82	DB 0 SE	Gemünd/Eifel	JO 30 FN
R82	DB 0 HUY	Halberstadt	JO 51 LX
R82	DB 0 UI	Marburg	JO 40 JT
R82	DB 0 VM	München-Stadt	JN 58 RC

R82	DB 0 TI	Reutlingen	JN 48 OL
R82	DB 0 SBB	Scheibenberg	JO 60 KM
R82	DB 0 TJ	Schweinfurt	JO 50 CB
R82	DB 0 MVP	Schwerin	JO 53 QP
R82	DB 0 US	Vechta	JO 42 CN

Kanal R83 (438,975 MHz)

R83	DB 0 CAL	Calau	JO 61 XR
R83	DB 0 IO	Groß-Umstadt	JN 49 LU
R83	DB 0 ARH	Herrenberg	JN 48 JN
R83	DB 0 ABX	Kloster Andechs	JN 57 OX
R83	DB 0 QG	Oberpfälzer Wald	JN 69 GK
R83	DB 0 PB	Paderborn/Büren	JO 41 GN
R83	DB 0 SLF	Saalfeld/Berg	JO 50 QP
R83	DB 0 TG	Teufelsmoor	JO 43 JG
R83	DB 0 CA	Wuppertal	JO 31 NH

Kanal R84 (439,000 MHz)

R84	DB 0 TN	Brandenkopf/Haslach I.K.	JN 48 CI
R84	DB 0 FRO	Frankfurt/Oder	JO 72 GI
R84	DB 0 PET	Halle/Saale/Petersberg	JO 51 XN
R84	DB 0 YI	Hannover	JO 42 XC
R84	DB 0 ZD	Immenstadt/Mittagberg/Allgäu	JN 57 CN
R84	DB 0 KIL	Kiel	JO 54 BH
R84	DB 0 SK	Köln	JO 30 LW
R84	DB 0 SC	Königshofen/Taubertal	JN 49 TR
R84	DB 0 PD	Münster	JO 31 TW
R84	DB 0 UQ	Rimberg	JO 40 ST

Kanal R85 (439,025 MHz)

R85	DB 0 QC	Bremerhaven	JO 43 GN
R85	DB 0 EE	Emmerich-Elten	JO 31 CV
R85	DB 0 FBG	Freiberg	JO 60 QV
R85	DB 0 NY	Gummersbach	JO 31 TB
R85	DB 0 IF	Insel Fehmarn/Burg	JO 54 OM
R85	DB 0 LIC	Lichtenfels	JO 50 MD
R85	DB 0 MA	Mannheim	JN 49 GL
R85	DB 0 UG	Paderborn//Eggegebirge	JO 41 LT
R85	DB 0 CP	Pfaffenhofen a.d. Ilm	JN 58 RM
R85	DB 0 AMK	Tangermünde/Stendal	JO 52 XN

Kanal R86 (439,050 MHz)

| R86 | DB 0 SX | Berlin-Kreisel | JO 62 PK |

R86	DB 0 SV	Eschwege	JO 51 AE
R86	DB 0 RIG	Göppingen/Messelberg	JN 48 WQ
R86	DB 0 HEI	Heide/Holstein	JO 44 NE
R86	DB 0 SB	Königswinter/Drachenfels	JO 30 OQ
R86	DB 0 SL	Landau/Deggendorf	JN 68 MU
R86	DB 0 VL	Lingen/Ems	JO 32 SM
R86	DB 0 VW	Wolfsburg	JO 52 JK
R86	DB 0 ZT	Zweibrücken	JN 39 QF
R86	DB 0 ZWU	Zwickau	JO 60 FQ

Kanal R87 (439,075 MHz)

R87	DB 0 XP	Deister	JO 42 SH
R87	DB 0 NA	Essen	JO 31 LJ
R87	DB 0 RQ	Fuchsmühl	JN 69 BW
R87	DB 0 PM	Hintereck/Gmund	JN 57 VS
R87	DB 0 HEL	Insel Helgoland	JO 34 WE
R87	DB 0 HP	Plettenberg/Balingen	JN 48 JF
R87	DA 4 FB	Sandkopf/Trier	JN 39 MQ
R87	DB 0 POE	Scharbeutz	JO 54 IA
R87	DB 0 CM	Seligenstadt	JO 40 LA
R87	DB 0 PM	Weyarn/Taubenberg/Günderer	JN 57 VT
R87	DB 0 WOF	Wolfen	JO 61 DQ

Kanal R88 (439,100 MHz)

R88	DB 0 NO	Bergheim	JO 30 IX
R88	DB 0 PC	Bungsberg	JO 54 IF
R88	DB 0 BLH	Eisleben/Mansfeld	JO 51 RM
R88	DB 0 PL	Herten/Westerholt	JO 31 NO
R88	DB 0 LBL	Kusel/Potzberg	JN 39 RM
R88	DB 0 LAU	Lausche/Waltersdorf	JO 70 HU
R88	DB 0 ZP	Linsburg/Hannover	JO 42 PN
R88	DB 0 AV	Rosenheim	JN 67 BU
R88	DB 0 IW	Schotten/Vogelsberg	JO 40 OM
R88	DB 0 ZEH	Timpberg/Zehdenick	JO 62 PW
R88	DB 0 NZ	Tübingen	JN 48 MN

Kanal R89 (439,125 MHz)

R89	DB 0 NX	Altena	JO 31 TH
R89	DB 0 KYF	Bad Frankenhausen/Kulpenberg	JO 51 MJ
R89	DB 0 KE	Bad Soden	JO 40 RG
R89	DB 0 GJ	Erlangen	JN 59 MO
R89	DB 0 PP	Friedrichshafen	JN 47 ..
R89	DB 0 FRH	Friedrichshain/Berlin	JO 62 RM

R89	DB 0 TRS	Hochberg/Traunstein	JN 67 HT
R89	DB 0 HBP	Peine	JO 52 CH
R89	DB 0 RO	Ringelsberg/Frankweiler	JN 49 AF
R89	DB 0 OEG	Schmiedeberg/Osterzgebirge	JO 60 TT
R89	DB 0 HT	Tostedt	JO 43 UG
R89	DB 0 EOO	Witthoh/Tuttlingen	JN 47 KX

Kanal R90 (439,150 MHz)

R90	DB 0 PRZ	Angermünde/Telegrafenberg	JO 63 XA
R90	DB 0 LN	Bitburg/Pützhöhe/Eifel	JO 30 GA
R90	DB 0 LR	Marl-Hüls	JO 31 NQ
R90	DB 0 RDT	Neuburg/Donau	JN 58 NT
R90	DB 0 NP	Sinsheim/Kraichgau	JN 49 KF
R90	DB 0 NAI	Steinbach/Naila	JO 50 TI
R90	DB 0 NN	Verden/Aller	JO 43 PA
R90	DB 0 ZEA	Zerbst	JO 61 AX

Kanal R91 (439,175 MHz)

R91	DB 0 PJ	Bremervörde	JO 43 NL
R91	DB 0 AC	Kronburg/Memmingen	JN 57 CW
R91	DB 0 YE	Lörrach/Blauen	JN 37 VS
R91	DB 0 MI	Miltenberg	JN 49 PS
R91	DB 0 OR	Osterode	JO 51 ER
R91	DB 0 SON	Sonneberg	JO 50 OJ
R91	DB 0 EN	Sprockhövel	JO 31 OH
R91	DB 0 SAG	Trier/Petrisberg	JN 39 HS

Kanal R92 (439,200 MHz)

R92	DB 0 AA	Aalen/Volkmarsberg	JN 58 BS
R92	DB 0 THB	Großer Inselsberg/Suhl	JO 50 FV
R92	DB 0 GHB	Güstrow/Heidberg	JO 63 BR
R92	DB 0 FUS	Hannover	JO 42 UJ
R92	DB 0 MKV	Meinerzhagen	JO 31 VC
R92	DB 0 KON	Ruine Küssaburg	JN 47 EO
R92	DB 0 NGU	Wilsum/Lingen	JO 32 KM
R92	DB 0 WBG	Wittenberg	JO 61 HV

Kanal R93 (439,225 MHz)

| R93 | DB 0 ARB | Großer Arber | JN 69 NC |
| R93 | DB 0 HAT | Hamm/Westf. | JO 31 VP |

R93	DB 0 BGK	Kitzingen/Schloß Schwanberg	JN 59 DR
R93	DB 0 TFM	Teufelsmühle/Murgtal	JN 48 ES
R93X	DB 0 EMU	Dessau	JO 61 CU
R93X	DB 0 SHA	Hannover	JO 42 UJ

Kanal R94 (439,250 MHz)

R94	DB 0 LBC	Berlin	JO 62 RM
R94	DB 0 LBI	Bielefeld	JO 42 GA
R94	DB 0 SMG	Göttingen	JO 41 XM
R94	DB 0 HSM	Hagen	JO 31 SI
R94	DB 0 HHH	Hamburg	JO 43 XK
R94	DB 0 KLN	Kaiserslautern	JN 39 VK
R94	DB 0 SBX	Lobsdorfer Höhe	JO 60 HU
R94	DB 0 AAB	München	JN 58 SD
R94	DB 0 LBN	Nürnberg	JN 59 NK
R94	DB 0 SSM	Salzgitter	JO 52 DD
R94	DB 0 ANT	Wolfenbüttel	JO 52 GE

Kanal R95 (439,275 MHz)

R95	DB 0 CES	Celle	JO 52 BP
R95	DB 0 SMK	Kassel	JO 41 SH
R95	DB 0 TUV	Köln	JO 30 MW
R95	DB 0 SML	Leipzig	JO 61 EJ
R95	DB 0 JOY	Lübeck/Groß Parin	JO 53 HW
R95	DB 0 VMS	Plochingen	JN 48 RR
R95	DB 0 LBR	Regensburg	JN 69 BA

Kanal R96 (439,300 MHz)

| R96 | DB 0 MIR | Hoher Peissenberg | JN 57 MT |
| R96 | DB 0 KSM | Kelkheim | JO 40 FD |

Kanal R97 (439,325 MHz)

R97	DB 0 ULR	München Stadt	JN 58 TD
R97	DB 0 SBA	Villingen/Schwarzwald	JN 48 DA
R97	DB 0 VA	Wiesbaden/Hohe Wurzel	JO 40 BC

Kanal R98 (439,350 MHz)

R98	DB 0 GZ	Alfeld/Leine	JO 41 WX
R98	DB 0 NR	Bad Hersfeld	JO 40 VU
R98	DB 0 DR	Duisburg	JO 31 JK
R98	DB 0 LD	Künzelsau	JN 49 TH
R98	DB 0 PR	Neumünster/Armstedt	JO 43 WX
R98	DB 0 OFF	Offenbach	JO 40 JC

Kanal R99 (439,375 MHz)

R99	DB 0 PA	Berlin	JO 62 ..
R99	DB 0 CUX	Cuxhaven-Altenbruch	JO 43 JU
R99	DB 0 EFT	Erfurt	JO 50 MX
R99	DB 0 PX	Eschborn	JO 40 GD
R99	DB 0 DBR	Jennewitz/Bad Doberan	JO 54 VC
R99	DB 0 PQ	Jülich	JO 30 FW
R99	DB 0 OVL	Landshut	JN 68 BM
R99	DB 0 JP	Minden	JO 42 KG
R99	DB 0 HM	Pforzheim	JN 48 IV
R99	DB 0 LC	Scheidegg/Allgäu	JN 47 WO

Kanal R100 (439,400 MHz)

R100	DB 0 ANU	Ansbach	JN 59 HH
R100	DB 0 HW	Bad Harzburg-Torfhaus	JO 51 FT
R100	DB 0 WOS	Geyersberg/Freyung	JN 68 ST
R100	DB 0 GRZ	Görlitz	JO 71 LD
R100	DB 0 DM	Grünten/Allgäu	JN 57 EN
R100	DB 0 CT	Hanau	JO 40 KD
R100	DB 0 RL	Kleiner Heckberg	JO 30 QW
R100	DB 0 HVL	Klein-Kreutz/Havelland	JO 62 HK
R100	DB 0 LHR	Lahr	JN 38 WI
R100	DB 0 LER	Leer/Ostfriesland	JO 33 RG
R100	DB 0 HZL	Ratzeburg	JO 53 JO

Kanal R101 (439,425 MHz)

R101	DB 0 AHR	Bad Neuenahr-Ahrweiler	JO 30 NM
R101	DB 0 LZ	Bad Säckingen	JN 47 AN
R101	DB 0 PI	Berlin	JO 62 QM
R101	DB 0 RD	Frankfurt-West	JO 40 HC
R101	DB 0 ELG	Ilmenau/Hohe Warte	JO 50 JQ
R101	DB 0 KB	Köterberg	JO 41 PU
R101	DB 0 LP	Parsberg	JN 59 UD
R101	DB 0 GN	Rheinbach	JO 30 LN
R101	DB 0 GK	Sachsenheim/Hohenhaslach	JN 48 MA

Relais im 23-cm-Band (SHF) nach alter Norm
Kanal R20 (1258,150 MHz)

R20	DB 0 YD	Duisburg	(→RS12)	JO 31 KL
R20	DB 0 MO	Stuttgart	(→RS10)	JN 48 OR

Kanal R22 (1258,300 MHz)

R22	DB 0 VZ	Feldberg/Ts.	(→RS08)	JO 40 FF
R22	DB 0 XQ	Karlsbad-Ittersbach	(→RS23)	JN 48 HV
R22S	DB 0 DK	Wendelstein	(→RS20)	JN 67 AQ

Kanal R24 (1258,450 MHz)

R24	DB 0 MK	Marburg	(→RS14)	JO 40 JT
R24	DB 0 YM	Münster	(→RS14)	JO 31 TX
R24S	DB 0 TRS	Traunstein/Hochberg	(→RS14)	JN 67 HT

Kanal R26 (1258,600 MHz)

R26	DB 0 DS	Dortmund-Schnee	(→RS16)	JO 31 RL
R26	DB 0 RF	Hanau	(→RS16)	JO 40 KD
R26	DB 0 YK	Homburg/Höcherberg	(→RS14)	JN 39 PJ
R26S	DB 0 BK	München	(→RS16)	JN 58 RC

Kanal R28 (1258,750 MHz)

R28	DB 0 TO	Hagen-Schwerte	(→RS17)	JO 31 SI
R28	DB 0 PF	Lübeck	(→RS14)	JO 53 IU
R28	DB 0 PT	Wiesbaden	(→RS24)	JO 40 DB
R28	DB 0 EH	Würzburg/Eisingen	(→RS18)	JN 49 WS

Kanal R29 (1258,825 MHz)

R29	DB 0 LV	Paderborn/Universität		JO 41 JR

Kanal R30 (1258,900 MHz)

R30	DB 0 EG	Coesfeld/Schöppingen	(→RS20)	JO 32 OC

Kanal R32 (1259,050 MHz)

R32	DB 0 TZ	Haltern	(→RS11)	JO 31 NS
R32	DB 0 MX	Ludwigsburg/Backnang	(→RS22)	JN 49 SB

Kanal R33 (1259,125 MHz)

R33	DB 0 BA	Bergisch-Gladbach	(→RS22)	JO 30 NX

Kanal R34 (1259,200 MHz)

R34	DB 0 CW	Bocholt	(→RS23)	JO 31 HP
R34	DB 0 ZK	Koblenz	(→RS23)	JO 30 SH
R34	DB 0 STA	Stade	(→RS25)	JO 43 RO

Kanal R35 (1259,275 MHz)

R35	DB 0 EM	Büren	(→RS25)	JO 41 GN
R35	DB 0 LT	Sindelfingen/Böblingen	(→RS24)	JN 48 KP

Kanal R36 (1259,350 MHz)

R36	DB 0 SN	Göttingen	(→RS26)	JO 41 VL
R36	DB 0 YU	Melibokus/Darmstadt	(→RS26)	JN 49 HR

Relais im 23-cm-Band (SHF) nach neuer Norm

Kanal RS08 (1298,200/1242,200 MHz)

RS08	DB 0 GLA	Gladbeck	JO 31 LN

Kanal RS09 (1298,225/1242,225 MHz)

RS09	DB 0 UKW	Weinheim	JN 49 HM

Kanal RS10 (1298,250/1242,250 MHz)

RS10	DB 0 IGD	Bad Iburg/Döhrenberg	JO 42 AE
RS10	DB 0 XY	Bocksberg/Harz	JO 51 EU
RS10	DB 0 GIS	Dünsberg/Biebertal	JO 40 GP
RS10	DB 0 HNW	Hamburg	JO 53 DL
RS10	DB 0 WFM	Hartha-Kreuz/Schopautal	JO 61 LC
RS10	DB 0 BAT	Marlow	JO 64 GD
RS10	DB 0 KX	Viersen	JO 31 EH

Kanal RS11 (1298,275/1242,275 MHz)

RS11	DB 0 SAQ	Heilbronn	JN 49 MA
RS11	DB 0 OLB	Oldenburg	JO 43 FB
RS11	DB 0 EIF	Radersberg/Eifel	JO 30 GJ
RS11	DB 0 SWQ	Regensburg	JN 69 BA

Kanal RS12 (1298,300/1242,300 MHz)

RS12	DB 0 RI	Bad Pyrmont	JO 41 PX
RS12	DB 0 DON	Donauwörth	JN 58 KR
RS12	DB 0 UX	Durlach	JN 48 FX
RS12	DB 0 NT	Hamburg-Mitte	JO 43 XN
RS12	DB 0 THC	Schneeberg/Fichtelgebirge	JO 50 WB

Kanal RS13 (1298,325/1242,325 MHz)

RS13	DB 0 BHN	Bremerhaven	JO 43 HM
RS13	DB 0 PET	Halle/Saale/Petersberg	JO 51 XN
RS13	DB 0 KOE	Köln	JO 30 LW
RS13	DB 0 SWB	Villingen-Schwenningen	JN 48 FB
RS13	DB 0 UEB	Waldmichelbach	JN 49 JN
RS13	DB 0 HRB	Biedenkopf	JO 40 GW

Kanal RS14 (1298,350/1242,350 MHz)

RS14	DB 0 YE	Badenweiler/Blauen	JN 37 VS
RS14	DB 0 AUB	Berlin	JO 62 QM
RS14	DB 0 KPA	Helmstedt	JO 52 LF
RS14	DB 0 MAK	Marktredwitz	JO 60 BA
RS14	DB 0 NOD	Norden	JO 33 QQ
RS14	DB 0 EU	Schmidt	JO 30 EP
RS14	DB 0 SBG	Schwäbisch Gmünd	JN 48 WS

Kanal RS15 (1298,375/1242,375 MHz)

RS15	DB 0 DIE	Diepholz/Rehden	JO 42 GP
RS15	DB 0 KAI	Donnersberg	JN 39 VP
RS15	DB 0 QR	Essen	JO 31 LJ
RS15	DB 0 XV	Hamburg-Mitte	JO 43 XN
RS15	DB 0 BGS	Kitzingen/Schloß Schwanberg	JN 59 DR
RS15	DB 0 REU	Reutlingen	JN 48 NM
RS15	DB 0 CHA	Roßbach/Wald	JN 69 ED

Kanal RS16 (1298,400/1242,400 MHz)

RS16	DB 0 BAR	Heisterburg/Rodenberger Höhe	JO 42 QH
RS16	DB 0 ESB	Köngen/Neckar	JN 48 QR
RS16	DB 0 LIC	Lichtenfels	JO 50 MD
RS16	DB 0 SR	Saarbrücken/Holz	JN 39 MI

Kanal RS17 (1298,425/1242,425 MHz)

RS17	DB 0 HEF	Bad Hersfeld	JO 40 VU
RS17	DB 0 KOB	Berlin	JO 62 PM
RS17	DB 0 PH	Donau-Bussen	JN 48 JF
RS17	DB 0 LU	Kaiserslautern	JN 39 UJ
RS17	DB 0 TRW	Wolfsburg	JO 52 IJ

Kanal RS18 (1298,450/1242,450 MHz)

RS18	DB 0 AGS	Augsburg	JN 58 KJ
RS18	DB 0 SWF	Baden-Baden	JN 48 DS
RS18	DB 0 MYK	Mayen/Bell	JO 30 OL

Kanal RS19 (1298,475/1242,475 MHz)

RS19	DB 0 NB	Frankfurt-West	JO 40 IC
RS19	DB 0 DE	Kaarst	JO 31 HF
RS19	DB 0 LAB	Schömberg/Langenbrand	JN 48 HT

Kanal RS20 (1298,500/1242,500 MHz)

| RS20 | DB 0 BV | Böllstein | JN 49 LR |
| RS20 | DB 0 KIL | Kiel | JO 54 BH |

RS20	DB 0 SB	Königswinter/Drachenfels	JO 30 OQ
RS20	DB 0 VED	Verden/Aller	JO 42 NW
RS20	DB 0 RAK	Weiden	JN 69 CQ

Kanal RS21 (1298,525/1242,525 MHz)

RS21	DB 0 GRE	Groß-Gerau	JN 49 GW
RS21	DB 0 SWP	Recklinghausen	JO 31 NO
RS21	DB 0 PFR	Tegelberg/Schwaben	JN 57 JN

Kanal RS22 (12998,550/1242,550 MHz)

RS22	DB 0 FZ	Kaiserstuhl/Freiburg	JN 38 UB
RS22	DB 0 SA	Detmold	JO 41 KX

Kanal RS23 (1298,575/1242,575 MHz)

RS23	DB 0 KIS	Bad Kissingen	JO 40 XH
RS23	DB 0 HOG	Hofgeismar	JO 41 QN
RS23	DB 0 TG	Teufelsmoor	JO 43 JG

Kanal RS24 (1298,600/1242,600 MHz)

RS24	DB 0 WAT	Bochum	JO 31 OK
RS24	DB 0 CXV	Cuxhaven	JO 43 IU
RS24	DB 0 KAS	Kassel	JO 41 RH
RS24	DB 0 ZU	Zugspitze	JN 57 LK

Kanal RS25 (1298,625/1242,625 MHz)

RS25	DB 0 OKE	Braunschweig	JO 52 FG
RS25	DB 0 EE	Emmerich-Elten	JO 31 CV
RS25	DB 0 ANN	Nürnberg-Moritzberg	JN 59 PL
RS25	DB 0 RHB	Rheinbach-Todenfeld	JO 30 LN
RS25	DB 0 RO	Ringelsberg/Frankweiler	JN 49 AF
RS25	DB 0 NQ	Schlüchtern/Schoppenkopf	JO 40 SI

Kanal RS26 (1298,650/1242,650 MHz)

RS26	DB 0 BAM	Bamberg	JN 59 MU
RS26	DB 0 BRE	Bremen	JO 43 JB
RS26	DB 0 HUS	Husum	JO 44 ML
RS26	DB 0 LEV	Leverkusen	JO 31 MB
RS26	DB 0 LIN	Scheidegg/Allgäu	JN 47 WO
RS26	DB 0 WB	Trescherberg/Waldkraiburg	JN 68 EE

Kanal RS27 (1298,675/1242,675 MHz)

RS27	DB 0 ..	Wattenscheid (Multimode)	JO 31 NL

Kanal RS28 (1298,700/1242,700 MHz)

RS28	DB 0 FHF	Flensburg	JO 44 RS
RS28	DB 0 SAX	Oschatz/Collmberg	JO 61 MH
RS28	DB 0 SMB	Salzgitter	JO 52 DD
RS28	DB 0 SOL	Solingen	JO 31 NE

Relais im 2-GHz-Bereich

Kanal R12 (2366,400 MHz)

R12	DB 0 KY	Filderstadt	JN 48 OP
R12	DB 0 HOG	Hofgeismar	JO 41 QN
R12	DB 0 PS	Melibokus/Darmstadt	JN 49 HR
R12	DB 0 LW	Ölberg/Siebengebirge	JO 30 PQ
R12	DB 0 TRS	Traunstein/Hochberg	JN 67 HT

Kanal R13 (2366,450 MHz)

R13	DB 0 ..	Essen	JO 31 LJ
R13	DB 0 ZC	Feldberg/Ts.	JO 40 FF
R13	DB 0 AFG	Göttingen	JO 41 XN
R13	DB 0 ISM	Ismaning	JN 58 UF
R13	DB 0 AKA	Ludwigsburg/Backnang	JN 49 SB

Kanal R14 (2366,500 MHz)

R14	DB 0 DFK	Kaarst	JN 31 HF
R14	DB 0 UEW	Waldmichelbach	JN 49 JN

Karten der Amateur-Relaisfunkstellen in Deutschland

Auf den nächsten Seiten finden Sie die Karten mit den Standorten sämtlicher Relaisfunkstellen. Sie können damit schnell herausfinden, welche Relaisstationen in Ihrer Nähe sind. Zum Standort angegeben ist jeweils der Kanal. Weitere Details können Sie dann in der Relaisliste nachschlagen.

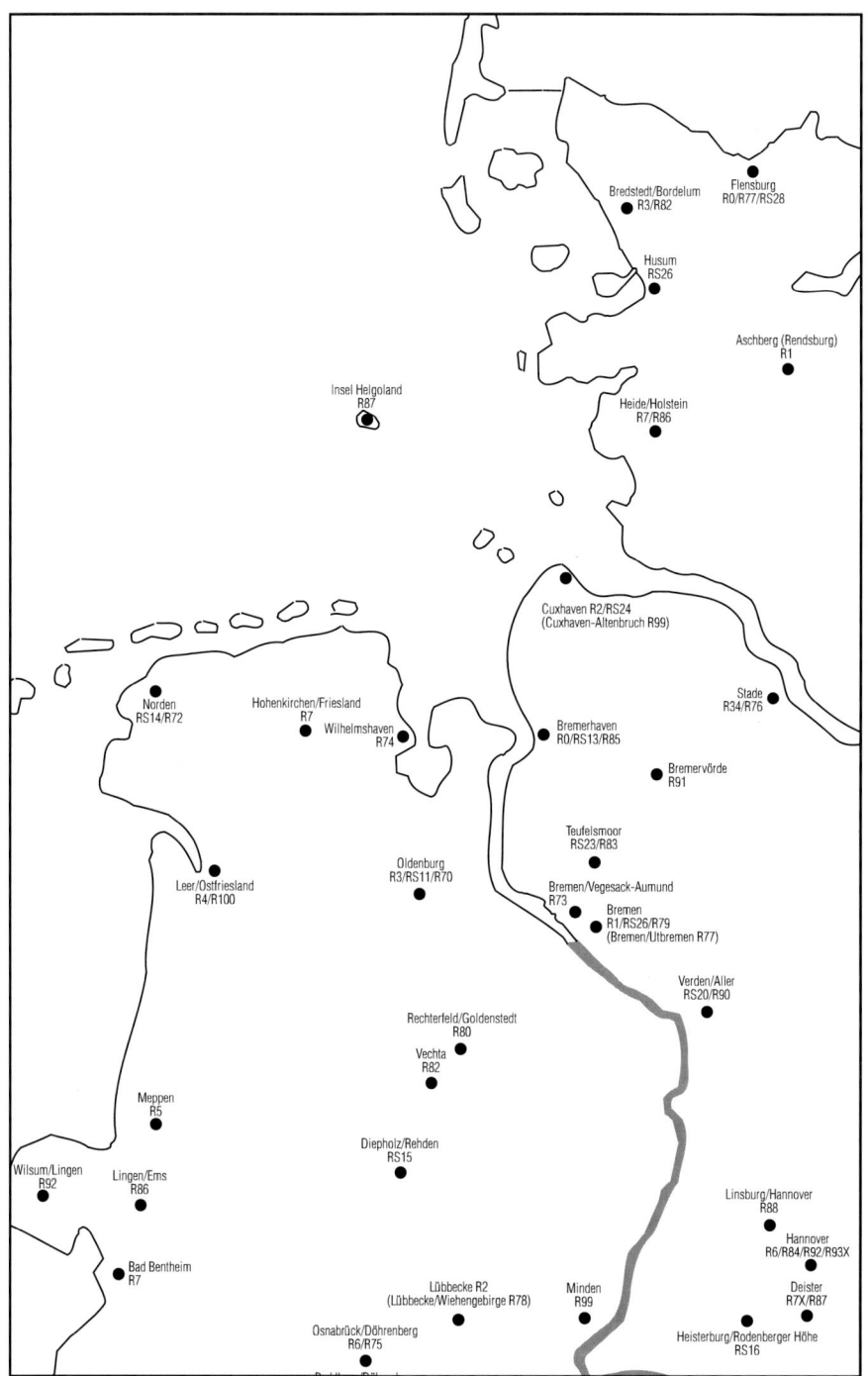

Bredstedt/Bordelum
R3/R82

Flensburg
R0/R77/RS28

Husum
RS26

Aschberg (Rendsburg)
R1

Insel Helgoland
R87

Heide/Holstein
R7/R86

Cuxhaven R2/RS24
(Cuxhaven-Altenbruch R99)

Stade
R34/R76

Norden
RS14/R72

Hohenkirchen/Friesland
R7

Wilhelmshaven
R74

Bremerhaven
R0/RS13/R85

Bremervörde
R91

Teufelsmoor
RS23/R83

Leer/Ostfriesland
R4/R100

Oldenburg
R3/RS11/R70

Bremen/Vegesack-Aumund
R73

Bremen
R1/RS26/R79
(Bremen/Utbremen R77)

Verden/Aller
RS20/R90

Rechterfeld/Goldenstedt
R80

Vechta
R82

Meppen
R5

Diepholz/Rehden
RS15

Wilsum/Lingen
R92

Lingen/Ems
R86

Linsburg/Hannover
R88

Hannover
R6/R84/R92/R93X

Bad Bentheim
R7

Lübbecke R2
(Lübbecke/Wiehengebirge R78)

Minden
R99

Deister
R7X/R87

Osnabrück/Döhrenberg
R6/R75

Heisterburg/Rodenberger Höhe
RS16

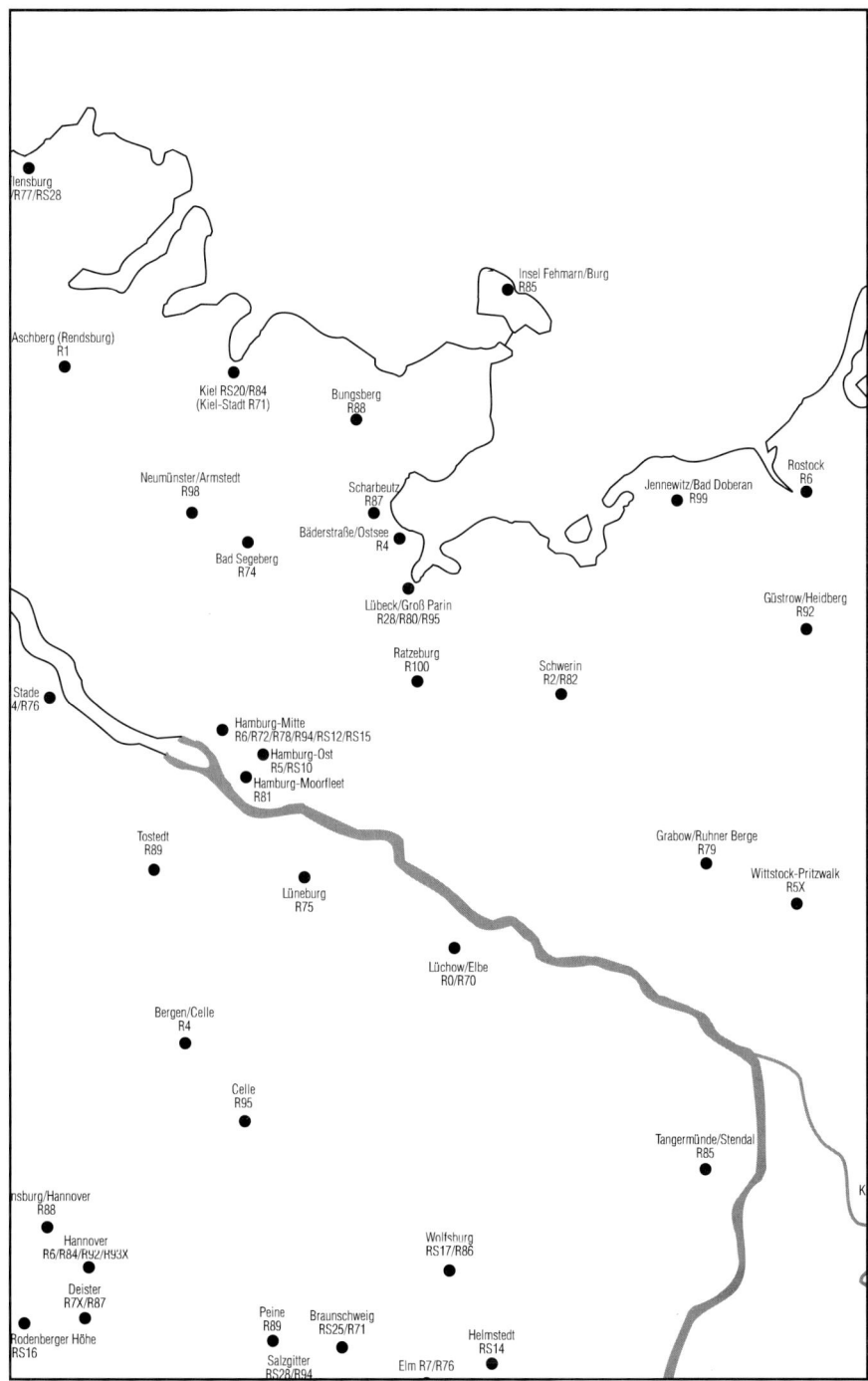

Flensburg
R77/RS28

Insel Fehmarn/Burg
R85

Aschberg (Rendsburg)
R1

Kiel RS20/R84
(Kiel-Stadt R71)

Bungsberg
R88

Rostock
R6

Neumünster/Armstedt
R98

Scharbeutz
R87

Jennewitz/Bad Doberan
R99

Bäderstraße/Ostsee
R4

Bad Segeberg
R74

Güstrow/Heidberg
R92

Lübeck/Groß Parin
R28/R80/R95

Ratzeburg
R100

Schwerin
R2/R82

Stade
4/R76

Hamburg-Mitte
R6/R72/R78/R94/RS12/RS15

Hamburg-Ost
R5/RS10

Hamburg-Moorfleet
R81

Tostedt
R89

Grabow/Ruhner Berge
R79

Wittstock-Pritzwalk
R5X

Lüneburg
R75

Lüchow/Elbe
R0/R70

Bergen/Celle
R4

Celle
R95

Tangermünde/Stendal
R85

K

nsburg/Hannover
R88

Hannover
R6/R84/R92/R93X

Deister
R7X/R87

Wolfsburg
RS17/R86

Peine
R89

Braunschweig
RS25/R71

Helmstedt
RS14

Rodenberger Höhe
RS16

Salzgitter
BS28/R94

Elm R7/R76

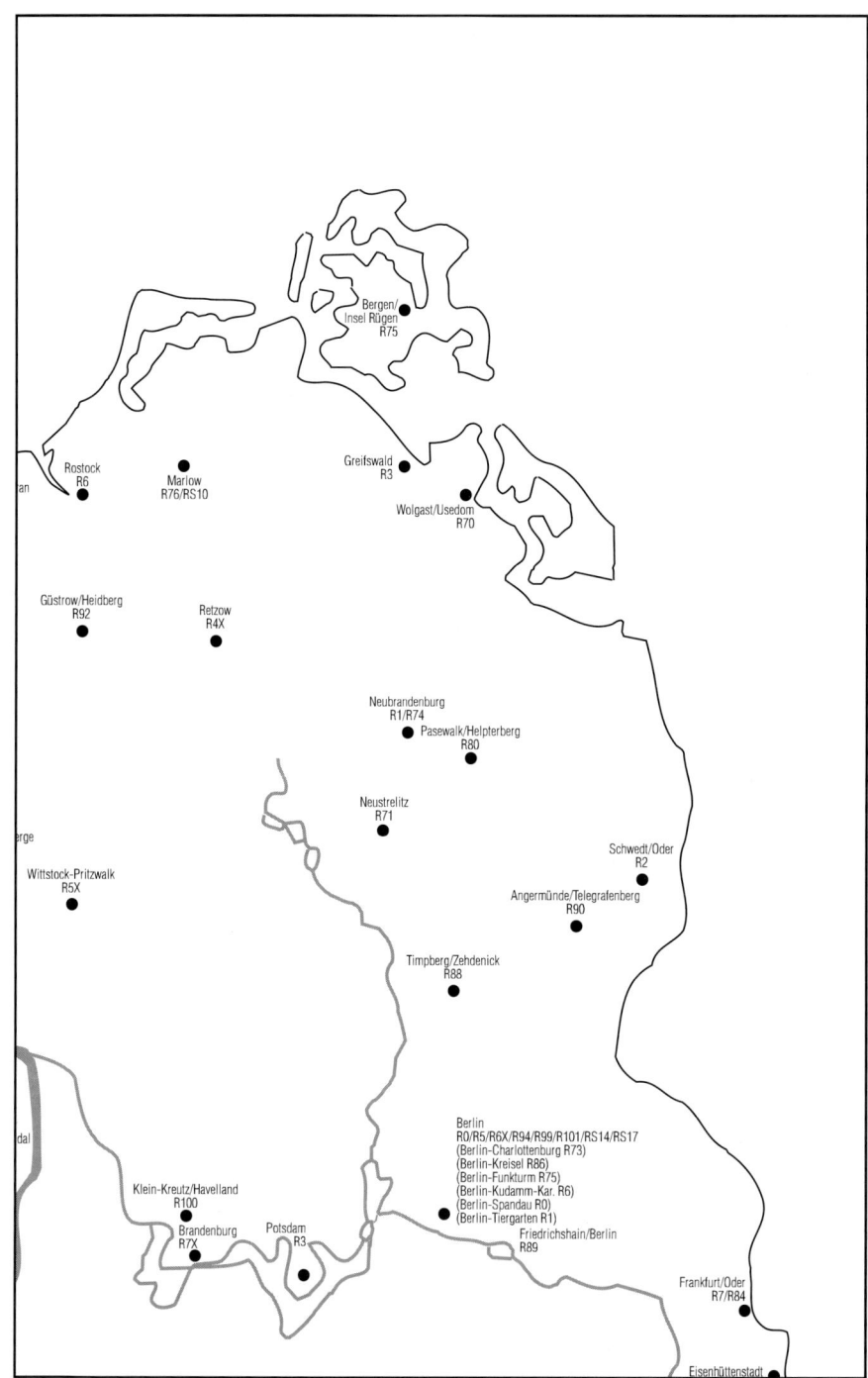

Bergen/
Insel Rügen
R75

Rostock
R6

Marlow
R76/RS10

Greifswald
R3

Wolgast/Usedom
R70

Güstrow/Heidberg
R92

Retzow
R4X

Neubrandenburg
R1/R74

Pasewalk/Helpterberg
R80

Neustrelitz
R71

Schwedt/Oder
R2

Angermünde/Telegrafenberg
R90

Wittstock-Pritzwalk
R5X

Timpberg/Zehdenick
R88

Berlin
R0/R5/R6X/R94/R99/R101/RS14/RS17
(Berlin-Charlottenburg R73)
(Berlin-Kreisel R86)
(Berlin-Funkturm R75)
(Berlin-Kudamm-Kar. R6)
(Berlin-Spandau R0)
(Berlin-Tiergarten R1)

Klein-Kreutz/Havelland
R100

Potsdam
R3

Brandenburg
R7X

Friedrichshain/Berlin
R89

Frankfurt/Oder
R7/R84

Eisenhüttenstadt

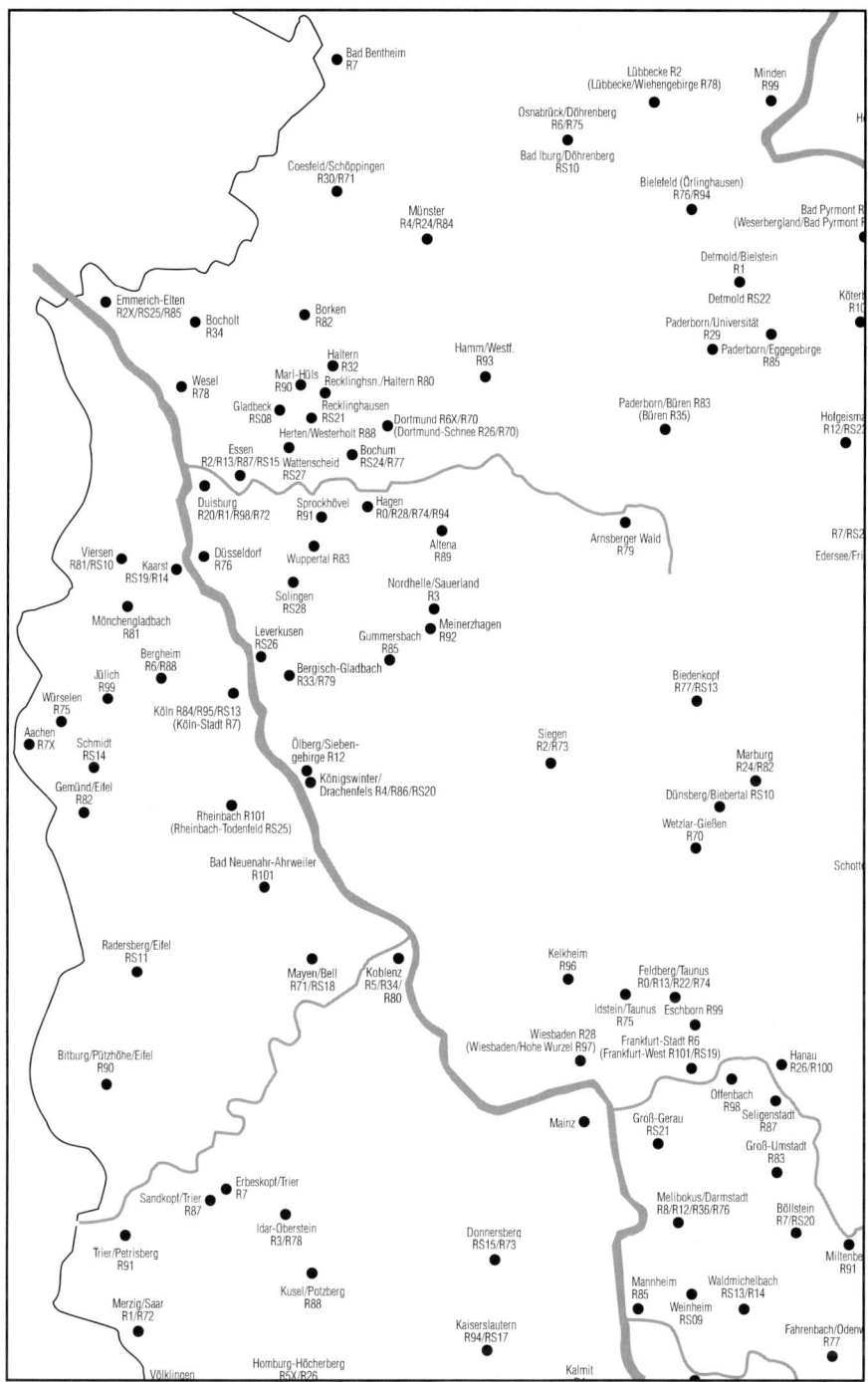

Bad Bentheim
R7

Lübbecke R2
(Lübbecke/Wiehengebirge R78)

Minden
R99

Osnabrück/Döhrenberg
R6/R75

Bad Iburg/Döhrenberg
RS10

Coesfeld/Schöppingen
R30/R71

Bielefeld (Örlinghausen)
R76/R94

Bad Pyrmont R
(Weserbergland/Bad Pyrmont R

Münster
R4/R24/R84

Detmold/Bielstein
R1

Detmold RS22

Köter
R10

Emmerich-Elten
R2X/RS25/R85

Borken
R82

Paderborn/Universität
R29

Bocholt
R34

Paderborn/Eggegebirge
R85

Hamm/Westf.
R93

Haltern
R32

Marl-Hüls
R90

Wesel
R78

Paderborn/Büren R83
(Büren R35)

Hofgeisma
R12/RS2

Gladbeck
RS08

Recklinghausen
RS21

Recklinghsn./Haltern R80

Essen
R2/R13/R87/RS15

Herten/Westerholt R88

Dortmund R6X/R70
(Dortmund-Schnee R26/R70)

Wattenscheid
RS27

Bochum
RS24/R77

Duisburg
R20/R1/R98/R72

Sprockhövel
R91

Hagen
R0/R28/R74/R94

Arnsberger Wald

R7/RS2
Edersee/Fri

Viersen
R81/RS10

Kaarst
RS19/R14

Düsseldorf
R76

Wuppertal R83

Altena
R89

Solingen
RS28

Nordhelle/Sauerland
R3

Mönchengladbach
R81

Leverkusen
RS26

Gummersbach
R85

Meinerzhagen
R92

Bergheim
R6/R88

Jülich
R99

Bergisch-Gladbach
R33/R79

Biedenkopf
R77/RS13

Würselen
R75

Köln R84/R95/RS13
(Köln-Stadt R7)

Aachen
R7X

Schmidt
RS14

Ölberg/Sieben-
gebirge R12

Siegen
R2/R73

Marburg
R24/R82

Gemünd/Eifel
R82

Königswinter/
Drachenfels R4/R86/RS20

Dünsberg/Biebertal RS10

Rheinbach R101
(Rheinbach-Todenfeld RS25)

Wetzlar-Gießen
R70

Bad Neuenahr-Ahrweiler
R101

Schott

Radersberg/Eifel
RS11

Kelkheim
R96

Feldberg/Taunus
R0/R13/R22/R74

Mayen/Bell
R71/RS18

Koblenz
R5/R34/
R80

Idstein/Taunus
R75

Eschborn R99

Wiesbaden R28
(Wiesbaden/Hohe Wurzel R97)

Frankfurt-Stadt R6
(Frankfurt-West R101/RS19)

Hanau
R26/R100

Bitburg/Pützhöhe/Eifel
R90

Offenbach
R98

Seligenstadt
R87

Groß-Gerau
RS21

Mainz

Groß-Umstadt
R83

Erbeskopf/Trier
R7

Sandkopf/Trier
R87

Melibokus/Darmstadt
R8/R12/R36/R76

Böllstein
R7/RS20

Idar-Oberstein
R3/R78

Miltenbe
R91

Trier/Petrisberg
R91

Donnersberg
RS15/R73

Mannheim
R85

Waldmichelbach
RS13/R14

Kusel/Potzberg
R88

Weinheim
RS09

Merzig/Saar
R1/R72

Fahrenbach/Oden
R77

Kaiserslautern
R94/RS17

Homburg-Höcherberg
R5X/R26

Völklingen

Kalmit

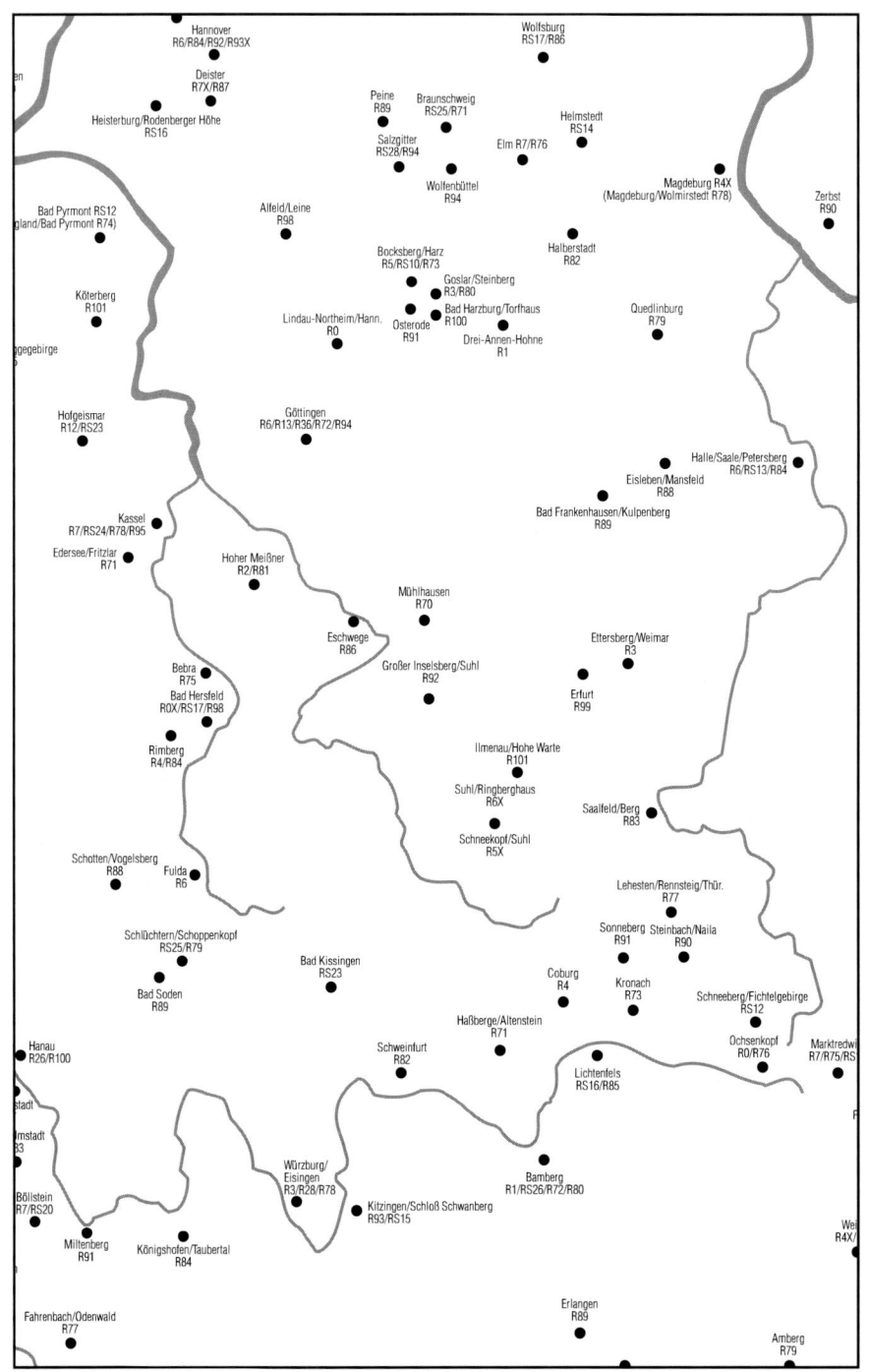

Hannover
R6/R84/R92/R93X

Wolfsburg
RS17/R86

Deister
R7X/R87

Peine
R89

Braunschweig
RS25/R71

Helmstedt
RS14

Heisterburg/Rodenberger Höhe
RS16

Salzgitter
RS28/R94

Elm R7/R76

Magdeburg R4X
(Magdeburg/Wolmirstedt R78)

Zerbst
R90

Wolfenbüttel
R94

Bad Pyrmont RS12
gland/Bad Pyrmont R74)

Alfeld/Leine
R98

Halberstadt
R82

Köterberg
R101

Bocksberg/Harz
R5/RS10/R73

Goslar/Steinberg
R3/R80

Quedlinburg
R79

Lindau-Northeim/Hann.
R0

Bad Harzburg/Torfhaus
R100

ggebirge

Osterode
R91

Drei-Annen-Hohne
R1

Hofgeismar
R12/RS23

Göttingen
R6/R13/R36/R72/R94

Halle/Saale/Petersberg
R6/RS13/R84

Eisleben/Mansfeld
R88

Kassel
R7/RS24/R78/R95

Bad Frankenhausen/Kulpenberg
R89

Edersee/Fritzlar
R71

Hoher Meißner
R2/R81

Mühlhausen
R70

Ettersberg/Weimar
R3

Eschwege
R86

Bebra
R75

Großer Inselsberg/Suhl
R92

Erfurt
R99

Bad Hersfeld
R0X/RS17/R98

Ilmenau/Hohe Warte
R101

Rimberg
R4/R84

Suhl/Ringberghaus
R6X

Saalfeld/Berg
R83

Schneekopf/Suhl
R5X

Schotten/Vogelsberg
R88

Fulda
R6

Lehesten/Rennsteig/Thür.
R77

Schlüchtern/Schoppenkopf
RS25/R79

Sonneberg
R91

Steinbach/Naila
R90

Bad Kissingen
RS23

Coburg
R4

Kronach
R73

Schneeberg/Fichtelgebirge
RS12

Bad Soden
R89

Haßberge/Altenstein
R71

Ochsenkopf
R0/R76

Marktredwi
R7/R75/RS

Hanau
R26/R100

Schweinfurt
R82

Lichtenfels
RS16/R85

stadt

mstadt
3

Böllstein
R7/RS20

Würzburg/
Eisingen
R3/R28/R78

Bamberg
R1/RS26/R72/R80

Wei
R4X/

Miltenberg
R91

Kitzingen/Schloß Schwanberg
R93/RS15

Königshofen/Taubertal
R84

Fahrenbach/Odenwald
R77

Erlangen
R89

Amberg
R79

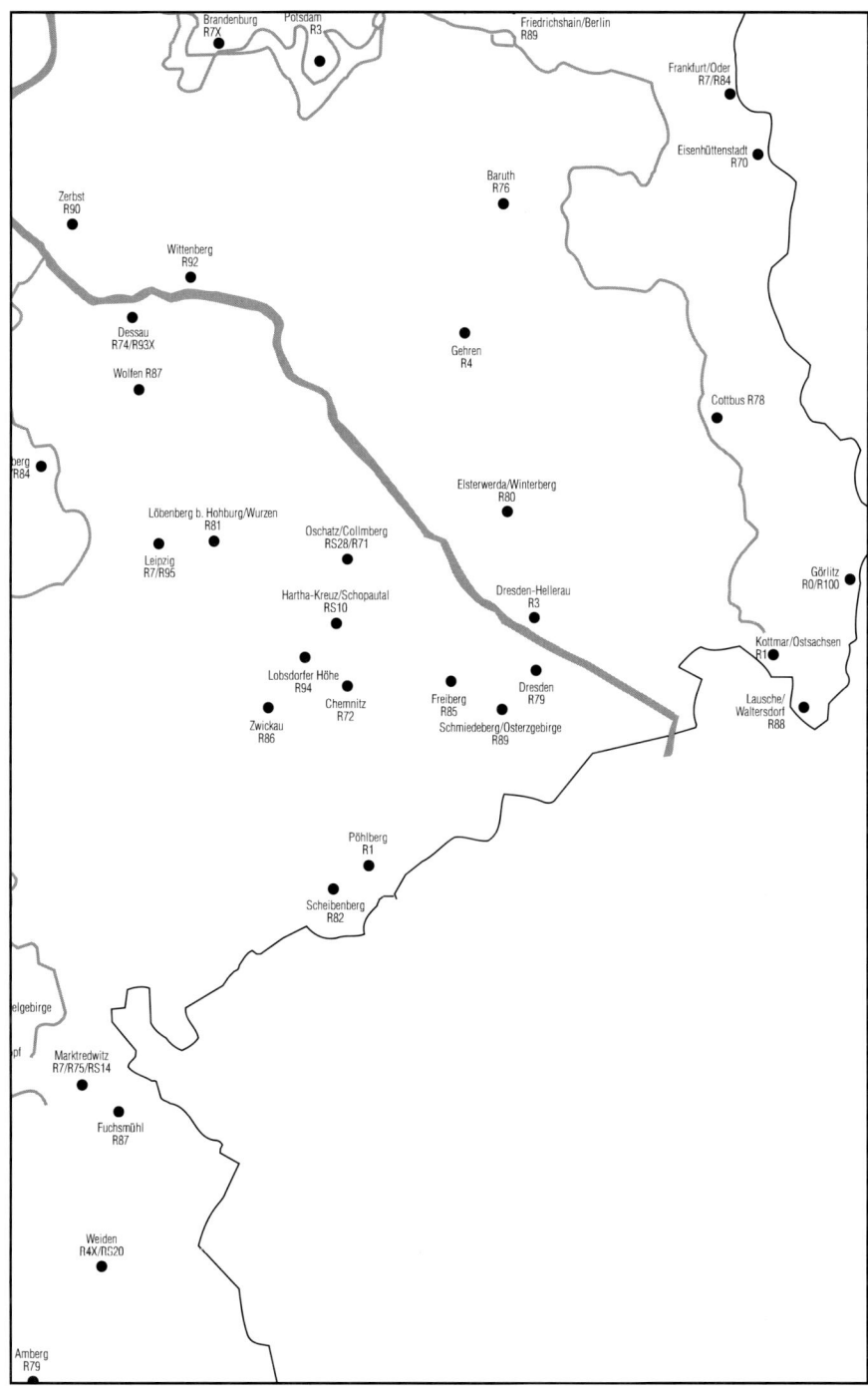

Brandenburg
R7X

Potsdam
R3

Friedrichshain/Berlin
R89

Frankfurt/Oder
R7/R84

Eisenhüttenstadt
R70

Zerbst
R90

Baruth
R76

Wittenberg
R92

Dessau
R74/R93X

Gehren
R4

Wolfen R87

Cottbus R78

...berg
R84

Elsterwerda/Winterberg
R80

Löbenberg b. Hohburg/Wurzen
R81

Oschatz/Collmberg
RS28/R71

Leipzig
R7/R95

Dresden-Hellerau
R3

Görlitz
R0/R100

Hartha-Kreuz/Schopautal
RS10

Kottmar/Ostsachsen
R1

Lobsdorfer Höhe
R94

Freiberg
R85

Dresden
R79

Lausche/
Waltersdorf
R88

Chemnitz
R72

Zwickau
R86

Schmiedeberg/Osterzgebirge
R89

Pöhlberg
R1

Scheibenberg
R82

...elgebirge

...pf

Marktredwitz
R7/R75/RS14

Fuchsmühl
R87

Weiden
R4X/RS20

Amberg
R79

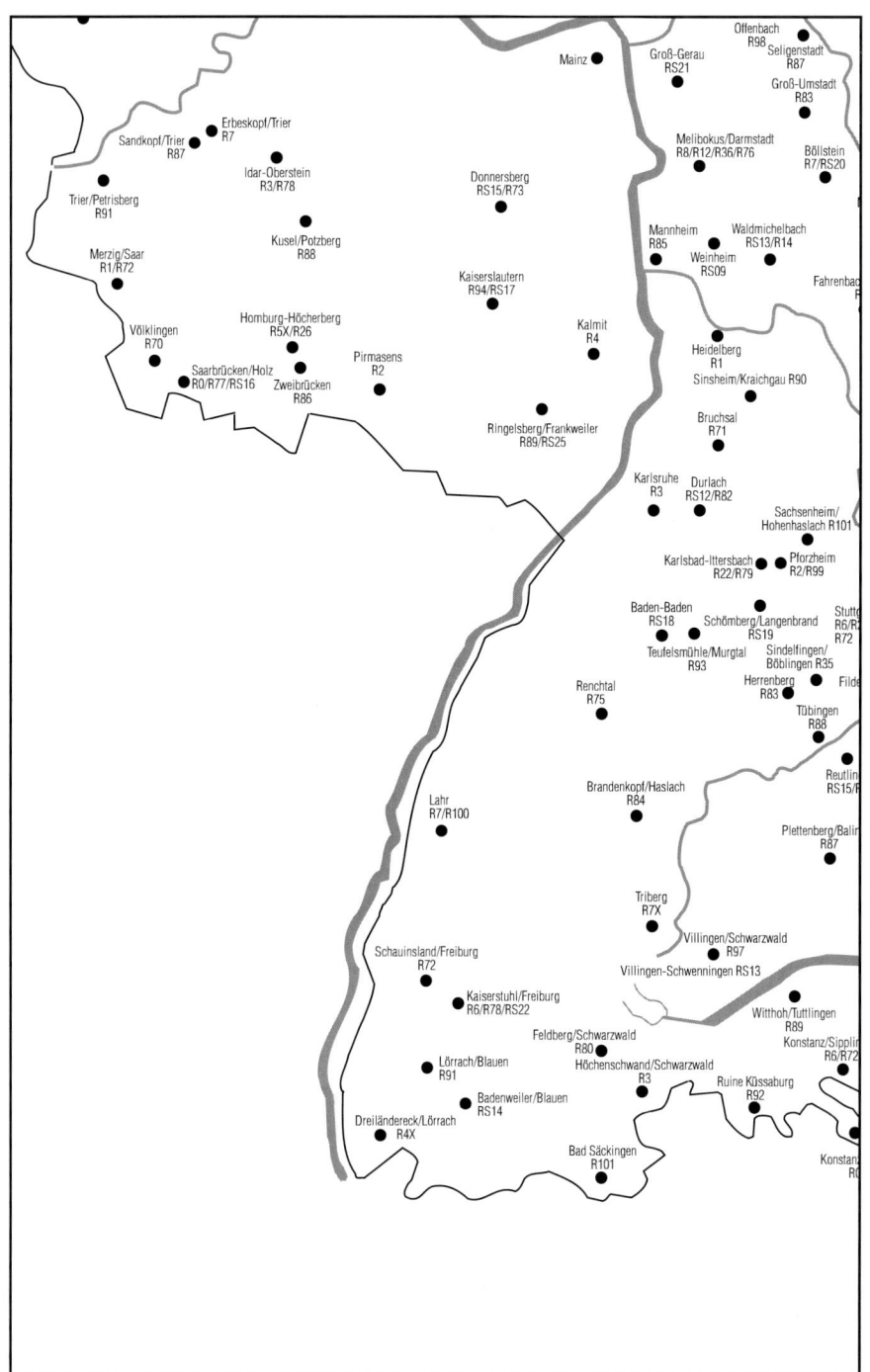

Offenbach
R98 Seligenstadt
R87

Mainz
Groß-Gerau
RS21

Groß-Umstadt
R83

Erbeskopf/Trier
R7

Sandkopf/Trier
R87

Melibokus/Darmstadt
R8/R12/R36/R76
Böllstein
R7/RS20

Idar-Oberstein
R3/R78

Donnersberg
RS15/R73

Trier/Petrisberg
R91

Mannheim
R85
Waldmichelbach
RS13/R14

Kusel/Potzberg
R88

Weinheim
RS09
Fahrenbac

Merzig/Saar
R1/R72

Kaiserslautern
R94/RS17

Kalmit
R4

Völklingen
R70

Homburg-Höcherberg
R5X/R26

Heidelberg
R1

Pirmasens
R2

Sinsheim/Kraichgau R90

Saarbrücken/Holz
R0/R77/RS16
Zweibrücken
R86

Ringelsberg/Frankweiler
R89/RS25

Bruchsal
R71

Karlsruhe
R3
Durlach
RS12/R82

Sachsenheim/
Hohenhaslach R101

Karlsbad-Ittersbach
R22/R79
Pforzheim
R2/R99

Baden-Baden
RS18
Schömberg/Langenbrand
RS19
Stutt
R6/R
R72

Teufelsmühle/Murgtal
R93
Sindelfingen/
Böblingen R35

Renchtal
R75
Herrenberg
R83
Filde

Tübingen
R88

Reutlin
RS15/F

Brandenkopf/Haslach
R84

Plettenberg/Bali
R87

Lahr
R7/R100

Triberg
R7X

Villingen/Schwarzwald
R97

Schauinsland/Freiburg
R72
Villingen-Schwenningen RS13

Kaiserstuhl/Freiburg
R6/R78/RS22
Witthoh/Tuttlingen
R89

Feldberg/Schwarzwald
R80
Konstanz/Sipplin
R6/R72

Lörrach/Blauen
R91
Höchenschwand/Schwarzwald
R3
Ruine Küssaburg
R92

Badenweiler/Blauen
RS14

Dreiländereck/Lörrach
R4X

Bad Säckingen
R101
Konstan
R0

304

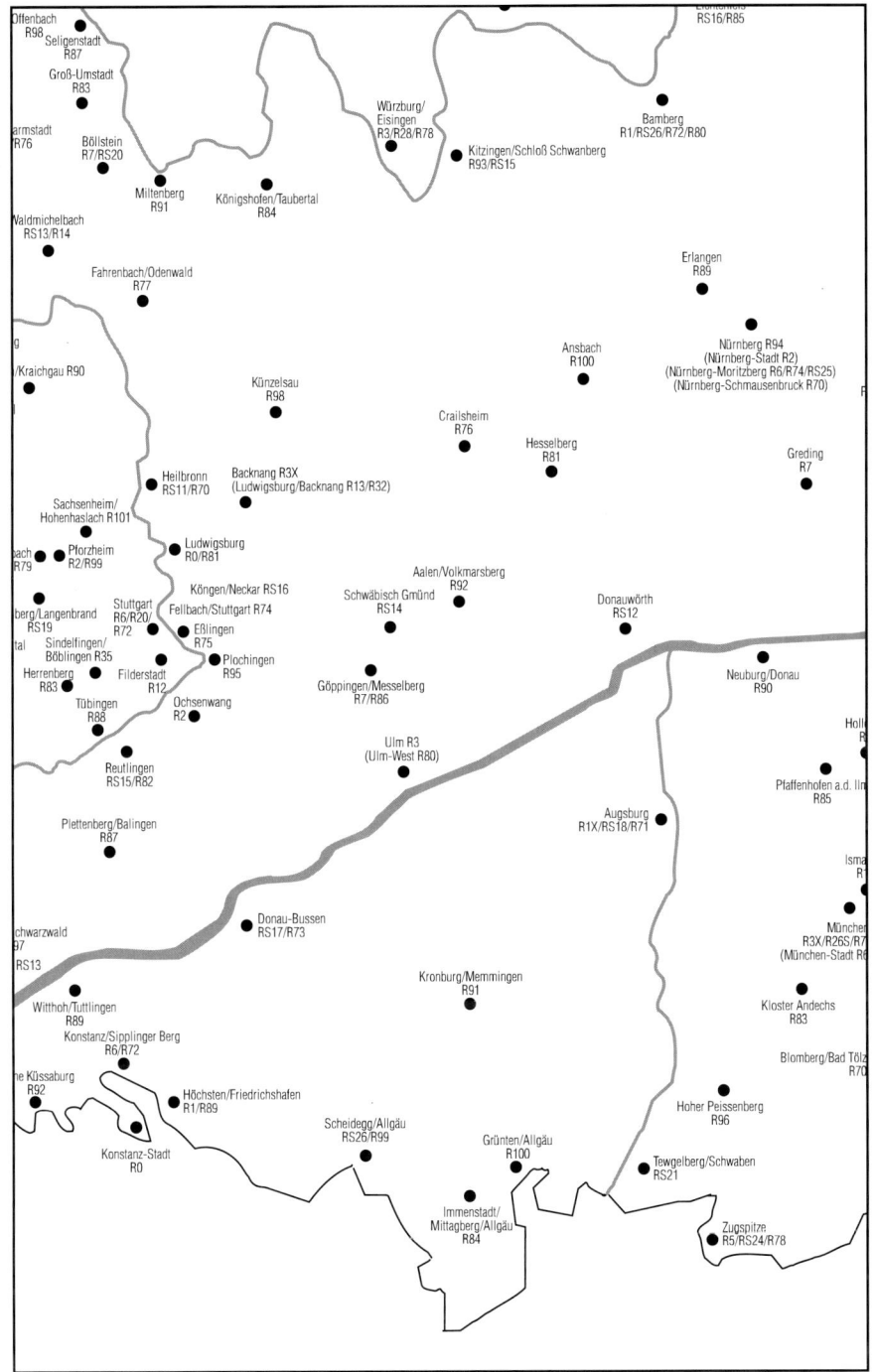

Offenbach R98
Seligenstadt R87
Groß-Umstadt R83
...armstadt R76
Böllstein R7/RS20
Miltenberg R91
Königshofen/Taubertal R84
Waldmichelbach RS13/R14
Fahrenbach/Odenwald R77
Würzburg/Eisingen R3/R28/R78
Kitzingen/Schloß Schwanberg R93/RS15
Bamberg R1/RS26/R72/R80
...RS16/R85
Erlangen R89
.../Kraichgau R90
Künzelsau R98
Ansbach R100
Nürnberg R94
(Nürnberg-Stadt R2)
(Nürnberg-Moritzberg R6/R74/RS25)
(Nürnberg-Schmausenbruck R70)
Crailsheim R76
Hesselberg R81
Greding R7
Heilbronn RS11/R70
Backnang R3X (Ludwigsburg/Backnang R13/R32)
Sachsenheim/Hohenhaslach R101
...bach R79
Pforzheim R2/R99
Ludwigsburg R0/R81
Köngen/Neckar RS16
Aalen/Volkmarsberg R92
Schwäbisch Gmünd RS14
Donauwörth RS12
...berg/Langenbrand RS19
Stuttgart R6/R20/R72
Fellbach/Stuttgart R74
Sindelfingen/Böblingen R35
Eßlingen R75
Plochingen R95
Herrenberg R83
Filderstadt R12
Göppingen/Messelberg R7/R86
Neuburg/Donau R90
...tal
Tübingen R88
Ochsenwang R2
Reutlingen RS15/R82
Ulm R3 (Ulm-West R80)
Pfaffenhofen a.d. Ilm R85
Holl... R...
Plettenberg/Balingen R87
Augsburg R1X/RS18/R71
Isma... R...
...chwarzwald ...97 RS13
Donau-Bussen RS17/R73
Münche... R3X/R26S/R7... (München-Stadt R6...
Witthoh/Tuttlingen R89
Kronburg/Memmingen R91
Kloster Andechs R83
Konstanz/Sipplinger Berg R6/R72
Blomberg/Bad Tölz R70...
...he Küssaburg R92
Höchsten/Friedrichshafen R1/R89
Hoher Peissenberg R96
Konstanz-Stadt R0
Scheidegg/Allgäu RS26/R99
Grünten/Allgäu R100
Tewgelberg/Schwaben RS21
Immenstadt/Mittagberg/Allgäu R84
Zugspitze R5/RS24/R78

305

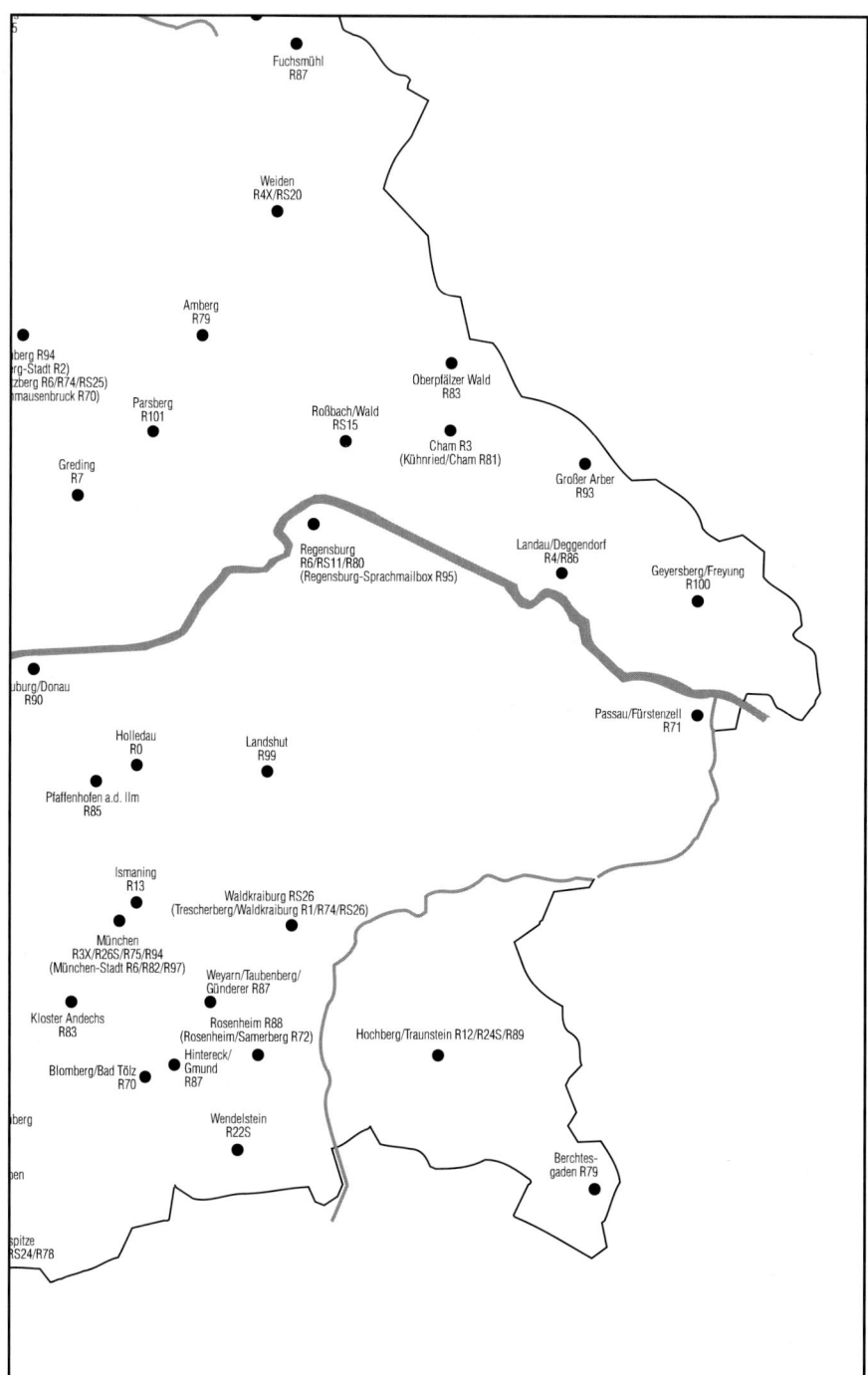

Fuchsmühl
R87

Weiden
R4X/RS20

Amberg
R79

...berg R94
...rg-Stadt R2)
...zberg R6/R74/RS25)
...mausenbruck R70)

Oberpfälzer Wald
R83

Parsberg
R101

Roßbach/Wald
RS15

Cham R3
(Kühnried/Cham R81)

Greding
R7

Großer Arber
R93

Regensburg
R6/RS11/R80
(Regensburg-Sprachmailbox R95)

Landau/Deggendorf
R4/R86

Geyersberg/Freyung
R100

...uburg/Donau
R90

Passau/Fürstenzell
R71

Holledau
R0

Landshut
R99

Pfaffenhofen a.d. Ilm
R85

Ismaning
R13

Waldkraiburg RS26
(Trescherberg/Waldkraiburg R1/R74/RS26)

München
R3X/R26S/R75/R94
(München-Stadt R6/R82/R97)

Weyarn/Taubenberg/
Günderer R87

Kloster Andechs
R83

Rosenheim R88
(Rosenheim/Samerberg R72)

Hochberg/Traunstein R12/R24S/R89

Blomberg/Bad Tölz
R70

Hintereck/
Gmund
R87

...berg

Wendelstein
R22S

Berchtes-
gaden R79

...en

...spitze
RS24/R78

Satelliten-Empfang

Eine der faszinierendsten Möglichkeiten, die ein Scanner bietet, ist der Empfang von Satelliten. Die Kommunikation über eine Vielzahl von Satellitensystemen nimmt immer mehr zu und viele traditionelle Dienste haben ihre Übertragungen z.b. von Langwelle und Kurzwelle auf Satelliten umgestellt (Seefunk, Wetterfunk etc.).

Ein Scanner kann im Prinzip die Frequenzbereiche empfangen, in denen die Satelliten ihre Übertragungen zur Erde schicken (z.b. bei 137 MHz oder im 1,6-GHz-Bereich). Der Empfang ist aber schon etwas schwieriger, als das Mithören einer normalen Funkstelle in der Nachbarschaft.

Unterschieden werden muß zunächst zwischen Satelliten oder z.b. Raumstationen oder Raumfähren, die sich in Umlaufbahnen um die Erde befinden und immer nur für ein paar Minuten zu empfangen sind, und solchen, die sozusagen fest am Himmel stehen. Bei den umlaufenden Satelliten braucht man ein sogenanntes „Tracker"-Programm, daß genau errechnet, wann ein Satellit in den Empfangsbereich kommt und wie die Überflugbahn aussieht, damit man zur rechten Zeit die Antenne ausrichten und nachführen kann.

Zudem wird man mit einem Handscanner und einer kurzen Stabantenne kaum Satellitensignale empfangen können. Eine Außenantenne ist nötig, im einfachsten Fall eine übliche Discone-Antenne, besser aber eine logarithmisch-periodische Antenne, die sich horizontal und vertikal in alle Richtungen drehen läßt. Für den Gigahertzbereich braucht man eine Satellitenschüssel (Parabolspiegel).

Bei ausreichender Empfangsanlage stellt sich anschließend das Problem, daß man nur „Geräusche" empfängt, also Signale, die man erst noch mit entsprechender Technik aufbereiten muß, um etwa Wetterbilder tatsächlich auf einem Monitor sehen zu können. Nur bei den bemannten Raumflügen (Shuttle, Mir) kann man auch Sprechfunkverkehr mithören.

Die nachstehende Tabelle listet einige Satelliten auf, die tatsächlich mit einem Scanner zu empfangen sind. Speziell zu Raumflügen gibt das nächste Kapitel Auskunft.

Name	Downlink-Frequenz	Dienstart
Transit	136,650 MHz	Navigation
Okean 1-7	137,400 MHz	Wetter
NOAA 11	137,620 / 137,770 MHz	Wetter
NOAA 12	136,770 / 137,500 MHz	Wetter
NOAA 14	137,620 / 137,770 MHz	Wetter
Meteor 2-20	137,850 MHz	Wetter
Meteor 3-3	137,300 MHz	Wetter
Meteor 3-4	137,300 MHz	Wetter
Meteor 3-5	137,400 / 137,850 MHz	Wetter
Cosmos	149,910 / 149,990 / 399,760 MHz	Navigation
Cosmos	149,970 / 400,000 MHz	Navigation
Nadesha	150,000 / 400,000 MHz	Navigation
FLT-SATCOM (US Navy)	243–265 MHz	Sprechfunk + Daten
Meteosat	1691 / 1694 MHz	Wetter

Kommunikationskanäle von Fernsehsatelliten

Einige „Fernseh"-Satelliten, z.B. Intelsat, stellen Übertragungskanäle z.B. auch für Telefonverbindungen und Datenübertragungen zur Verfügung. Diese Übertragungen kann man durchaus mit erschwinglichen Mitteln mithören bzw. dekodieren. Für den Empfang der Gigahertz-Signale wird aber schon eine recht große Satellitenschüssel und ein Verstärker benötigt. Dafür hat man den Vorteil, daß diese Satelliten in fester Position am Himmel stehen.

INMARSAT

Das INMARSAT-Satellitensystem war ursprünglich ausschließlich für den Einsatz in der Seeschiffahrt bestimmt. Durch die rapide Weiterentwicklung und einen forcierten Ausbau entwickelt sich INMARSAT aber zu einem weltumspannenden Kommunikationssystem, an dem im Prinzip jedermann teilnehmen kann. So gibt es jetzt schon INMARSAT-Mobiltelefone, mit denen man weltweit an jedem beliebigen Standort via Satellit telefonieren kann.

Über solche, im Durchmesser fast 20 m großen Parabolantennen werden Telefon-, Daten- und Fernsehsignale zum Satelliten in den Weltraum abgestrahlt. (Foto: ANT Nachrichtentechnik GmbH)

INMARSAT-Kanäle (Downlink) liegen im Bereich von 1530 bis 1544 MHz, von 3600 bis 3621 MHz und von 4180 bis 4200 MHz .

Spezielle Satelliten-Empfangsanlagen bieten die beiden Firmen bogerfunk (Tel. [0 75 25] 4 51) und SSB-Elektronik (Tel. [0 23 71] 95 90-16) an. Ausführliche Informationen gibt es von dort gegen Schutzgebühr.

Bemannte Raumflüge (Shuttle, Mir)

Sehr interessant ist die Möglichkeit, die russische Raumstation Mir zu beobachten oder den Sprechfunkverkehr mit dem amerikanischen Weltraum-Shuttle. Ausführliche und aktuelle Informationen dazu bietet SAREX (Shuttle Amateur Radio Experiment) im Internet. Anschauen lohnt sich:
http://www.nasa.gov/sarex/sarex_mainpage.html

Hier eine Übersicht über die Raumflug-Sprechfunkfrequenzen:

Mir	130,200 / 137,208 / 143,200 / 143,500 / 143,625 / 145,550 / 145,800 / 146,625 / 166,130 MHz	Sprechfunk + Packetradio
Soyuz	121,750 / 142,423 MHz	Sprechfunk
Space Shuttle	259,700 / 296,000 / 296,800 MHz	Sprechfunk
Space Shuttle / SAREX	145,550 MHz	Sprechfunk + Packetradio

ITU-Frequenzzuweisung für den Bereich von 30 MHz bis 400 GHz

Die nachfolgende Tabelle gibt Auskunft über die Frequenzzuweisung für den Bereich von 30 MHz bis 400 GHz gemäß dem Zuweisungsplan der Internationalen Fernmeldeunion (ITU) und des Bundesministeriums für Post und Telekommunikation. Die Angaben zur Zuweisung beziehen sich auf die ITU-Region 1 (u.a. Europa) mit spezieller Auslegung für die Bundesrepublik Deutschland.

Die Frequenzangaben sind zunächst in Megahertz (MHz) gehalten, später in Gigahertz (GHz). Die Reihenfolge der aufgeführten Funkdienste gibt auch deren Priorität an. Bei den erstgenannten Diensten handelt es sich in der Regel um primäre Funkdienste, die darauffolgenden Dienste sind sogenannte zugelassene und sekundäre Funkdienste.

Frequenz- bereich MHz	Zuweisung/Funkdienste
29,7 – 30,005	Beweglicher Funkdienst / Fester Funkdienst
30,005 – 30,01	Beweglicher Funkdienst / Weltraumfernwirkfunkdienst (Kennzeichnung der Satelliten) / Weltraumforschungs- funkdienst / Fester Funkdienst
30,01 – 34,35	Beweglicher Funkdienst Fester Funkdienst

* Die Frequenz 33,4 MHz +/- 200 kHz ist geschützte Zwischenfrequenz (ZF) für Fernsehrundfunkempfänger

34,35 – 36,55	Beweglicher Funkdienst / Fester Funkdienst
36,55 – 37,75	Beweglicher Funkdienst / Fester Funkdienst
37,75 – 38,25	Beweglicher Funkdienst / Fester Funkdienst / Radioastronomiefunkdienst
38,25 – 38,45	Beweglicher Funkdienst / Fester Funkdienst

38,45 – 39,85	Beweglicher Funkdienst / Fester Funkdienst

* Die Frequenz 38,9 MHz -500/+300 kHz ist geschützte Zwischenfrequenz (ZF) für Fernsehrundfunkempfänger

39,85 – 40,66	Beweglicher Funkdienst / Fester Funkdienst
40,66 – 40,7	Hochfrequenzgeräte für industrielle, wissenschaftliche und medizinische Anwendung (ISM) sowie Funkanlagen für Fernsteuerungen und Fernmeßzwecke, Modell-Funkfernsteuerungen, Durchsage-Funkanlagen
40,7 – 41	Beweglicher Funkdienst / Fester Funkdienst
41 – 47	Beweglicher Funkdienst / Fester Funkdienst
47 – 68	Rundfunkdienst / Beweglicher Landfunkdienst / Fester Funkdienst
68 – 70	Beweglicher Landfunkdienst
70 – 74,2	Beweglicher Funkdienst (außer beweglicher Flugfunkdienst) / Fester Funkdienst
74,2 – 74,8	Beweglicher Landfunkdienst
74,8 – 75,2	Flugnavigationsfunkdienst (Markierungsfunkfeuer)
75,2 – 78,7	Beweglicher Landfunkdienst
78,7 – 84	Beweglicher Funkdienst (außer beweglicher Flugfunkdienst) / Fester Funkdienst
84 – 87,5	Beweglicher Landfunkdienst
87,5 – 88	Rundfunkdienst / Beweglicher Landfunkdienst
88 – 100	Rundfunkdienst
100 – 108	Rundfunkdienst
108 – 117,975	Flugnavigationsdienst
117,975 – 136	Beweglicher Flugfunkdienst (R)
136 – 137	Beweglicher Flugfunkdienst (R) Weltraumfernwirkfunkdienst (Weltraum-Erde) Wetterfunkdienst über Satelliten (Weltraum-Erde) Weltraumforschungsfunkdienst (Weltraum-Erde)
137 – 138	Weltraumfernwirkfunkdienst (Weltraum-Erde) Wetterfunkdienst über Satelliten (Weltraum-Erde) Weltraumforschungsfunkdienst (Weltraum-Erde)

138 – 143,6	Beweglicher Flugfunkdienst (OR) / Beweglicher Landfunkdienst / Weltraumforschungsfunkdienst (Weltraum-Erde)
143,6 – 143,65	Beweglicher Flugfunkdienst (OR) / Beweglicher Landfunkdienst / Weltraumforschungsfunkdienst (Weltraum-Erde)
143,65 – 144	Beweglicher Flugfunkdienst (OR) / Beweglicher Landfunkdienst / Weltraumforschungsfunkdienst (Weltraum-Erde)
144 – 146	Amateurfunkdienst
146 – 149,9	Beweglicher Landfunkdienst
149,9 – 150,05	Navigationsfunkdienst über Satelliten
150,05 – 156,7625	Beweglicher Funkdienst (außer beweglicher Flugfunkdienst)
156,7625 – 156,8375	Beweglicher Seefunkdienst (Notfall und Anruf)
156,8375 – 174	Beweglicher Funkdienst (außer beweglicher Flugfunkdienst)
174 – 223	Rundfunkdienst
223 – 230	Beweglicher Landfunkdienst / Rundfunkdienst
230 – 235	Beweglicher Funkdienst / Fester Funkdienst
235 – 272	Beweglicher Funkdienst / Fester Funkdienst
272 – 273	Beweglicher Funkdienst / Weltraumfernwirkfunkdienst (Weltraum-Erde) / Fester Funkdienst
273 – 322	Beweglicher Funkdienst / Fester Funkdienst
322 – 328,6	Beweglicher Funkdienst / Radioastronomiefunkdienst / Fester Funkdienst
328,6 – 335,4	Flugnavigationsfunkdienst
335,4 – 399,9	Beweglicher Funkdienst / Fester Funkdienst
399,9 – 400,05	Navigationsfunkdienst über Satelliten
400,05 – 400,15	Normalfrequenz- und Zeitzeichenfunkdienst über Satelliten (400,1 MHz)
400,15 – 401	Wetterhilfenfunkdienst Wetterfunkdienst über Satelliten (Weltraum-Erde) Weltraumforschungsfunkdienst (Weltraum-Erde) Weltraumfernwirkfunkdienst (Weltraum-Erde)

401 – 402	Wetterhilfenfunkdienst
	Weltraumfernwirkfunkdienst (Weltraum-Erde)
	Wetterfunkdienst über Satelliten (Erde-Weltraum)
402 – 403	Wetterhilfenfunkdienst
	Wetterfunkdienst über Satelliten (Erde-Weltraum)
403 – 406	Wetterhilfenfunkdienst
406 – 406,1	Beweglicher Funkdienst über Satelliten (Erde-Weltraum)
406,1 – 408	Radioastronomiefunkdienst / Wetterhilfenfunkdienst
408 – 410	Radioastronomiefunkdienst
410 – 420	Beweglicher Landfunkdienst
420 – 430	Fester Funkdienst
430 – 440	Amateurfunkdienst
440 – 470	Beweglicher Landfunkdienst
470 – 790	Rundfunkdienst
790 – 862	Fester Funkdienst / Beweglicher Funkdienst (außer beweglicher Flugfunkdienst)
862 – 890	Fester Funkdienst / Beweglicher Funkdienst (außer beweglicher Flugfunkdienst)
890 – 960	Fester Funkdienst / Beweglicher Funkdienst (außer beweglicher Flugfunkdienst)
960 – 1215	Flugnavigationsfunkdienst
1215 – 1240	Ortungsfunkdienst / Navigationsfunkdienst über Satelliten (Weltraum-Erde)
1240 – 1250	Ortungsfunkdienst / Navigationsfunkdienst über Satelliten / Amateurfunkdienst
1250 – 1260	Flugnavigationsfunkdienst / Amateurfunkdienst
1260 – 1300	Ortungsfunkdienst / Amateurfunkdienst
1300 – 1340	Nichtnavigatorischer Ortungsfunkdienst
1340 – 1350	Flugnavigationsfunkdienst
1350 – 1400	Nichtnavigatorischer Ortungsfunkdienst
1400 – 1427	Radioastronomiefunkdienst
	Erderkundungsfunkdienst über Satelliten (passiv)
	Weltraumforschungsfunkdienst (passiv)
1427 – 1429	Weltraumfernwirkfunkdienst (Erde-Weltraum)

1429 – 1474	Fester Funkdienst / Beweglicher Funkdienst (außer beweglicher Flugfunkdienst [R])
1474 – 1481,5	Fester Funkdienst / Beweglicher Funkdienst (außer beweglicher Flugfunkdienst [R])
1481,5 – 1525	Fester Funkdienst / Beweglicher Funkdienst (außer beweglicher Flugfunkdienst [R])
1525 – 1530	Weltraumfernwirkfunkdienst (Weltraum-Erde) Fester Funkdienst Erderkundungsfunkdienst über Satelliten
1530 – 1535	Weltraumfernwirkfunkdienst (Weltraum-Erde) Beweglicher Seefunkdienst über Satelliten (Weltraum-Erde) / Fester Funkdienst Erderkundungsfunkdienst über Satelliten
1535 – 1544	Beweglicher Seefunkdienst über Satelliten (Weltraum-Erde) / Fester Funkdienst
1544 – 1545	Beweglicher Funkdienst über Satelliten (Weltraum-Erde) / Fester Funkdienst
1545 – 1550	Beweglicher Flugfunkdienst über Satelliten (R) (Weltraum-Erde) / Fester Funkdienst
1550 – 1559	Beweglicher Flugfunkdienst über Satelliten (R) (Weltraum-Erde) / Fester Funkdienst
1559 – 1610	Fester Funkdienst / Flugnavigationsfunkdienst Navigationsfunkdienst über Satelliten (Weltraum-Erde)
1610 – 1626,5	Fester Funkdienst / Flugnavigationsfunkdienst
1626,5 – 1645,5	Beweglicher Seefunkdienst über Satelliten (Erde-Weltraum) / Fester Funkdienst
1645,5 – 1646,5	Beweglicher Funkdienst über Satelliten (Erde-Weltraum) / Fester Funkdienst
1646,5 – 1660	Beweglicher Flugfunkdienst über Satelliten (R) (Erde-Weltraum) / Fester Funkdienst
1660 – 1660,5	Beweglicher Flugfunkdienst über Satelliten (R) (Erde-Weltraum) / Fester Funkdienst
1660,5 – 1668,4	Radioastronomiefunkdienst Weltraumforschungsfunkdienst (passiv)
1668,4 – 1670	Radioastronomiefunkdienst / Wetterhilfenfunkdienst
1670 – 1690	Wetterhilfenfunkdienst Wetterfunkdienst über Satelliten (Weltraum-Erde)

1690 – 1700	Wetterhilfenfunkdienst / Wetterfunkdienst über Satelliten (Weltraum-Erde) / Fester Funkdienst
1700 – 1710	Fester Funkdienst Wetterfunkdienst über Satelliten (Weltraum-Erde)
1710 – 1850	Fester Funkdienst
1850 – 2290	Fester Funkdienst
2290 – 2320	Fester Funkdienst
2320 – 2400	Fester Funkdienst / Beweglicher Funkdienst Nichtnavigatorischer Ortungsfunkdienst Amateurfunkdienst
2400 – 2450	Nichtnavigatorischer Ortungsfunkdienst Amateurfunkdienst
2450 – 2480	Fester Funkdienst / Beweglicher Funkdienst Nichtnavigatorischer Ortungsfunkdienst
2480 – 2500	Fester Funkdienst
2500 – 2655	Fester Funkdienst
2655 – 2690	Fester Funkdienst / Radioastronomiefunkdienst
2690 – 2695	Fester Funkdienst / Radioastronomiefunkdienst
2695 – 2700	Radioastronomiefunkdienst Erderkundungsfunkdienst über Satelliten (passiv) Weltraumforschungsfunkdienst (passiv)
2700 – 2900	Flugnavigationsfunkdienst Nichtnavigatorischer Ortungsfunkdienst
2900 – 3100	Navigationsfunkdienst Nichtnavigatorischer Ortungsfunkdienst
3100 – 3300	Nichtnavigatorischer Ortungsfunkdienst
3300 – 3400	Nichtnavigatorischer Ortungsfunkdienst
3400 – 3475	Fester Funkdienst / Amateurfunkdienst
3475 – 3520	Fester Funkdienst
3520 – 3600	Fester Funkdienst Nichtnavigatorischer Ortungsfunkdienst
3600 – 4200	Fester Funkdienst Fester Funkdienst über Satelliten (Weltraum-Erde)
4200 – 4210	Flugnavigationsfunkdienst / Fester Funkdienst
4210 – 4400	Flugnavigationsfunkdienst
4400 – 4800	Fester Funkdienst

4800 – 4990	Fester Funkdienst / Radioastronomiefunkdienst
4990 – 5000	Fester Funkdienst / Radioastronomiefunkdienst
5000 – 5250	Flugnavigationsfunkdienst
5250 – 5255	Nichtnavigatorischer Ortungsfunkdienst
5255 – 5350	Nichtnavigatorischer Ortungsfunkdienst
5350 – 5460	Flugnavigationsfunkdienst Nichtnavigatorischer Ortungsfunkdienst
5460 – 5470	Navigationsfunkdienst Nichtnavigatorischer Ortungsfunkdienst
5470 – 5650	Seenavigationsfunkdienst Nichtnavigatorischer Ortungsfunkdienst
5650 – 5725	Nichtnavigatorischer Ortungsfunkdienst
5725 – 5755	Nichtnavigatorischer Ortungsfunkdienst Amateurfunkdienst
5755 – 5850	Nichtnavigatorischer Ortungsfunkdienst Fester Funkdienst / Amateurfunkdienst
5850 – 5875	Fester Funkdienst
5875 – 5925	Fester Funkdienst / Beweglicher Funkdienst
5925 – 6525	Fester Funkdienst Fester Funkdienst über Satelliten (Erde-Weltraum)
6525 – 7250	Fester Funkdienst
7250 – 7300	Fester Funkdienst über Satelliten (Weltraum-Erde) Beweglicher Funkdienst über Satelliten
7300 – 7550	Fester Funkdienst Fester Funkdienst über Satelliten (Weltraum-Erde)
7550 – 7725	Fester Funkdienst Fester Funkdienst über Satelliten (Weltraum-Erde)
7725 – 7750	Fester Funkdienst / Beweglicher Funkdienst (außer beweglicher Flugfunkdienst) Fester Funkdienst über Satelliten (Weltraum-Erde)
7750 – 7900	Fester Funkdienst / Beweglicher Funkdienst (außer beweglicher Flugfunkdienst)
7900 – 7975	Fester Funkdienst / Beweglicher Funkdienst (außer beweglicher Flugfunkdienst) Beweglicher Funkdienst über Satelliten Fester Funkdienst über Satelliten (Erde-Weltraum)

7975 – 8025	Fester Funkdienst über Satelliten (Erde-Weltraum) Beweglicher Funkdienst über Satelliten
8025 – 8100	Fester Funkdienst / Beweglicher Funkdienst Fester Funkdienst über Satelliten (Erde-Weltraum)
8100 – 8127,5	Fester Funkdienst Fester Funkdienst über Satelliten (Erde-Weltraum)
8127,5 – 8175	Fester Funkdienst Fester Funkdienst über Satelliten (Erde-Weltraum)
8175 – 8250	Fester Funkdienst Fester Funkdienst über Satelliten (Erde-Weltraum)
8250 – 8288,5	Fester Funkdienst Fester Funkdienst über Satelliten (Erde-Weltraum)
8288,5 – 8400	Fester Funkdienst Fester Funkdienst über Satelliten (Erde-Weltraum)
8400 – 8500	Weltraumforschungsfunkdienst (Weltraum-Erde) Fester Funkdienst
8500 – 8825	Nichtnavigatorischer Ortungsfunkdienst
8825 – 8850	Nichtnavigatorischer Ortungsfunkdienst Seenavigationsfunkdienst
8850 – 9000	Nichtnavigatorischer Ortungsfunkdienst Seenavigationsfunkdienst
9000 – 9200	Flugnavigationsfunkdienst Seenavigationsfunkdienst Nichtnavigatorischer Ortungsfunkdienst
9200 – 9300	Nichtnavigatorischer Ortungsfunkdienst Seenavigationsfunkdienst
9300 – 9500	Nichtnavigatorischer Ortungsfunkdienst Navigationsfunkdienst
9500 – 9800	Nichtnavigatorischer Ortungsfunkdienst Navigationsfunkdienst
9800 – 10000	Nichtnavigatorischer Ortungsfunkdienst Fester Funkdienst / Beweglicher Funkdienst

Bitte beachten Sie:

Bis hier waren die Frequenzangaben in MHz. Von der nächsten Seite an sind die Frequenzangaben in GHz.

Frequenz-bereich GHz	Zuweisung/Funkdienste
10 – 10,4	Nichtnavigatorischer Ortungsfunkdienst Amateurfunkdienst / Beweglicher Funkdienst
10,4 – 10,45	Fester Funkdienst / Beweglicher Funkdienst Amateurfunkdienst
10,45 – 10,5	Fester Funkdienst / Amateurfunkdienst Amateurfunkdienst über Satelliten Beweglicher Funkdienst
10,5 – 10,6	Fester Funkdienst
10,6 – 10,68	Fester Funkdienst / Radioastronomiefunkdienst Erderkundungsfunkdienst über Satelliten
10,68 – 10,7	Radioastronomiefunkdienst Erderkundungsfunkdienst über Satelliten (passiv) Weltraumforschungsfunkdienst (passiv)
10,7 – 11,7	Fester Funkdienst Fester Funkdienst über Satelliten (Weltraum-Erde)
11,7 – 12,5	Fester Funkdienst Rundfunkdienst über Satelliten
12,5 – 12,75	Fester Funkdienst über Satelliten (Weltraum-Erde, Erde-Weltraum) / Fester Funkdienst / Beweglicher Funkdienst (außer beweglicher Flugfunkdienst)
12,75 – 13,25	Fester Funkdienst Fester Funkdienst über Satelliten (Erde-Weltraum)
13,25 – 13,4	Flugnavigationsfunkdienst
13,4 – 14	Nichtnavigatorischer Ortungsfunkdienst
14 – 14,25	Fester Funkdienst über Satelliten (Erde-Weltraum)
14,25 – 14,3	Fester Funkdienst Fester Funkdienst über Satelliten (Erde-Weltraum)
14,3 – 14,4	Fester Funkdienst Fester Funkdienst über Satelliten (Erde-Weltraum)
14,47 – 14,5	Fester Funkdienst / Fester Funkdienst über Satelliten (Erde-Weltraum) / Radioastronomiefunkdienst
14,5 – 14,62	Fester Funkdienst
14,62 – 15,23	Fester Funkdienst / Beweglicher Funkdienst
15,23 – 15,35	Fester Funkdienst

15,35 – 15,4	Erderkundungsfunkdienst über Satelliten (passiv) Weltraumforschungsfunkdienst (passiv) Radioastronomiefunkdienst
15,4 – 15,7	Flugnavigationsfunkdienst
15,7 – 17,3	Nichtnavigatorischer Ortungsfunkdienst
17,3 – 17,7	Fester Funkdienst über Satelliten (Erde-Weltraum) Nichtnavigatorischer Ortungsfunkdienst Fester Funkdienst / Beweglicher Funkdienst
17,7 – 18,1	Fester Funkdienst / Fester Funkdienst über Satelliten (Weltraum-Erde, Erde-Weltraum)
18,1 – 19,7	Fester Funkdienst Fester Funkdienst über Satelliten (Weltraum-Erde)
19,7 – 20,2	Fester Funkdienst über Satelliten (Weltraum-Erde)
20,2 – 21,2	Fester Funkdienst über Satelliten (Weltraum-Erde) Beweglicher Funkdienst über Satelliten (Weltraum-Erde)
21,2 – 22	Fester Funkdienst
22 – 22,21	Fester Funkdienst
22,21 – 22,5	Fester Funkdienst / Radioastronomiefunkdienst Erderkundungsfunkdienst über Satelliten (passiv) Weltraumforschungsfunkdienst (passiv)
22,5 – 22,55	Beweglicher Funkdienst
22,55 – 23	Beweglicher Funkdienst / Intersatellitenfunkdienst
23 – 23,55	Fester Funkdienst / Beweglicher Funkdienst Intersatellitenfunkdienst
23,55 – 23,6	Beweglicher Funkdienst
23,6 – 24	Radioastronomiefunkdienst Erderkundungsfunkdienst über Satelliten (passiv) Weltraumforschungsfunkdienst (passiv)
24 – 24,05	Amateurfunkdienst / Amateurfunkdienst über Satelliten
24,05 – 24,25	Nichtnavigatorischer Ortungsfunkdienst Amateurfunkdienst Erderkundungsfunkdienst über Satelliten (passiv)
24,25 – 25,25	Navigationsfunkdienst

25,25 – 27	Fester Funkdienst / Beweglicher Funkdienst / Erderkundungsfunkdienst über Satelliten (Weltraum-Weltraum) / Normalfrequenz- und Zeitzeichenfunkdienst über Satelliten (Erde-Weltraum)
27 – 27,5	Fester Funkdienst / Beweglicher Funkdienst / Erderkundungsfunkdienst über Satelliten (Weltraum-Weltraum)
27,5 – 29,5	Fester Funkdienst Fester Funkdienst über Satelliten (Erde-Weltraum)
29,5 – 30	Fester Funkdienst über Satelliten (Erde-Weltraum)
30 – 31	Fester Funkdienst über Satelliten (Erde-Weltraum) Beweglicher Funkdienst über Satelliten (Erde-Weltraum)
31 – 31,3	Beweglicher Funkdienst
31,3 – 31,5	Radioastronomiefunkdienst Erderkundungsfunkdienst über Satelliten (passiv) Weltraumforschungsfunkdienst (passiv)
31,5 – 31,8	Radioastronomiefunkdienst Erderkundungsfunkdienst (passiv) Weltraumforschungsfunkdienst (passiv) Beweglicher Funkdienst (außer beweglicher Flugfunkdienst)
31,8 – 32	Navigationsfunkdienst
32 – 33	Navigationsfunkdienst / Intersatellitenfunkdienst
33 – 33,4	Navigationsfunkdienst
33,4 – 34,2	Nichtnavigatorischer Ortungsfunkdienst
34,2 – 35,2	Nichtnavigatorischer Ortungsfunkdienst
35,2 – 36	Wetterhilfenfunkdienst Nichtnavigatorischer Ortungsfunkdienst
36 – 37	Fester Funkdienst / Beweglicher Funkdienst Erderkundungsfunkdienst über Satelliten (passiv) Weltraumforschungsfunkdienst (passiv)
37 – 37,5	Beweglicher Funkdienst
37,5 – 39,5	Fester Funkdienst / Beweglicher Funkdienst Fester Funkdienst über Satelliten (Weltraum-Erde)

39,5 – 40,5	Fester Funkdienst / Fester Funkdienst über Satelliten (Weltraum-Erde) / Beweglicher Funkdienst Beweglicher Funkdienst über Satelliten (Weltraum-Erde)
40,5 – 42,5	Rundfunkdienst über Satelliten / Rundfunkdienst / Fester Funkdienst / Beweglicher Funkdienst
42,5 – 43,5	Fester Funkdienst / Fester Funkdienst über Satelliten (Erde-Weltraum) / Radioastronomiefunkdienst
43,5 – 47	Beweglicher Funkdienst / Beweglicher Funkdienst über Satelliten / Navigationsfunkdienst Navigationsfunkdienst über Satelliten
47 – 47,2	Amateurfunkdienst Amateurfunkdienst über Satelliten
47,2 – 50,2	Fester Funkdienst Fester Funkdienst über Satelliten (Erde-Weltraum)
50,2 – 50,4	Fester Funkdienst / Beweglicher Funkdienst / Erderkundungsfunkdienst über Satelliten (passiv) / Weltraumforschungsfunkdienst (passiv)
50,4 – 51,4	Fester Funkdienst / Beweglicher Funkdienst / Fester Funkdienst über Satelliten / Beweglicher Funkdienst über Satelliten (Erde-Weltraum)
51,4 – 54,25	Radioastronomiefunkdienst Erderkundungsfunkdienst über Satelliten (passiv) Weltraumforschungsfunkdienst (passiv)
54,25 – 58,2	Intersatellitenfunkdienst / Beweglicher Funkdienst / Nichtnavigatorischer Ortungsfunkdienst / Erderkundungsfunkdienst über Satelliten (passiv) / Weltraumforschungsfunkdienst (passiv)
58,2 – 59	Erderkundungsfunkdienst über Satelliten (passiv) Weltraumforschungsfunkdienst (passiv)
59 – 64	Fester Funkdienst / Beweglicher Funkdienst Intersatellitenfunkdienst Nichtnavigatorischer Ortungsfunkdienst
64 – 65	Radioastronomiefunkdienst Erderkundungsfunkdienst über Satelliten (passiv) Weltraumforschungsfunkdienst (passiv)
65 – 66	Erderkundungsfunkdienst über Satelliten / Weltraumforschungsfunkdienst / Fester Funkdienst / Beweglicher Funkdienst

66 – 71	Beweglicher Funkdienst / Beweglicher Funkdienst über Satelliten / Navigationsfunkdienst / Navigationsfunkdienst über Satelliten
71 – 74	Fester Funkdienst / Beweglicher Funkdienst / Fester Funkdienst über Satelliten (Erde-Weltraum) / Beweglicher Funkdienst über Satelliten (Erde-Weltraum)
74 – 75,5	Fester Funkdienst Fester Funkdienst über Satelliten (Erde-Weltraum) Beweglicher Funkdienst
75,5 – 76	Amateurfunkdienst Amateurfunkdienst über Satelliten
78 – 81	Nichtnavigatorischer Ortungsfunkdienst / Amateurfunkdienst / Amateurfunkdienst über Satelliten
81 – 84	Fester Funkdienst / Beweglicher Funkdienst / Fester Funkdienst über Satelliten (Weltraum-Erde) / Beweglicher Funkdienst über Satelliten (Weltraum-Erde)
84 – 86	Rundfunkdienst / Rundfunkdienst über Satelliten / Fester Funkdienst / Beweglicher Funkdienst
86 – 92	Radioastronomiefunkdienst Erderkundungsfunkdienst über Satelliten (passiv) Weltraumforschungsfunkdienst (passiv)
92 – 95	Fester Funkdienst Fester Funkdienst über Satelliten (Erde-Weltraum) Nichtnavigatorischer Ortungsfunkdienst Beweglicher Funkdienst
95 – 100	Beweglicher Funkdienst Beweglicher Funkdienst über Satelliten Navigationsfunkdienst Navigationsfunkdienst über Satelliten Nichtnavigatorischer Ortungsfunkdienst
100 – 102	Erderkundungsfunkdienst über Satelliten (passiv) Weltraumforschungsfunkdienst (passiv) Fester Funkdienst / Beweglicher Funkdienst
102 – 105	Fester Funkdienst Fester Funkdienst über Satelliten (Weltraum-Erde) Beweglicher Funkdienst

105 – 116	Radioastronomiefunkdienst Erderkundungsfunkdienst über Satelliten (passiv) Weltraumforschungsfunkdienst (passiv)
116 – 126	Fester Funkdienst / Beweglicher Funkdienst Intersatellitenfunkdienst Erderkundungsfunkdienst über Satelliten (passiv) Weltraumforschungsfunkdienst (passiv)
126 – 134	Fester Funkdienst / Beweglicher Funkdienst Intersatellitenfunkdienst Nichtnavigatorischer Ortungsfunkdienst
134 – 142	Beweglicher Funkdienst Beweglicher Funkdienst über Satelliten Navigationsfunkdienst Navigationsfunkdienst über Satelliten Nichtnavigatorischer Ortungsfunkdienst
142 – 144	Amateurfunkdienst Amateurfunkdienst über Satelliten
144 – 149	Nichtnavigatorischer Ortungsfunkdienst Amateurfunkdienst Amateurfunkdienst über Satelliten
149 – 150	Fester Funkdienst Fester Funkdienst über Satelliten (Weltraum-Erde)
150 – 151	Erderkundungsfunkdienst über Satelliten (passiv) Weltraumforschungsfunkdienst (passiv) Radioastronomiefunkdienst
151 – 164	Fester Funkdienst Fester Funkdienst über Satelliten (Weltraum-Erde) Beweglicher Funkdienst
164 – 168	Radioastronomiefunkdienst Erderkundungsfunkdienst über Satelliten (passiv) Weltraumforschungsfunkdienst (passiv)
168 – 170	Fester Funkdienst / Beweglicher Funkdienst
170 – 174,5	Fester Funkdienst / Beweglicher Funkdienst / Intersatellitenfunkdienst
174,5 – 176,5	Erderkundungsfunkdienst über Satelliten (passiv) Weltraumforschungsfunkdienst (passiv) Radioastronomiefunkdienst
176,5 – 182	Fester Funkdienst / Beweglicher Funkdienst / Intersatellitenrundfunkdienst

182 – 185	Radioastronomiefunkdienst Erderkundungsfunkdienst über Satelliten (passiv) Weltraumforschungsfunkdienst (passiv)
185 – 190	Fester Funkdienst / Intersatellitenfunkdienst / Beweglicher Funkdienst
190 – 200	Beweglicher Funkdienst Beweglicher Funkdienst über Satelliten Navigationsfunkdienst Navigationsfunkdienst über Satelliten
200 – 202	Fester Funkdienst Beweglicher Funkdienst Erderkundungsfunkdienst über Satelliten (passiv) Weltraumforschungsfunkdienst (passiv)
202 – 217	Fester Funkdienst / Fester Funkdienst über Satelliten (Erde-Weltraum) / Beweglicher Funkdienst
217 – 231	Radioastronomiefunkdienst Erderkundungsfunkdienst über Satelliten Weltraumforschungsfunkdienst (passiv)
231 – 235	Fester Funkdienst Fester Funkdienst über Satelliten (Weltraum-Erde) Beweglicher Funkdienst Nichtnavigatorischer Ortungsfunkdienst
235 – 238	Erderkundungsfunkdienst über Satelliten (passiv) Fester Funkdienst Fester Funkdienst über Satelliten (Weltraum-Erde) Beweglicher Funkdienst Weltraumforschungsfunkdienst (passiv)
238 – 241	Fester Funkdienst Fester Funkdienst über Satelliten (Weltraum-Erde) Beweglicher Funkdienst Nichtnavigatorischer Ortungsfunkdienst
241 – 248	Nichtnavigatorischer Ortungsfunkdienst Amateurfunkdienst Amateurfunkdienst über Satelliten
248 – 250	Amateurfunkdienst Amateurfunkdienst über Satelliten
250 – 252	Radioastronomiefunkdienst Erderkundungsfunkdienst über Satelliten (passiv) Weltraumforschungsfunkdienst (passiv)

252 – 261	Beweglicher Funkdienst
	Beweglicher Funkdienst über Satelliten
	Navigationsfunkdienst
	Navigationsfunkdienst über Satelliten
261 – 265	Beweglicher Funkdienst
	Beweglicher Funkdienst über Satelliten
	Navigationsfunkdienst
	Navigationsfunkdienst über Satelliten
	Radioastronomiefunkdienst
265 – 275	Fester Funkdienst
	Fester Funkdienst über Satelliten (Erde-Weltraum)
	Beweglicher Funkdienst
	Radioastronomiefunkdienst
275 – 400	nicht zugewiesen

Mobilfunk- und Scanner-Lexikon

A	Ampère, Maßeinheit des elektrischen Stroms
A-Netz	Erstes Mobilfunknetz in Deutschland, in Betrieb von 1958 bis 1977. Das A stand für Autotelefon.
ABH	Arbeitsgemeinschaft Betriebsfunk für Heilberufe
Abhörsicherheit	Schutz vor unbefugtem Mithören, nur unzureichend über eine sog. Invertierung zu erreichen, während digitale Übertragungsverfahren z.Zt. noch einen größtmöglichen Abhörschutz bieten.
ABIN	Arbeitsgemeinschaft Betriebsfunk für Industrie und Nahverkehr
Ablage	Abstand zwischen Sende- und Empfangsfrequenz, z.B. bei Relaisstationen
ABS	Arbeitsgemeinschaft Betriebsfunk der Straßenunterhaltungs- und Pannenhilfsdienste
ABS	Arbeiter-Samariter-Bund
Abschattung	Schwächung von Funkwellen durch Hindernisse, z.B. hohe Gebäude oder Berge
Abschwächer	Dämpfungsregler, Einsatz ggf. zur Vermeidung von Übersteuerungseffekten bei starken Signalen
ABSG	Arbeitsgemeinschaft Betriebsfunk der Städte und Gemeinden
ABSoD	Arbeitsgemeinschaft Betriebsfunk für soziale Dienste
Abstimmgeschwindigkeit	Suchlaufgeschwindigkeit in Schritten oder Kanälen pro Sekunde.
Abstimmung	Einstellung der Frequenz
AC	(alternating current) Wechselstrom
ACARS	(Aircraft Communications Adressing and Reporting System) Übertragungssystem für Flugdaten
ACC	(Area Control Centre) Bezirkskontrollstelle im Luftverkehr
ADAC	Allgemeiner Deutscher Automobil-Club

ADJ	(adjustment) Einstellung, Abgleich
AF	Alternative Frequenzen
AF Gain	Lautstärkeregler
AFC	(automatic frequency control) Automatische Frequenzabstimmung (Nachregelung)
AFIS	Flugplatz-Informationsdienst
AGC	(automatic gain control) automatische Verstärkungsregelung in der Eingangsstufe eines Empfängers
AIB	Arbeitsgemeinschaft industrieller Betriebsfunk
Airtime	Gesprächszeit beim mobilen Telefonieren
Akku	wiederaufladbare Batterie
Aktivantenne	Antenne mit eingebautem Verstärker, die daher gegenüber herkömmlichen Antennen kleiner sein kann.
AM	siehe Amplitudenmodulation
AM	Autobahnmeisterei
Amateurfunk	Funkdienst für lizenzierte Funkamateure auf verschiedenen Bereichen in allen Wellenbereichen
Amplitudenmodulation (AM)	Modulationsart, die beim Rundfunk auf LW, MW und KW eingesetzt wird und beim Flugfunk auf UKW
ANL	(automatic noise limitter) automatische Geräuschbegrenzung
Anpassung	Damit bei Verbindungen z.B. von Antennen, Kabel und Gerät keine unnötigen Verluste entstehen, müssen die sog. Wellenwiderstände aufeinander abgestimmt (angepaßt) sein.
Anrufkanal	Kanal bzw. Frequenz, die ständig abgehört wird, um Gesprächs- bzw. Funkverbindungswünsche zu erkennen; danach Wechsel auf Arbeitskanal
Antenne	Das Ohr des Empfängers. Der Standort für UKW-Antennen sollte möglichst hoch sein. Die Länge sollte ein gerades Teil oder Vielfaches der Wellenlänge betragen (z.B. 1/2 oder 1/4 oder 2 oder 4-faches), wenn es sich nicht um eine Breitbandantenne für einen großen Frequenzbereich handelt.

Antennengewinn	Beurteilungsmaßstab für Antennen
APF	Audio-Spitzenfilter
APS	Autobahnpolizeistation
ARI	Autofahrer-Rundfunk-Informationssystem
ARINC	Aeronautical Radio Inc., US-Flugfunkorganisation
ATIS	(automatic transmitter identification system) Automatische Identifizierung von Funkstellen
ATIS	Automatische Ausstrahlung von Lande- und Start-Informationen für den Luftverkehr
ATT	(attenuator) Abschwächer, HF-Dämpfungsregler
ATV	Amateurfunk-Fernsehen
Authentisierung	Identifizierungsprozedur zur Feststellung der Zugangsberechtigung zu einem Funkdienst
AUTO	automatisch, automatischer Suchlauf
AVC	(automatic volume control) automatische Verstärkungsregelung für die Lautstärke
B-Netz	Zweites deutsches Mobilfunknetz; auch noch ein reines Autotelefonnetz, das von 1972 bis 1994 in Betrieb war und leicht abgehört werden konnte.
BAB	Bundesautobahn
Bake	Funkbake, unbemannter Sender zu Funknavigationszwecken
Band	Andere Bezeichnung für Frequenzbereich
Bandbreite	Durchlaßbereich von Filtern, Übertragungsbereich für einen Funkkanal, im Sprechfunk FM-schmal z.B. 12 bis 15 kHz.
Bank	Gruppe von Speicherplätzen
BAPT	Bundesamt für Post und Telekommunikation mit Sitz in Mainz
BAST	Bundesamt für das Straßenwesen
Baud (Bd)	Maßeinheit für die Schrittgeschwindigkeit bei Datenübertragungen
BC	(broadcasting) Rundfunk

Beam	Antennenstrahl, Richtantenne
Beep	Signalton
Betriebsart	Übertragungs- oder Modulationsart, z.B. AM, FM, SSB etc.
Betriebsfunk	Funkdienst für Unternehmen, Organisationen und Dienstleister
BFO	(beat frequency oscillator) Hilfsoszillator zum Telegrafie- bzw. SSB-Empfang
BFV	Bundesamt für Verfassungsschutz
BGS	Bundesgrenzschutz
Binnenschiffahrtsfunk	Sprechfunkdienst für den Schiffsverkehr auf Binnengewässen (Flüssen, Kanälen), ehem. Rheinfunkdienst
bit	Binary digit, Binärzeichen, kleinster Baustein einer digitalen Nachricht
BKA	Bundeskriminalamt
BL	Berlin
Blitzschutz	Erdung blitzeinschlaggefährdeter Teile, zum Beispiel über dem Dach herausragender Antennen, ggf. mit Blitzschutzsicherung, um elektronische Geräte vor Überspannungen zu schützen.
BM	Brandmeister
BMF	Bundesminister für Finanzen
BMI	Bundesinnenministerium
BMJ	Bundesminister der Justiz
BMPT	Bundesministerium für Post und Telekommunikation
BMV	Bundesminister für Verkehr
BMVG	Bundesminster der Verteidigung
BNC	Steckernorm für VHF/UHF-Steckverbindungen mit bajonettartigem Verschluß, Scanner haben meistens eine BNC-Buchse zum leichten Aufstecken einer Antenne
BND	Bundesnachrichtendienst

Bodenwelle	Ausbreitung von Funkwellen parallel zum Erdboden. Je höher die Frequenz ist, um so geringer ist die Reichweite (z.B. ist die UKW-Reichweite geringer als die Mittelwellen-Reichweite)
BOS	Behörden und Organisationen mit Sicherheitsaufgaben (Polizei, Feuerwehr, Rettungsdienst etc.)
BP	Bereitschaftspolizei
BP	Bandpaß-Filter
BR	Bergrettung
BR	Brandenburg
Breitband-Antenne	Antenne für einen großen Frequenzbereich
BRK	Bayerisches Rotes Kreuz
BS	Basisstation
BTS	(Base Transceiver Station) Basisfunkstation im Mobilfunknetz, deren Antennen man überall sieht
BTX	Bildschirmtext
Bündelfunk	Mobilfunksystem im Bereich von 410–430 MHz, das den Betriebsfunkdienst entlasten soll
BW	Baden-Württemberg
BW	Bundeswehr
BW	Bergwacht
BY	Bayern
BZT	ehem. Bundesamt für Zulassungen im Telekommunikationsbereich (siehe auch BAPT)
C-Lizenz	Amateurfunklizenz für den UKW-Bereich
C-Netz	Mobilfunknetz, das 1985 eingeführt wurde und voraussichtlich noch einige Jahre in Betrieb sein wird, heute überwiegend als Autotelefon-Netz genutzt.
Call	Rufzeichen
CB-Funk	(Citizen band) Jedermannfunk, privater Nahbereichsfunk im 27 MHz-Bereich
CCIR	Internationaler beratender Ausschuß für Funkdienstfragen

CCITT	Internationaler beratender Ausschuß für Fernsprech- und Fernschreibdienste
CE	Zulassungszeichen für das Inverkehrbringen von Produkten oder Geräten nach europäischen Normen.
CEPT	(Conference of European Posts and Telegraphs) Ausschuß europäischer Post- und Fernmeldebehörden
Ch	(channel) Funkkanal
Chekker	Bündelfunkdienst von T-Mobil
Cinch	einfache Koaxial-Steckverbindung, z.B. bei UKW/TV-Buchsen
Cityruf	Funkrufdienst
clear	Löschen von Eingaben
CLIP/CLIR	Anzeige der Telefonnummer des Anrufenden im Mobiltelefon (CLIP) bzw. Übertragung der eigenen Rufnummer zu diesem Zweck (CLIR).
cm	Zentimeter
COM	(Communications) Funkverkehr, Funkausrüstung
CQ	Allgemeiner Anruf „an alle"
CT	(clock time) Uhrzeit (RDS)
CT...	Schnurloses Telefon (Cordless Telephone) Generation ...
CT0	Schnurloses Telefon (Cordless Telephone) Generation 0
CT1	Schnurloses Telefon (Cordless Telephone) Generation 1
CTCSS	Selektivrufsystem mit Ton-Code
CW	(continuous wave) Morse-Telegrafie
D-Netz	Erstes digitales Mobilfunknetz in Deutschland, das 1992 von zwei konkurrierenden Firmen eingeführt wurde: D1 der Telekom-Tochter T-Mobil und D2 von Mannesmann Mobilfunk.
D1	D-Netzbetreiber T-Mobil
D2	D-Netzbetreiber Mannesmann Mobilfunk

Sprechfunkantennen der Deutschen Flugsicherung in Dresden. (Foto: Deutsche Flugsicherung GmbH)

DAKf-CBNF	Deutscher Arbeitskreis für CB- und Notfunk
DAL	Drahtlose Anschlußleitung (Funkanbindung von Telefonanschlüssen)
Dämpfung	Minderung der Signalspannung; so hat z.b. ein Antennenkabel eine gewisse Dämpfung pro Meter, so daß etwa eine schwache Station wohl noch direkt an der Antenne aufgenommen werden könnte, am Ende einer zu langen Antennenzuleitung aber schon nicht mehr.
DARC	Deutscher Amateur Radio Club, Amateurfunkverband
Datex	(Data Exchange) Datenübertragungsnetze
dB	Dezibel, logarithmisches Maß für die Dämpfung oder Verstärkung (Pegel)
DB	Deutsche Bahn
DC	(directed current) Gleichstrom
DCS1800	Digital Cellular System 1800, Variante des GSM-Mobilfunkstandards für den 1,8 GHz-Bereich (E-Netz)
Decoder	Gerät zum Umwandeln oder Entschlüsseln von Funkübertragungen
DECT	(Digital European Cordless Telephone) Europäischer Standard für digitale schnurlose Telefone
Delay	Verzögerung, Verweildauer auf einem Kanal während des Suchlaufs
Demodulation, Demodulator	Im Empfänger: Trennen von Träger und Nutzsignal, um z.B. Sprache wieder hörbar zu machen
Dezibel	Logarithmisches Maß für die Dämpfung oder Verstärkung (Pegel)
DFS	Deutsche Flugsicherung
DFSK	Digitale Frequenzumtastung
DGzRS	Deutsche Gesellschaft zur Rettung Schiffbrüchiger, Seenotrettungsdienst
Digipeater	Relaisstation für Packet-Radio
Dipol	Antennengrundform

Direktmodus	Direkter Funkkontakt zwischen Mobilfunkstellen ohne Einschaltung von Feststationen
Discone	Antennenform mit Stabantenne und nach unten abgewinkelten Radials
Dispatcher	Funkdisponent, der mehrere Mobilfunkteilnehmer koordiniert
Display	Anzeigefläche für Frequenz und Betriebszustände, meist Flüssigkristallanzeige (LCD)
DL	Deutschland (im Rufzeichen)
DLRG	Deutsche Lebensrettungsgesellschaft
DLY	(delay) Verzögerung, Verweildauer auf einem Kanal während des Suchlaufs
Doppelsuper(het)	Empfänger mit zwei Zwischenfrequenzstufen
Downlink	Funkstrecke vom Satelliten hinunter zur Erde
DRF	Deutsche Rettungsflugwacht
DRK	Deutsches Rotes Kreuz
DSC	Digitaler Selektivruf im GMDSS
DSP	(digital signal processing) digitale Signalverarbeitung
DSRR	(Digital Short Range Radio) Digitaler Nahbereichsfunk
DTAG	Deutsche Telekom AG
Dual Band	Mobiltelefone, die in zwei Frequenzbändern arbeiten können. Beispiel: die zukünftigen Mobiltelefone für Satellitenfunk, die auch in terrestrischen Netzen arbeiten können.
Dual Mode	Mobiltelefone, die in zwei technisch unterschiedlichen Systemen arbeiten können, zum Beispiel im GSM-Netz und als DECT-Telefon.
Duoband	Antenne für zwei bestimmte Frequenzbereiche, z.B. für das 4-m- und 2-m-Sprechfunkband
Duplex	Gegensprechen auf zwei verschiedenen Frequenzen
Duplexabstand	Abstand von Sende- und Empfangsfrequenz beim Mobilfunk

Durchsagefunk	Mobile Funkanlagen für Führungszwecke auf kurzen Entfernungen (Museen, Firmen, Fahrschulen, u.ä.) oder für einseitige Funkübertragungen auf Veranstaltungen, Bühnen u.ä.
DV	Dienstvorschrift
DX	Fernempfang, Fernverkehr
E	elektrische Feldstärke
E-Netz (E-Plus, E1, E2)	Mobilfunknetz im 1,8 GHz-Bereich nach dem DCS 1800-Standard. In Betrieb seit 1994 ist das E1-Netz unter dem Namen E-Plus; 1998 soll E2 von VIAG INTERKOM in Betrieb gehen.
EFuRD	Europäischer Funkrufdienst (Eurosignal)
EG	Europäische Gemeinschaft
EGC	(enhanced group call) Gruppenanruf
EIR	(Equipment Identification Register) Gerätedatei
ELW	Einsatzleitwagen
EME	Erde-Mond-Erde-Funkverkehr, wobei der Mond als Reflektor eingesetzt wird
Empfindlichkeit	Signalspannung (in Millivolt), die am Antennen-eingang des Empfängers vorhanden sein muß, um gerade noch eine Sprachverständlichkeit zu erreichen
EMV	Elektromagnetische Verträglichkeit
ENT	(enter) Eingabe(bestätigung)
Enter	Eingabe(bestätigung)
ERMES	(European Radio Messaging System) neuer europäischer Funkrufdienst, der 1998 in Betrieb gehen soll
ESA	(European Space Agency) Europäische Weltraumbehörde
ETSI	(European Telecommunication Standards Institute) Europäisches Institut für Standardisierung in der Telekommunikationstechnik mit Sitz in Frankreich
Euromessage	Funkrufdienst mehrerer europäischer Länder
Eurosignal	Funkrufdienst

EVU	Energie-Versorgungsunternehmen
f	Frequenz
F	Farad, Einheit der elektr. Kapazität
F3E	Bezeichnung für das Frequenzmodulationsverfahren
FA	Fernmeldeamt
Fading	Schwunderscheinungen, Schwankungen der Empfangsfeldstärke
FAE	Funkalarmempfänger
FAG	Fernmeldeanlagengesetz (siehe auch TKG)
FAX	Faksimile, Bildübertragung
FCC	(Federal Communications Commission) Telekommunikationsbehörde der USA
FDMA	Frequenzmultiplexverfahren
Features	Eigenschaften (von elektronischen Geräten, Funkgeräten, Scannern etc.)
Fensterklemmantenne	Mobilfunkantenne, die an die Fensterscheibe des Autos angeklemmt wird.
FF	Freiwillige Feuerwehr
FFSK	Frequenzumtastungsverfahren
Filter	elektronisches Bauelement oder Baugruppe zum möglichst scharfen Heraustrennen des gewünschten Signals aus dem Frequenzspektrum
FIS	Flug-Informations-Service
FIS	Frequenz-Informations-System, Software für Empfänger/Scanner (Telcom)
FLS	Funkleitstelle
Flugfunkdienst	Mobiler Funkdienst für den Luftverkehr
FM	Frequenzmodulation
FMD	Fernmeldedienst
FmF	Fernmeldefahrzeug
FMS	Funkmeldesystem

FPLMTS	(Future Public Land Mobile Telephone System) geplantes, weltweites Mobilfunksystem im 2-GHz-Bereich
FreeNet	Neuer Mobilfunk mit Handsprechfunkgeräten über sehr kurze Entfernungen
Freisprechen	Telefonieren ohne Abheben des Hörers. Freisprechanlagen vergrößern die Sicherheit beim Telefonieren im Auto.
Frequenz	Anzahl von Schwingungen pro Sekunde, Maßeinheit: Hertz (Hz)
Frequenzmodulation (FM)	Modulationsverfahren, das beim UKW-Rundfunk (FM-weit) und bei vielen Funkdiensten (FM-schmal) oberhalb 30 MHz, also im VHF/UHF-UKW-Bereich, angewendet wird
FSK	(Frequency Shift Keying) Frequenzumtastung
FSST	Fernschreibstelle
FTZ	ehemaliges Funktechnisches Zentralamt, das die sog. FTZ-Nummer als Zulassungsnachweis vergab
FuG	Funkgerät
FUNC	Funktion, Betriebsart
Funkzelle	Versorgungsgebiet einer Basisstation im Mobilfunksystem
FuSt	Funkstelle
FW	Feuerwehr
FW	Feuerwache
Geistersignale(stationen)	Im Empfänger erzeugte Signale, die auf der gerade eingestellten Frequenz eigentlich gar nicht existieren
Gemeinschafts- frequenzen	Betriebsfunkfrequenzen, die Anwendern aus verschiedenen Bedarfsträgergruppen zugeteilt werden können
GHz	Gigahertz (1 GHz = 1.000 MHz)
Gleichwellenbetrieb	Synchrone Ausstrahlung über mehrere Sender auf der gleichen Frequenz

GMDSS	(General Maritime Distress and Safety System) internationales Seenot- und Sicherheitsfunksystem
GMSK	(Gaussian Minimum Shift Keying) Gauß'sche Minimalphasenlagenmodulation
GP	Grenzpolizei, Grenzschutzpräsidium
GPS	(Global Positioning System) Satellitengestützes Navigations- und Ortungssystem
Großsignalstörungen	im Empfänger erzeugte Verzerrungen aufgrund sehr starker Signale
Großsignalverhalten	Qualität einer Empfängereingangsstufe bei sehr starken Signalen
GSA	Grenzschutzabteilung
GSD	Grenzschutzdirektion
GSM	Zunächst Name (Groupe Speciale Mobile) der CEPT-Arbeitsgruppe für die Entwicklung des Mobilfunk-Standards, der dann 1990 von der ETSI veröffentlicht wurde. Da dieser Standard aber schnell weltweites Interesse fand, wurde die ursprüngliche Bezeichnung in Global Standard for Mobile Communication umbenannt. GSM ist jetzt der weltweite Standard für Mobilfunksysteme.
GSM-1800	GSM-Mobilfunksystem im Bereich von 1800 MHz.
GSM-900	Erstes GSM-Mobilfunksystem im Bereich von 900 MHz.
GSST	Grenzschutzstelle
Gummiwendelantenne	verkürzte, flexible Antennenform für Handscanner und Sprechfunkgeräte
Gürtelclip	Befestigungsvorrichtung für einen Scanner oder ein Funksprechgerät am Hosengürtel
GW	Gerätewagen
H	Magnetische Feldstärke
h	Stunde
HA	Hauptamtlicher (Mitarbeiter)
Halbduplex	Duplex-Funkverkehr, bei dem man aber nicht gleichzeitig sprechen kann.

Handover	Automatische, unterbrechungsfreie Weitergabe eines Mobilfunkteilnehmers von einer Basisstation zur nächsten beim Wechseln von einer Funkzelle in die nächste.
Handy	Kleines, handliches GSM-Mobilfunktelefon
HB	Bremen
HE	Hessen
HF	Hochfrequenz (Sendefrequenz)
HF	(high frequency) Kurzwellenbereich von 3 bis 30 MHz
HF	Hauptfunkstelle
HFG	Handsprechfunkgerät
HH	Hamburg
Hi-Cut	Reduzierung der Höhenwiedergabe, um Rauschgeräusche zu vermindern.
HiOrg	Hilfsorganisation
HP	Hochpaß-Filter
HV	Hauptvermittlungsstelle
Hz	Hertz, Einheit für die Frequenz
I	Formelzeichen für den elektrischer Strom
ID	Identifizierung
IEC	(International Electrotechnical Commission) Int. Elektrotechnische Kommission
IF	(intermediate frequency) Zwischenfrequenz (ZF)
IF Shift	Zwischenfrequenz-Mittenverschiebung zum Ausweichen von Störungen
IFRB	(International Frequency Registration Board) Internationaler Ausschuß für Frequenzregistration
IMEI	(International Mobile Station Identity) Internationale Identitätsnummer für Mobiltelefone
Impedanz	Wellenwiderstand, wichtig zur Anpassung z.B. von Antenne, Kabel und Empfänger (Angabe in Ohm, z.B. 50 oder 75 Ohm)

IMSI	(International Mobile Equipment Identifier) Internationale 15-stellige Gerätenummer für Mobiltelefone
INMARSAT	(International Maritime Satellite Organization) Internationale Organisation für (Seefunk)-Satelliten, die jetzt auch allgemein zugängliche, weltweite Mobilfunkkommunikation anbietet
INPOL	Informationssystem der Polizei
Intelsat	Fernsehsatellit
Interferenz	Störungen durch dicht beieinander liegende Sender
Intermodulation	Im Empfänger erzeugte Störprodukte
Invertierung	Einfaches Sprachverschleierungsverfahren
Invertierungsdecoder	Gerät zur Rückgängigmachung der Sprachverschleierung
Iridium	in Aufbau befindliches, weltweites Mobilfunksystem via Satelliten
ISDN	(Integrated Services Digital Network) integriertes digitales Fernmeldenetz
ISM	Industrielle, wissenschaftliche (scientific) und medizinische Anwendungen
ITU	(International Telecommunication Union) Internationale Fernmeldeunion
Jet-Scan	sehr schneller Suchlauf mit über 100 Kanälen pro Sekunde
JUH	Johanniter-Unfall-Hilfe
Kanal	bestimmte Frequenz (bzw. Übertragungsbereich mit bestimmter Bandbreite) innerhalb eines größeren, für einen Funkdienst vorgesehenen Frequenzbereiches.
Kanalabstand	Abstand zwischen zwei benachbarten Übertragungskanälen
Kanalraster	Einteilung von Übertragungskanälen innerhalb eines zugewiesenen Funkbandes; beim UKW-Sprechfunk 20/25 oder 12,5 kHz.
KAT	Katastrophenschutz

kbit/s	Kilobit pro Sekunde, Maßeinheit für die Datenübertragung (1 kbit = 1024 Bytes)
kc/s	engl. Bezeichnung für kHz
KF	Knotenfunkstelle
Kfz	Kraftfahrzeug
kHz	Kilohertz (1 kHz = 1.000 Hz)
Koax(ial)-Kabel/Buchse	Im Gegensatz zu symmetrischen Doppeladern, z.B. bei Netzkabeln, werden in der Hochfrequenz- technik asymmetrische Leitungen verwendet, die einen Innenleiter besitzen, um den sich mit einem gewissen Abstand isoliert und koaxial (mit gleicher Achse) ein Drahtmantel schließt. Koaxialkabel halten Störungen vom Innenleiter fern.
Konverter	Gerät zum Umsetzen von Frequenzbereichen
KP	Kriminalpolizei
Kreuzdipol	Zwei Dipolantennen über Kreuz angeordnet, einfache Antennenform z.B. zum Empfang von Satelliten
Kryptoschlüssel	Verschlüsselungscodes von Funksignalen
KTW	Krankentransportwagen
Kurzstreckenfunk	Sprechfunk mit Funkgeräten sehr geringer Leistung (LPD) für den Nahbereich von etwa 1 km.
KV	Knotenvermittlungsstelle
KW	Kurzwellenbereich von 3 bis 30 MHz
kW	Kilowatt (1 kW = 1.000 Watt)
L	Leitstelle
L	Formelzeichen für Induktivität
LBA	Luftfahrtbundesamt
LCD	(liquid crystal display) Flüssigkristallanzeige
LED	(light emitting diode) Leuchtdiode
LEO	(low earth orbit) erdnahe Satellitenumlaufbahn
Level	Pegel, Spannung

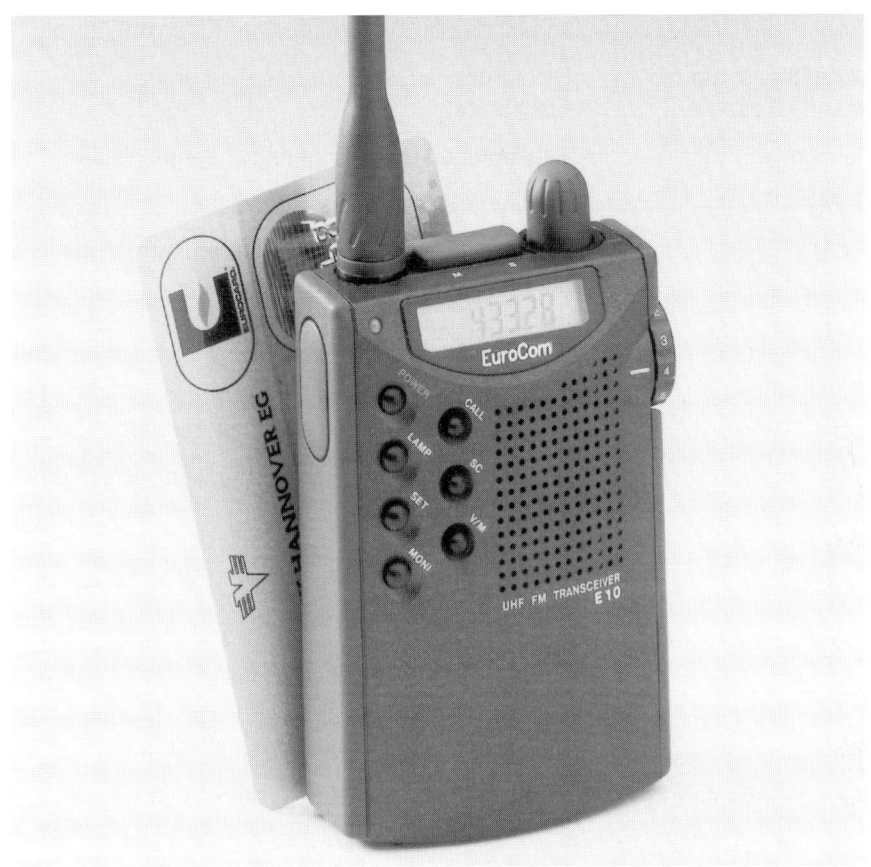

Das neue Miniatur-Sprechfunkgerät EuroCom E10 von stabo für den LPD-Nahbereichsfunk, an dem jedermann ohne besondere Genehmigung und Gebühren teilnehmen kann. (Foto: stabo)

LF	(low frequency) Langwellenbereich von 30 bis 300 kHz
LF	Löschfahrzeug
Line	Ein- und Ausgang elektronischer Geräte mit normiertem Pegelwert
LKA	Landeskriminalamt
LMST	Landesmeldestelle
Lock	Sperrtaste, Sicherung vor Bedienung

Log	schriftliche Aufzeichnung einer Funkverbindung
logarithmisch-perio-dische Antenne	Richtantenne (sieht aus wie eine große Fischgräte)
low power	Funkanlagen mit sehr geringer Sendeleistung
LPA	Logarithmisch-periodische Antenne
LPD	(low power devices) neuer Jedermann-Sprechfunk mit Funkanlagen geringer Leistung
LPD	Landespolizeidirektion
LR	Luftrettung
LSB	(lower side band) unteres Seitenband bei SSB
LUT	(local user terminal) Satellitenfunkstation auf der Erde
LW	Langwelle
LW	Langwellenbereich
LZ	Lagezentrum
m	Meter
M-CH	(memory channel) Speicherkanal-Auswahl
Magnetfußantenne	Mobilfunkantenne, die sich dank einer magne-tischen Halterung am Autodach befestigen läßt.
Mailbox	Elektronischer Anrufbeantworter, in dem man Nachrichten hinterlegen kann.
Mastvorverstärker	Direkt am Antennenmast angebrachter Verstärker, der schwache Signale verstärken kann, bevor sie von einer Antennenleitung zu sehr gedämpft werden.
Mayday	Notruf
mB	Meterband, Wellenbereich
MDTRS	geplantes Bündelfunksystem, das in TETRA umbenannt wurde
MEK	Mobiles Einsatzkommando
MEMO(RY)	(memory) Stationsspeicher
MET	Meteorologie/Wetterkunde, Wetterberatungsdienst
Meteosat	Wettersatelliten

MEZ	Mitteleuropäische Zeit
MF	(medium frequency) Mittelwellen- und Grenzwellenbereich von 300 bis 3000 kHz
MHz	Megahertz (1 MHz = 1.000 kHz)
Mignon	weitverbreitete Batterie- bzw. Akku-Größe
Mil	militärisch
Mir	russische Weltraumstation
MMSI	(maritime mobile service identity) DSC-Selektivrufnummer im Seefunkdienst
Mobilscanner	Scanner vorzugsweise für den Einsatz in Autos und anderen Fahrzeugen
Mode	Betriebsart
Modulation	Im Sender: Aufprägen des Nutzsignals (z.b. der Sprache) auf die Trägerfrequenz mit unterschiedlichen Verfahren, z.B. AM, FM oder digitalem Verfahren
Modulationsart	auch Betriebsart: AM, FM, SSB u.ä.
Monoband	Gerät oder Antenne nur für ein ganz bestimmtes Sprechfunkband
MRCC	(Maritime Rescue Coordination Centre) Seenot-Rettungsleitstelle
MS	Mobilstation
MSC	(Mobil Service Switching Center) Mobilfunkvermittlungsstelle
MSK	(Minimum shift keying) Minimal-Phasenlagenmodulation
Multi-Standard	Mobiltelefone, die in allen Funktelefonsystemen Verbindungen aufbauen können, z.B. in verschiedenen GSM-Netzen und in Satelliten-Netzen (weltweite Erreichbarkeit unter einer Nummer).
MV	Mecklenburg-Vorpommern
MW	Mittelwellenbereich von 525 bis 1605 kHz
mW	Milliwatt (1 mW = 0,001 Watt)
N	(narrow) schmal, schmale Bandbreite

N-Norm/Stecker	besondere, dämpfungsarme Koaxialsteckverbindung
Nachbarkanal-Selektion	Güte eines Empfängers, zwei Empfangssignale auf unmittelbar benachbarten Kanälen voneinander zu trennen.
narrow	schmal (Filterstellung)
NATEL	Autotelefon in der Schweiz
NAW	Notarztwagen
NF	Niederfrequenz (hörbare Töne)
NFM	Schmalband-FM (Sprechfunk)
Noise Blanker	Austaster zum automatischen Unterdrücken von impulsartigen Störgeräuschen
Noise Limiter	Rauschbegrenzung
Notch	Filter: (Kerbe) Ausblenden eines sehr schmalen Frequenzbereiches
NS	Niedersachsen
NUM	numerische Anzeige
NW	Nordrhein-Westfalen
Oberwelle	Unerwünschte Ausstrahlung, deren Frequenz ein ganzzahliges Vielfaches der Grundfrequenz ist
öbL	öffentlicher beweglicher Landfunkdienst
OCC	(operation control centre) Kontrollzentrum
Odyssey	im Aufbau befindliches, weltweites Mobilfunksystem über Satelliten
OFF	Aus(geschaltet)
Offset	Unterschied zwischen angezeigter und tatsächlich empfangener Frequenz, der bei manchen Empfängern zu Irritationen führen kann, weil Listenfrequenzen scheinbar nicht ganz stimmen
OLRD	Organisationsleiter Rettungsdienst
ömL	öffentlicher mobiler Landfunkdienst
Omniport	Funkrufdienst via RDS/UKW-Rundfunk
ON	Ein(geschaltet)
OPS	(operations) Betriebszentrale

OSCAR	Amateurfunk-Satellit
OV	Ortsverband
Packet (Radio)	Datenübertragungsverfahren im Amateurfunk
Pager	engl. Begriff für Funkrufdienste
Paket-Datenübertragung	Datenübertragungsverfahren, bei dem die Daten in kleine Pakete aufgeteilt und mit zusätzlichen Steuerungs- und Datensicherungssignalen versehen werden
Parabolantenne	Antenne in „Schüsselform", z.B. für den Empfang von Satellitensignalen
PAS	Polizeiautobahnstation
Passband	Bandpaßfilter
PB	Polizeibehörde
PBT	(pass band tuning) Bandpaßfilter
PC	Personal-Computer
PCN	Personal Communications Network
PCS	(Personal Communication System) Amerikanische Version des GSM-Standards im Bereich von 1900 MHz
PD	Polizeidirektion
PDST	Polizeidienststelle
PDV	Polizei-Dienstvorschrift
Peak	Filter: (Spitze) Durchlassen eines nur sehr schmalen Frequenzbereiches
Phones	Kopfhörer(anschluß)
PHS	Polizeihubschrauber
PI	(Program Identification) Identifizierungscodes (RDS)
PI	Polizeiinspektion
PIN	(Personal Identification Number) Persönliche Geheimnummer, ähnlich wie bei Scheckkarten, die vor unberechtigtem Nutzen von Mobilfunk-telefonen schützen soll.

PL-Norm/Stecker	Koaxial-Steckverbindung für den Frequenzbereich bis 30 MHz (Kurzwelle)
PLL	Phasen-Regelschleife, spezielles Abstimmverfahren moderner Empfänger
Plug-In	Kleinere Version der SIM-Karte mit der Zugangsberechtigung zum Mobilfunknetz
PMR	(Professional Mobile Radio) Professioneller Mobilfunk
POCSAG	(British Post Office Code Standardization Advisory Group) CCIR-Datenübertragungscode No. 1 für Funkrufdienste
Polarisation	Lage der elektrischen und magnetischen Komponenten eines elektrischen Feldes (horizontal/vertikal)
Power	Ein-/Aus-Schalter
Power	Senderleistung (in Watt)
PP	Polizeipräsidium
PR	Packet Radio
PR	Polizeirevier
PRIO	Prioritätskanal
Prioritätskanal	Wichtigster Funkkanal, der im Suchlauf immer wieder abgehört werden soll.
PROG	Programm, Suchlaufprogramm
Provider	Dienste-Anbieter im Mobilfunk
PS	(Program Service Name) Senderkennung (RDS)
PSK	(Phase shift keying) Modulationsverfahren: Phasenumtastung
PST	Polizeistation
PTT	(push-to-talk) Sprechtaste am Mikrofon
PTY	(Program Type) Programminhalt (RDS)
QRG	Frequenz
QRM	Funkstörungen
QSL	Empfangsbestätigung (QSL-Karte) im Amateurfunk oder Rundfunk

QSO	Funkgespräch/verbindung
QTH	Standort
Quarzfilter	Hochwertiger Filter in Empfängerstufen
Quix	Funkrufdienst
R	Rettungsdienst
R	Formelzeichen Ohmscher Widerstand
Raumwelle	Funkwellen, die an der Ionosphäre reflektiert werden und daher weite Entfernungen um die Erde überbrücken können (z.b. beim Kurzwellenfunk), siehe auch Bodenwelle
Rauschabstand	Verhältnis von Signalleistung zu Rauschleistung. Bei kleinem Rauschabstand gehen schwache Signale im Rauschen unter und können nicht mehr gehört werden.
Rauschen	Aufgrund zahlreicher Umstände (z.b. durch atmosphärische und thermische Effekte, durch elektronische Bauteile und durch elektrische Geräte aller Art) entsteht ein sogenanntes, im Empfänger hörbares Rauschen, in dem je nach Qualität des Gerätes mehr oder weniger schwache Signale untergehen.
Rauschsperre	auch Squelch: läßt nur Signale zum Lautsprecher durch, die einen bestimmten Mindestpegel besitzen
RD	Rettungsdienst
RDB	Rettungsdienstbereich
RDS	Radio Daten System, unhörbare Übertragung von Informationen parallel zu Rundfunkübertragungen im UKW-Bereich
REC	(receiver) Empfänger
Rec (out)	Recorder-Anschluß zur Aufnahme
Recorder	Tonbandgerät
Reichweite	Die Reichweite von Funksignalen hängt von der Frequenz, der Sendeleistung und der Antenne ab. Im UKW (UHF/VHF)-Bereich sinkt die Reichweite mit zunehmender Frequenz (wenn es sich nicht gerade um Satellitenverbindungen handelt).

Relaisfunk(stelle)	Sende- u. Empfangsfunkstelle an hohen Standorten, um die Reichweite von Funkdiensten zu vergrößern
Remote	Fernsteuerung
Revier	Schiffsverkehrsbereich in Küstennähe oder in Binnengewässern
Rheinfunkdienst	frühere Bezeichnung für den Binnenschiffahrtsfunk
Richtantenne	Meist drehbare Antenne mit besonderer Richtwirkung bei gleichzeitiger Unterdrückung von Funksignalen aus anderen Richtungen
Roaming	(von to roam = herumstreifen) Automatisches Wechseln von Funkzellen; im Mobilfunk auch die Möglichkeit, andere Netze zu benutzen, zum Beispiel mit einem deutschen Handy im Ausland, wenn sog. Roaming-Abkommen vereinbart wurden.
Rotor	Motor am Antennenmast zum Drehen einer Richtantenne
RP	Regierungspräsident
RP	Rheinland-Pfalz
RT	(Radio Text) programmbegleitende Texte (RDS)
RTB	Rettungsboot
RTH	Rettungshubschrauber
RTTY	(radio teletype) Funkfernschreiben
RTW	Rettungswagen
Rufton	bestimmter Ton, um Selektivrufeinrichtungen anzusprechen oder um z.B. eine Relaisfunkstelle einzuschalten
Rundstrahler	Sende- oder Empfangsantenne ohne Richtwirkung
RW	Rettungswache
RX	(receiver) Empfänger
s	Zeiteinheit Sekunde
S-Meter	Anzeigeinstrument für die Signalstärke
S/N-Wert	(signal-to-noise) Signal-Rausch-Wert
SA	Sachsen-Anhalt

SAR	(Search and Rescue) Such- und Rettungsdienst (See- und Luftfahrt)
SARCOM	(Search and Rescue Communication) Funknetz des Such- und Rettungsdienstes
SAREX	(Shuttle Amateur Radio Experiment) Amateurfunkbetrieb der US-Raumfähre
SAT	Satellit, Satellitenempfang
Scall	Funkrufdienst
Scancontrol	Software zur Steuerung eines Scanners von einem PC aus (bogerfunk)
Scanner	Funkempfänger mit besonderen Suchlauffunktionen, hauptsächlich für den Sprechfunk im UKW-Bereich.
Schnittstelle	Verbindungsstelle/anschluß zwischen Geräten oder zu Computern
Schnurloses Telefon	Telefon ohne Kabelverbindung zum Basisgerät, kein Mobilfunkgerät
Schrittweite	Anpassung des Suchlaufs auf das Kanalraster des entsprechenden Bandes.
Seefunkdienst	Funkdienst zwischen Schiffen und Küstenfunkstellen oder zwischen Schiffen untereinander
SEK	Sondereinsatzkommando
SEL	selektiver Suchlauf
Selcal	Selektivruf
Selektivruf	gezieltes Ansprechen eines bestimmten Funkteilnehmers
Shack	Funkraum
SHF	(super high frequency) Zentimeterwellenbereich von 3 bis 30 GHz
Shift	Frequenzversatz bei Übertragungsverfahren, z.B. zwischen den beiden Frequenzen (Mark/Space) des Funkfernschreibverfahrens
Shuttle	Amerikanische Weltraumfähre, deren Funkverkehr man mithören kann.
SI	Sprachinverter, einfaches Verschlüsselungsverfahren im Mobilfunk

Signal-/Rauschabstand	Verhältnis von Signalleistung zu Rauschleistung. Bei kleinem Rauschabstand gehen schwache Signale im Rauschen unter und können nicht mehr gehört werden.
SIM-Karte	(Subscriber Identification Module) Karte mit Chip, die alle Daten des Mobilfunkkunden enthält; die Zugangsberechtigung zum Mobilfunk.
Simplex	Senden und Empfangen, Wechselsprechen, auf der gleichen Frequenz
SITOR	Funkfernschreibverfahren
SKIP	Suchlauf-Überspring-Funktion, um z.B. eigenerzeugte Pfeifstellen oder ungewünschte Kanäle zu unterdrücken
Skyper	Funkrufdienst
SL	Saarland
Sleep	Timer-Funktion (Zeitschaltuhr zum Ausschalten)
SMS	(Short Message Service) Kurzmitteilung
SN	Sachsen
SP	Schutzpolizei
Sparbetrieb/schaltung	stromsparender Bereitschaftsbetrieb
SPCH	(speach) Sprache
Speed	Suchlaufgeschwindigkeit
Speicher(platz)	Ablage für bestimmte Frequenzen und ggf. dazugehörige Informationen
Spiegelfrequenz (unterdrückung)	Aufgrund des Superhet-Schaltungsprinzips als Mischprodukte entstehende Frequenz im Abstand vom doppelten Betrag der Zwischenfrequenz. Die ungewünschte Spiegelfrequenz wird im Empfänger mehr oder weniger gut unterdrückt.
Squelch	Rauschsperre, läßt nur Signale zum Lautsprecher durch, die einen bestimmten Mindestpegel besitzen
SRCH	(search) Suche, Suchlauf
SSB	(single side band) Einseitenbandverfahren (USB/LSB)

SSTV	(slow scan television) Amateurfunk-Fernsehübertragung
Stabantenne	gebräuchliche Form der Sende/Empfangsantenne an Mobilfunkgeräten bzw. Scannern
Standby	Betriebsbereitschaft
Stationsscanner	Scanner für den Einsatz an einem festen (stationären) Ort, wobei es nicht auf Größe und Gewicht ankommt
Steckernetzteil	kleines Netzgerät, das auf die Steckdose gesteckt wird
Step	Stufe, Schrittweite beim Suchlauf
Störnebel	Summe von Störungen des Funkempfangs z.B. innerhalb eines Hauses
Strahler	Sendeantenne
Suchlauf	Absuchen eines bestimmten Frequenzbereiches nach Sendeaktivitäten
Suchlaufgeschwindigkeit	Schnelligkeit, mit der ein bestimmter Frequenzbereich immer wieder abgesucht werden kann; liegt zwischen 10 (langsam) und 100 (schnell) Kanälen pro Sekunde
SW	(shortwave) Kurzwelle
TB	Tonband
TDD	(time division multiplex) Zeitduplexverfahren
TDMA	Vielfachzugriff im Zeitmultiplexverfahren
TEL	Telefon
TEL	Technische Einsatzleitung
Teleskopantenne	Stabantenne mit ausziehbaren Gliedern
TeLMi	Funkrufdienst
TETRA	(Trans-European Trunked Radio) zukünftiges europäisches Bündelfunknetz
TETRAPOL	TETRA-Bündelfunknetz für Polizeibehörden
TFS	Tunnelfunksystem
TFTS	(terrestrial flight telephone system) terrestrisches Flugtelefonsystem

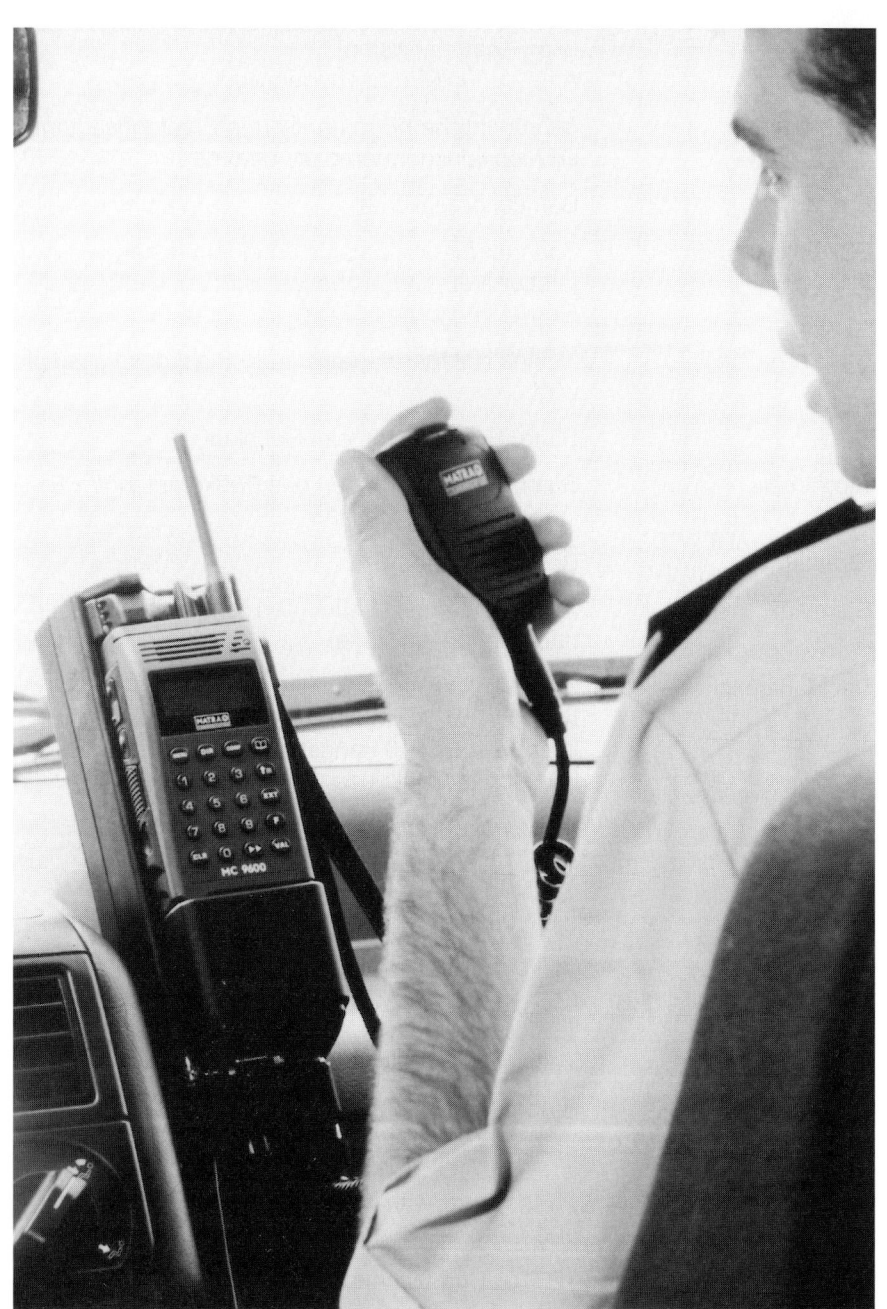

Im französischen Polizei-Alltag ist TETRAPOL schon Realität. Das Handfunk-gerät Matracom 9620 wird häufig, auch fest eingebaut in Fahrzeugen, einge-setzt. (Foto: AEG Mobile Communication)

TH	Thüringen
THW	Technisches Hilfswerk
Time-Slot	Übertragungskanal (Zeitschlitz) im GSM-Zeitmultiplexverfahren
Timer	eingebaute Schaltuhr zum automatischen Ein- und Ausschalten eines Gerätes
TKG	Telekommunikationsgesetz
TM	Teleskopmast
TP	Tiefpaß-Filter
TP	(traffic programm) Verkehrsfunkkennung (RDS)
Tracking	laufende Ausrichtung der Antenne beim Funkverkehr mit umlaufenden Satelliten
Traffic	Funkverkehr
Traffic	Bezeichnung einer Revierfunkstelle im Schiffsverkehrsfunkdienst
Träger	Hochfrequente Grundschwingung (Sendefrequenz), auf der die eigentliche Information (z.B. Sprache) aufgeprägt (moduliert) wird.
Transceicer	(transmitter + receiver) Sender- und Empfänger in einem Gerät (Amateurfunk)
Trennschärfe	Maß für die Qualität eines Empfängers, zwei dicht nebeneinander liegende Funksignale einwandfrei trennen zu können, um nur das Wunschsignal verständlich hörbar zu machen.
Tuning	Abstimmung
Turbo-Scan	Sehr schneller Suchlauf mit Geschwindigkeiten von über 100 Kanälen pro Sekunde
TVI	(television interference) durch Fernseher oder Fernsehsender verursachte Störungen
TX	(transmitter) Sender
TXT	Text
U	Formelzeichen für die elektrische Spannung

Übersteuerungseffekte	Durch starke Signale hervorgerufene Störungen, die im Empfänger entstehen, wenn dieser nicht ausreichend übersteuerungssicher ist.
Übertragungsrate	Geschwindigkeit der Datenübertragung
UHF	(Ultra High Frequency) Dezimeterwellenbereich von 300 bis 3000 MHz
UKW	Ultrakurzwelle, Bereich von 30 bis 300 MHz, für Rundfunk der Bereich von 87,5 bis 108 MHz
uplink	Funkübertragungsstrecke von der Erde zum einem Satelliten
USB	(upper side band) oberes Seitenband bei SSB
UTC	(Universal Time Coordinated) koordinierte Weltzeit
V	Volt, Maßeinheit der elektrischen Spannung
VCO	spannungsgesteuerter Oszillator
VCS	(voice controlled squelch) sprachabhängige Rauschsperre, die tatsächlichen Funkverkehr (Sprache) erkennt
VDE	Verband Deutscher Elektrotechniker
VDEW	Vereinigung deutscher Elektrizitätswerke
Verstärker	Ein Verstärker kann z. B. direkt an der Antenne eingesetzt werden, um schwache Signale zu verbessern, bevor sie durch die Leitung noch mehr abgeschwächt werden.
VFO	(variable frequency oscillator) frequenzvariabler Oszillator zur Sender- und Empfänger-Abstimmung
VFR	Flug nach Sichtflugregeln
VHF	(Very High Frequency) Meterwellenbereich von 30 bis 300 MHz
VLF	(very low frequency) Längstwellenbereich von 3 bis 30 kHz
VO-Funk	Vollzugsordnung für die Funkdienste
Volmet	Flugwetterfunkdienst
Volume	Lautstärke

VornöFa	Vorschriften für das Erteilen von Genehmigungen zum Errichten und Betreiben von Funkanlagen für nicht öffentliche Funkanwendungen
Vorzugskanal	Wichtigster Funkkanal, der im Suchlauf immer wieder abgehört werden soll.
VP	Verkehrspolizei
VSC	sprachgesteuerter Squelch, der nur auf Sprachsignale reagiert
VST	Vermittlungsstelle
VTS	(vessel traffic service) Schiffsverkehrsfunkdienst
W	Watt, Maßeinheit der elektrischen Leistung
W	(wide) breit, große Bandbreite
Walkie-talkie	Handfunksprechgerät (von to walk = gehen und to talk = sprechen)
Wellenlänge	Länge des Weges einer vollständigen Hochfrequenzschwingung. Die Wellenlänge ist umgekehrt proportional zur Frequenz: je höher die Frequenz ist, um so geringer ist die Wellenlänge. Beispiel: Die Frequenz von 30 MHz entspricht einer Wellenlänge von 10 Metern, bei 300 MHz beträgt die Wellenlänge nur noch 1 Meter.
WFM	Breitband-FM (Rundfunk)
wide	breit (Filterstellung)
WR	Wasserrettung
WSP	Wasserschutzpolizei
YAGI	Richtantennenform im Amateurfunk
ZEVIS	Zentrales Verkehrsinformationssystem
Zwischenfrequenz (ZF)	Das Empfangssignal wird auf eine andere Frequenz (Zwischenfrequenz) umgesetzt, die mit Filtern (ZF-Filter) besser zu verarbeiten ist.

Firmen / Bezugsquellenverzeichnis:

AEG Mobile Communication GmbH *(Betriebsfunk, Funkanlagen)*
Postfach 18 65
89008 Ulm
Infoline: 0180-530 45 45
Tel. (07 31) 5 05 02
Fax (07 31) 5 05-18 00

ALTAI GmbH *(Scanner, Antennen, Elektronik)*
Max-Planck-Str. 15 c
40699 Erkrath
Tel. (02 11) 2 00 09 99
Fax (02 11) 2 00 09 87

bogerfunk Funkanlagen GmbH *(Scanner, Antennen und*
Grundesch 15 *Zubehör, Decoder)*
88326 Aulendorf/Steinenbach
Tel. (0 75 25) 4 51
Fax (0 75 25) 23 82

Albrecht Electronic GmbH *(Scanner, Funkgeräte)*
Otto-Hahn-Str. 7
22946 Trittau
Tel. (0 41 54) 8 49-1 46
Fax (0 41 54) 8 49-1 48

Andy's Funkladen *(Funkgeräte, Scanner, Antennen)*
Admiralstr. 119
28215 Bremen
Tel. (04 21) 35 30 60
Fax (04 21) 37 27 14

Bosch Telecom GmbH *(Betriebsfunk, BOS-Funk)*
Produktbereich Betriebsfunk
13578 Berlin
Infoline: 01 80-5 22 14 92
Tel. (0 30) 33 88-0
Fax (0 30) 33 88-19 18

Deutscher Amateur-Radio-Club e.V.
Lindenallee 6
34225 Baunatal
Tel. (0 56 03) 93 33-0
Fax (0 56 03) 93 33-20

(Amateurfunk-Verband)

Dressler Hochfrequenztechnik GmbH
Werther Str. 14–16
52224 Stolberg
Tel. (0 24 02) 7 10 91
Fax (0 24 02) 7 10 95

(Aktiv-Antennen)

EISSING
Postfach 14 33
26694 Emden
Tel. (0 49 21) 80 08-0
Fax (0 49 21) 80 08-19

(Funkelektronik für die Seefahrt)

ELNA GmbH
Siemensstr. 35
25462 Rellingen
Tel. (0 41 01) 3 01-00
Fax (0 41 01) 3 01-2 14

(Funkelektronik für die Seefahrt)

HamTronic Kommunikationssysteme GmbH
Julius-Ludowieg-Str. 106 a
21073 Hamburg
Tel. (0 40) 77 76 97
Fax (0 40) 7 65 63 84

(Aktivantennen, Invertierungsdecoder)

Haro-electronic
Industriestr. 9
89347 Bubesheim
Tel. (0 82 21) 36 88-0
Fax (0 82 21) 36 88-56

(Decoder, Funkzubehör)

Hansa Funktechnik
Hainhäuser Weg 8
30855 Langenhagen/Hannover
Tel. (05 11) 73 73 64
Fax (05 11) 73 73 18

(Scanner und Antennen)

ICOM (Europe) GmbH
Himmelgeister. Str. 10
40225 Düsseldorf
Tel. (02 11) 34 60 47
Fax (02 11) 33 36 39

(Betriebsfunk, Scanner, Amateurfunk)

Kathrein Werke KG
Postfach 10 04 44
83004 Rosenheim
Tel. (0 80 31) 1 84-0
Fax (0 80 31) 1 84-3 06

(Mobilfunkantennen, Antennen)

Lange Electronic
Klemensstr. 5
59872 Meschede
Tel. (02 91) 21 12
Fax (02 91) 74 97

(Scanner)

Maas Funk-Elektronik
Entenpfuhl 3–5
60170 Kerpen-Sindorf
Tel. (0 22 73) 57 00 16
Fax (0 22 73) 5 55 33

(Scanner)

Motorola GmbH
Heinrich-Hertz-Str. 1
65232 Taunusstein
Tel. (0 61 28) 70-0
Fax (0 61 28) 70-49 00

(Betriebsfunk, FreeNet, Funkgeräte)

PAN / Peky's Funk & Elektronik
Tölzerstr. 20
83607 Holzkirchen
Tel. (0 80 24) 60 91

(Scanner und Antennen)

RMB Redaktions- und Medienbüro   *(Zeitschrift Radio-Scanner, Funk-Profi)*
Bürgerweg 5
31303 Burgdorf
Tel. (0 51 36) 89 64 60
Fax (0 51 36) 89 64 61

Siemens AG   *(Mobilfunk)*
Hofmannstr. 51
81359 München
Infoline: 01 80-5 33 32 26

SIKA Electronic GmbH   *(Scanner und Antennen)*
Harkortstr. 25
40880 Ratingen
Tel. (0 21 02) 4 10 01
Fax (0 21 02) 4 10 02

SSB-Electronic GmbH   *(Funkgeräte aller Art, LOWE-Decoder)*
Handwerkerstr. 19
58638 Iserlohn
Tel. (0 23 71) 95 90-0
Fax (0 23 71) 95 90-20

stabo Ricofunk   *(Scanner, Funkgeräte aller Art,*
Münchewiese 14–16   *Amateurfunk)*
31137 Hildesheim
Tel. (0 51 21) 76 20-10
Fax (0 51 21) 51 68 47

TELCOM Funktechnik   *(Scanner, Funkgeräte aller Art,*
Parkstr. 52   *Decoder, Software)*
47829 Krefeld
Tel. (0 21 51) 47 37 05
Fax (0 21 51) 47 38 98

T-Mobil   *(Mobilfunk, Funkruf u.a.)*
Landgrabenweg 151
53227 Bonn
Infoline: 01 30-01 71

VHT-Impex   *(Decoder, Scanner, Antennen)*
Bredenstr. 65
32124 Enger
Tel. (0 52 24) 97 09-0
Fax (0 52 24) 97 09-55

WAVECOM Elektronik GmbH   *(Decoder)*
Oberdorfstr. 4
79801 Hohentengen
Tel. (0 77 42) 10 63
Fax (0 77 42) 44 10

WiMo Antennen und Elektronik *(Scanner und Antennen)*
GmbH
Am Gäxwald 14
76863 Herxheim
Tel. (0 72 76) 91 90 61
Fax (0 72 76) 69 78

Leserservice

Der Siebel Verlag ist der Spezialist für Sendertabellen und Funk-Hobbybücher. Ausführliche Informationen enthält der Funk-Buch-Katalog, den wir auf Anfrage gern kostenlos und unverbindlich verschicken.
Nachfolgend eine Übersicht über die zur Zeit aktuellsten und wichtigsten Bücher. Zur Bestellung genügt eine Postkarte oder ein Anruf. Wir liefern sofort!

Weltempfänger-Testbuch Nr. 9

Noch nie war das Angebot an Weltempfängern so groß und vielfältig wie heute. Die Palette reicht vom kleinen Reiseradio bis hin zum semiprofessionellen Stationsempfänger. Bei so viel Auswahl hat der Kunde die Qual der Wahl. Hier hilft das neue Testbuch Nr. 9! Alle auf dem Markt befindlichen Geräte, z.B. von AOR, Drake, Grundig, ICOM, JRC, Kenwood, Lowe, Panasonic, Siemens, Sony, Yaesu u.v.a.m. werden mit ausführlichen, praxisnahen Testberichten vorgestellt und beurteilt. Einige „Highlights":
● AOR 7030: Der neue KW-Referenz-Empfänger – ein Geniestreich vom Scanner-Experten. ● Grundig Satellit: Wann kommt der neue Satellit 900? ● Vergleich: Grundig Satellit 700 kontra Sony ICF-SW77. ● Lowe: Mit Mauerblümchen zum DX-Erfolg. ● NRD535DG – der Profi von der Japan Radio Company ● Siemens: Sangean-Produkte für deutsche Ansprüche veredelt. ● Sony: Die größte Weltempfänger-Auswahl ● Sony ICF-SW7600G – Mehr Radio braucht man nicht zum Weltempfang! ● Yaesu: Der Stationsempfänger für Aufsteiger.

Testberichte allein machen nicht schlau. Deshalb beinhaltet das Buch auch eine recht ausführliche, aber leichtverständliche Einführung in die (Welt-)Empfängertechnik und erklärt alle wichtigen Funktionen, Begriffe und Anforderungen. Damit ist diese aktuelle Testbuch-Ausgabe wieder ein äußerst hilfreicher Ratgeber beim Empfängerkauf und ein informatives Nachschlagewerk dazu!

Aktuelle 9. Ausgabe 1996/97, 192 Seiten im Großformat mit vielen Fotos. Preis: DM 26,80

> *„Auf jeder Seite des Buches merkt man die langjährige Erfahrung des Autors auf dem Gebiet des KW-Empfangs."* (Funk-Technik)

> *„Wer die Anschaffung eines Weltempfängers plant, kommt an diesem Buch nicht vorbei. Es kann dem Leser wärmstens empfohlen werden."* (ADDX-Kurier)

Scanner
UKW-Sprechfunk-Empfänger
Informationen – Testberichte

Dieses brandaktuelle Buch erläutert auf seriöse Weise, was es mit den bis vor kurzem „verbotenen" Geräten auf sich hat und welche Funkdienste man damit empfangen kann.

Im Hauptteil werden alle aktuellen Geräte, vom Handscanner bis hin zum professionellen Überwachungsempfänger, ausführlich vorgestellt und beurteilt. Kauftips helfen Ihnen bei der Entscheidung für das richtige Gerät. Ein weiteres Kapitel befaßt sich mit den dazugehörigen Antennen.

Dieses Buch gibt viele nützliche Tips für alle, die sich für dieses reizvolle Thema interessieren!

3., völlig neubearbeitete Auflage 1995/96, 144 Seiten mit vielen Abbildungen, Preis: DM 24,80

Seefunk
auf allen Meeren

Dieses Handbuch für Freizeitkapitäne und Hobby-Funkhörer enthält vielfältige Informationen über den weltweiten Seefunkdienst. Zur Einführung wird auch dem Laien die Materie des Seefunks auf anschauliche Weise nahegebracht. Einige Stichworte: Aufgaben des Seefunkdienstes – Funkverfahren – Frequenzbereiche und ihre Einsatzmöglichkeiten – Funkstellen und Rufzeichen – Verkehrsabwicklung – Empfang von Seefunksendungen ...

Der Hauptteil enthält nach Ländern bzw. Seegebieten geordnet alle wichtigen Frequenzinformationen über die Küstenfunkstationen in aller Welt.

Wichtiger Bestandteil sind die zahlreichen Hinweise auf Wetterberichte und Wettervorhersagen (mit Sendeplänen)

Ein besonderes Kapitel befaßt sich mit der deutschen Küstenfunkstelle Norddeich Radio und informiert über deren Aufgaben und Funktätigkeiten.

384 Seiten, 21 Karten, zahlreiche Abbildungen, 3., völlig neubearbeitete Auflage 1996, Preis: DM 29,80

Zusatzgeräte für den Funkempfang

Den Empfang verbessern und die Empfangsmöglichkeiten erweitern – davon träumen viele KW-Hörer und Funkfreunde. Dieses völlig neubearbeitete Buch zeigt Ihnen anschaulich und leichtverständlich, wie Sie Ihre Empfangsanlage sinnvoll ausbauen und optimieren können. Alle Zusatzgeräte werden vorgestellt, in der Anwendung erklärt und beurteilt. Der Inhalt in Stichworten:

● Von der Antenne zum Empfänger: Drahtantennen, Balun, Antennenschalter, Verstärker, AntennenAnpaßgeräte, Preselektoren.

● Magnetische Antennen – die Alternative?

● MW-Rahmenantennen.

● Was bringen Aktivantennen – welche ist die Richtige?

● Längst- und LangwellenKonverter (LW/VLF).

● Spectrolyzer: Frequenzen zum Anschauen.

● Störungen einfach ausblenden: So funktionieren NF-Filter (inkl. Digitalfilter).

● Kopfhörer und Zusatzlautsprecher.

● Cassetten-Recorder für automatische Aufnahmen.

● Einführung in den Empfang von Funkfernschreiben (RTTY) und Morsezeichen (CW). Vorstellung von CW/RTTY-Decodern.

● Konverter für BildfunkEmpfang (FAX).

● Was tun gegen Störgeräusche? Helfen Netzfilter und QRM-Eliminatoren?

u.v.a.

144 Seiten im Großformat (fast DIN A4), mit vielen Fotos. 3., völlig neubearbeitete Auflage 1995, Preis: DM 26,80

Rechtstips

Dem Funkfreund kann eine Vielzahl von rechtlichen Problemen begegnen. Vom Funkbetrieb über den Gerätekauf bis zum Ärger mit dem Vermieter. Rechtsanwalt Dr. Wendt gibt in verständlicher, flott geschriebener Form Antwort auf alle rechtlichen Fragen. Einige Stichworte: Ihr Recht beim Gerätekauf. Ärger bei Reparaturen. Wer darf was hören? (Rundfunk, Amateurfunk, andere Funkdienste, strafrechtliche Bestimmungen, FAG). Wer darf welches Gerät benutzen? (FTZ/ZZF-Nr.). Als Spion verdächtigt? Schwarzsenden/Funkpiraterie. Antennenverbote. Ärger mit dem Vermieter/Rechte als Mieter. Auch wer kein aktuelles Problem hat, wird dieses interessante Buch mit Spannung lesen und Nutzen daraus ziehen. 2. neubearbeitete Auflage 1993. 144 Seiten, Preis: DM 19,80

Gerd Klawitter
Klaus Herold

Langwellen-
und
Längstwellenfunk

Empfangen Sie Sender aus aller Welt!

Holen Sie sich die ganze Welt in Ihr Radio! Sie brauchen dazu nur ein Reiseradio oder einen kleinen Weltempfänger, wie es sie überall zu kaufen gibt. Ein paar Besonderheiten des Rundfunks auf Kurzwelle müssen Sie aber schon kennen und beachten, sonst hören Sie tatsächlich nur Rauschen und Piepsen. Das „Gewußt wie" des weltweiten Radiohörens vermittelt Ihnen dieses Buch anschaulich und nachvollziehbar.

Weltweit Radio hören

Die Anleitung zum Kurzwellenempfang

Lang- und Längstwellenfunk

Entdecken Sie das faszinierende Spektrum eines bislang weitgehend unbekannten Frequenzbereiches! Eine erstaunliche Vielfalt hochinteressanter Funkdienste ist im VLF- und LW-Bereich zu finden.

Die Autoren informieren zunächst über die technische Entwicklung und über die Besonderheiten der Lang- und Längstwellen. Dann werden die Funkdienste vorgestellt, die in diesem Bereich arbeiten. Einige Stichworte: Militärische Nutzung der Längstwelle (U-Boot-Kommunikation) – Navigationsfunk OMEGA, ALPHA, LORAN-C, DECCA – Funkfeuer (Radiobaken) – Rundfunk auf LW – Seefunk und NAVTEX – Wetterfunkdienste. Ein besonderes Kapitel befaßt sich mit der Empfangspraxis: Empfänger, VLF/LW-Konverter, Antennen und tatsächliche Empfangsmöglichkeiten. Dazu gehört eine ausführliche Frequenzliste mit rund 1.900 (!) Sendernennungen im Bereich von 9 kHz bis 524 kHz.

192 Seiten, viele Abbildungen, 2., völlig neubearbeitete Auflage 1995, Preis: DM 24,80

Sie finden hier eine Auswahl der interessantesten, wichtigsten und am besten hörbaren Rundfunksender aus 55 Ländern von allen Kontinenten!

Anhand exakter Sendepläne und genauer Empfangstips gelingt es Ihnen auf Anhieb, nicht nur die BBC London oder Radio Schweden zu empfangen, sondern zum Beispiel auch Radio Kairo, Radio Japan, Radio Australia oder gar die Stimme der Anden aus Quito/Ekuador. Kaum zu glauben, aber wahr: die meisten Sender strahlen sogar deutschsprachige Programme für Hörer in Europa aus! Schon nach ein paar Seiten werden Sie selbst begeistert Ihr Radio

einschalten und auf weltweiten Empfang gehen!
10., völlig neubearbeitete Ausgabe 1997. 128 Seiten mit zahlreichen Fotografien und Abbildungen, Preis: DM 16,80.

Auch ideal, um Freunde, Verwandte und Bekannte für den Weltempfang zu begeistern!

> „Eine Broschüre für den, der erst einmal wissen will, was Kurzwelle eigentlich ist." (funk)
>
> „... die ideale Einführung in die faszinierende Welt des Kurzwellenradios." (ELO)

Thomas Adam

INTERNET

für Kurzwellenfunk und Radiohörer

INTERNET

Was können Sie als Kurzwellen- und Radiohörer tatsächlich mit dem Internet anfangen? Wo finden Sie nützliche, interessante und informative Seiten in der unübersichtlichen Datenflut? Dieses Buch beinhaltet nicht nur eine solide, leichtverständliche Einführung ins Internet. Es verrät Ihnen auch, wo Sie im Internet die neuesten Empfangstips und die heißesten Frequenzen finden. Von der vornehmen BBC bis hin zu Untergrundsendern, von Küstenfunkstellen und Flugkontrollzentren bis hin zum Funkverkehr mit dem Weltraum-Shuttle.

Oder suchen Sie die deutsche Medienszene im Internet? Hier finden Sie auch alles über Rundfunkanstalten und Private, über Radio-Oldtimer ebenso wie über die Satellitentechnik.

Ein nützliches, verständliches und hochinteressantes Buch! Mit vielen kommentierten Empfehlungen zu den besten Funk- und Radio-Seiten im Internet. Alle deutschsprachigen Web-Angebote sind übrigens besonders gekennzeichnet.

128 Seiten, top-aktuelle Neuerscheinung mit zahlreichen Abbildungen, Preis: DM 17,80

Wollen Sie mehr als „nur" Radio hören?

Spezial-Frequenzliste Ausgabe 1996/97

Außerhalb der Rundfunkbereiche senden unzählige andere Funkdienste auf Kurzwelle. Entdecken Sie mit diesem Buch die „Funkdienst"-Welt in SSB-Sprechfunk, CW-Telegrafie, Funkfernschreiben (RTTY) und FAX zwischen 9 kHz und 30 MHz! Lesen Sie in der „Spezial-Frequenzliste":

● Funkdienst-Empfang für Einsteiger: Was kann man (leicht) hören?

● Was ist erlaubt, was ist verboten?

● Empfangsausrüstung: Welche Geräte braucht man zum Funkdienst-Empfang?

● Einführung: Alles Wichtige über Feste Funkdienste (Point-to-Point), Utility, Flugfunk (Aero), Seefunk (Maritime), Wetterfunk (Meteo), Zeitzeichen.

Im Hauptteil enthält die „Spezial-Frequenzliste" weit über 12.000 Sendernennungen über sämtliche Funkdienste (ausgenommen Rundfunk) im Bereich von 9 kHz bis 30 MHz.

Im Stationsindex-Kapitel werden Land für Land alle Funkdienste mit den wichtigsten Frequenzen aufgelistet. Wer jetzt einen Funkdienst aus einem bestimmten Land sucht, findet hier auf Anhieb alle wichtigen Angaben und natürlich auch die Adressen. Und eine ausführliche Rufzeichenliste (mit allen neuen Rufzeichen und ITU-Landeskennern) hilft bei der Identifizierung unbekannter Stationen.

Rainer Brannolte/Wolf Siebel

Spezial-Frequenzliste

9 kHz - 30 MHz

Ausgabe 1996/97

SSB · CW · FAX · RTTY
See- u. Flugfunk, Wetterfunk, Presseagenturen, Zeitzeichen und »spezielle« Funkdienste, ...

Außerdem bieten wir Ihnen in dieser neuen Ausgabe zwei interessante Extra-Kapitel:

● Presseagenturen: Brandaktuelle Nachrichten aus aller Welt! Welche Presseagenturen kann man heute auf KW noch hören?

● FAX-Empfang: Wie geht das, was braucht man dazu? Welche FAX-Sendungen sind leicht zu empfangen?

In unserer „Spezial-Frequenzliste" finden Sie nur tatsächlich nachvollziehbare Angaben, basierend auf hiesige Empfangsverhältnisse! Das unentbehrliche Nachschlagewerk für alle Funkdienstfreunde!

„Die beste, aktuellste und preiswerteste Frequenzliste ihrer Art" (urteilte „funk")

Top-aktuelle, völlig neubearbeitete 9. Auflage 1996/97. 352 Seiten, Preis: DM 34,80

So funken Polizei, Feuerwehr und Rettungsdienste

Die Arbeit der Behörden und Organisationen mit Sicherheitsaufgaben, kurz BOS-Dienste genannt, ist ohne moderne Kommunikationstechnik undenkbar. Das einzige umfassende Nachschlagewerk und Lehrbuch zum Thema BOS-Funk wird vom Siebel Verlag herausgegeben und besteht aus zwei Bänden.

Der **Band 1** informiert gründlich und verständlich über alle Grundlagen des BOS-Funks. Die verschiedenen Anwender, darunter Polizei, Bundesgrenzschutz, Zoll, Feuerwehr, Katastrophenschutz, Technisches Hilfswerk, Rettungshubschrauber und Rettungsdienste, ihre Funkausrüstung und ihre Funkbetriebstechnik werden detailliert vorgestellt. Der technische Aufbau und die Funktion der Funknetze werden ausführlich erläutert.

Band 1: Grundlagen, Geräte, Betriebstechnik, Funkverkehr

Der **Band 2** beinhaltet den gesamten Tabellenteil. Sie finden darin die detaillierten Kanallisten aller BOS-Funkdienste im 4-m- und 2-m-Sprechfunkband. Diese Listen sind geordnet nach Diensten (Feuerwehr, Rettungsdienst, Katastrophenschutz, Polizei, Zoll, ...) und nach Bundesländern. Selbstverständlich mit sehr detaillierten Angaben und den vollständigen Rufnamen! Praktisch und nützlich ist der Kartenteil: Auf 23 überlappenden Karten wird die gesamte Bundesrepublik mit Verwaltungsgrenzen dargestellt. In den Karten eingedruckt sind neben dem Bundesautobahnnetz die Einsatzkanäle der Rettungsleitstellen für jedes Gebiet.

Dieses zweibändige BOS-Handbuch ist eine ausgezeichnete, praxisnahe Ausbildungs- und Arbeitsunterlage für alle, die beruflich bei den Behörden und Organisationen mit Sicherheitsaufgaben zu tun haben, oder sich privat für diesen Teil des UKW-Funks interessieren.

BOS-Funk

Funkhandbuch für Polizei, Feuerwehr und Rettungsdienst

Band 1: Grundlagen, Geräte, Betriebstechnik, Funkverkehr

272 Seiten, viele Fotografien und Abbildungen. Überarbeitete und erweiterte 3. Ausgabe 1995. Preis: DM 29,80

Band 2: Funkrufnamen, Kanäle, Karten

Brandaktuelle, völlig neubearbeitete und erweiterte 5. Ausgabe 1998! 320 Seiten, Preis: DM 32,80

Sender & Frequenzen 1997
Klaus Bergmann
Wolf Siebel

Jahrbuch für weltweiten Rundfunk-Empfang

Deutsch, Englisch und Französisch für Hörer in Europa.

Außerdem die komplette Frequenzliste der Rundfunksender auf Langwelle/Mittelwelle/ Tropenband/ Kurzwelle von 150 kHz bis 30 MHz.

Im Preis inbegriffen: Lieferung von drei Nachträgen (je 48 Seiten) mit allen up-to-date Informationen im Laufe des Jahres.

496 Seiten, viele Abbildungen, Fotos und Tabellen (erscheint jährlich neu im November).
Preis: DM 44,80
(inklusive 3 Nachträge).

Schüren/Siebel

Rundfunk auf UKW

108 106 104 102 100 98 96 94 92 90 88

MHz

Gesamtübersicht: Rundfunk in Deutschland (alle Wellenbereiche) – Sendertabellen – Aktuelle UKW-Frequenzliste – Technik-Tips für besseren Empfang

Sender & Frequenzen

Jahrbuch für weltweiten Rundfunk-Empfang

Dieses Standardwerk sollte neben keinem Empfänger fehlen – so urteilte die Fachzeitschrift „Radiowelt" über das Jahrbuch „Sender & Frequenzen". Es enthält alle wichtigen Informationen über sämtliche hörbaren Rundfunksender aus fast 200 Ländern der Erde: Sendefrequenzen, Sendezeiten, Sendepläne, wertvolle Hinweise auf die besten Empfangschancen, Adressen. Weiterhin: Hörfahrpläne der Sendungen in

Rundfunk auf UKW (Ausgabe 1997)

Seit dem Erscheinen der letzten Ausgabe (Januar 1995) hat sich die Rundfunklandschaft kontinuierlich verändert, so daß es höchste Zeit wurde, dieses Nachschlagewerk völlig neu zu bearbeiten. Die brandaktuelle Ausgabe 1997 unseres Buches „**Rundfunk auf UKW**" ist jetzt sofort lieferbar!

Dieses Buch gibt Ihnen einen kompletten und detaillierten Überblick über alle Rundfunkanstalten und Privatradios in Deutschland und dem angrenzenden Ausland. Alle Angaben

sind auf dem allerneuesten Stand!

Sie finden in „**Rundfunk auf UKW**" ausführliche Frequenztabellen, Senderkarten, viele andere wichtige Informationen und alle Adressen. Die ebenso umfangreiche wie detaillierte UKW-Frequenzliste gibt Ihnen zu jeder Frequenz konkret Auskunft, welche UKW-Sender (aus Deutschland und aus dem angrenzenden Ausland) dort zu finden sind. Ein Extra-Kapitel befaßt sich mit Technik-Tips für besseren Empfang!

6., völlig neubearbeitete Ausgabe 1997, 256 Seiten mit vielen Fotos und Abb. Preis: DM 24,80